新编农技员丛书

绵羊生产配套技术手册

张春香 主编

中国农业出版社

图书在版编目（CIP）数据

绵羊生产配套技术手册/张春香主编 · —北京：
中国农业出版社，2012.6
（新编农技员丛书）
ISBN 978 - 7 - 109 - 16747 - 6

Ⅰ.①绵⋯　Ⅱ.①张⋯　Ⅲ.①绵羊－饲养管理－手册
Ⅳ.①S826 - 62

中国版本图书馆 CIP 数据核字（2012）第 086228 号

中国农业出版社出版
（北京市朝阳区农展馆北路 2 号）
（邮政编码 100125）
责任编辑　张玲玲

中国农业出版社印刷厂印刷　新华书店北京发行所发行
2012 年 8 月第 1 版　2012 年 8 月北京第 1 次印刷

开本：850mm×1168mm 1/32　印张：11.5
字数：288 千字　印数：1～5 000 册
定价：26.00 元
（凡本版图书出现印刷、装订错误，请向出版社发行部调换）

编 者 名 单

主　编　张春香

副主编　岳文斌

编　者　曹宁贤（山西省畜禽繁育工作站）

　　　　刘晓妮（山西省生态畜牧产业管理站）

　　　　古少鹏（山西农业大学）

　　　　任有蛇（山西农业大学）

　　　　王仲兵（山西省动物疫病预防控制中心）

　　　　杨子森（山西省生态畜牧产业管理站）

　　　　姚继广（山西省牧草工作站）

　　　　岳文斌（山西农业大学）

　　　　张春香（山西农业大学）

　　　　张建新（山西农业大学）

审稿人　刘文忠（山西农业大学）

本书有关用药的声明

兽医科学是一门不断发展的学科，标准用药安全注意事项必须遵守。但随着科学研究的发展及临床经验的积累，知识也不断更新，因此治疗方法及用药也必须或有必要做相应的调整。建议读者在使用每一种药物之前，参阅厂家提供的产品说明以确认推荐的药物用量、用药方法、所需用药的时间及禁忌等。医生有责任根据经验和对患病动物的了解决定用药量及选择最佳治疗方案。出版社和作者对任何在治疗中所发生的对患病动物和/或财产所造成的伤害不承担责任。

敬读者知。

中国农业出版社

　　本书是以低能耗、低污染和低碳排放为指导思想，以高效生产、可持续发展为目标，从低碳羊场设计、品种选择及改良、营养调控、繁殖调控、饲养管理、环境控制、防疫卫生等一系列生产环节入手，建立现代新型的绵羊低碳生产技术配套体系。

　　全书分为概论和 10 个章节，概论主要论述了发展绵羊低碳养殖的配套技术体系；第一章是以低碳羊舍建筑为目的，介绍了低碳排放的建筑材料，节能环保型羊舍的设计和建设等。第二章主要介绍了国内外优良绵羊品种以及肉用经济杂交模式；第三章以提高绵羊年生产力为目的，介绍了绵羊高效高频繁殖技术；第四章以绵羊精准养殖为目的，介绍了绵羊营养需要和母羊分阶段营养调控技术；第五章以降低甲烷排放量为目的，论述了青贮、秸秆的加工技术、非常规饲料开发技术以及低碳日粮配合技术；第六章介绍了绵羊科学的饲养技术和规范化的管理技术；第七章和第八章以优质安全羊肉生产为目的，介绍了绵羊的育肥技术和羊肉生产、分割等技术；第九章是以羊场低污染为目的，介绍绵羊环境监测、粪污资源化再利用等内容；第十章是介绍了绵羊疾病处理技术、羊场传染病防控技术、舍饲羊场普通病防治技术和羊场寄生虫病防控技术。

本书由国家肉羊产业体系岗位专家和山西省羊产业技术创新团队岗位专家 10 人在各自研究成果的基础上，结合多年的生产实践经验，编著而成。具体分工为前言及第十章第一节由岳文斌编写；第一章由张建新、刘晓妮编写；第二章由曹宁贤编写；第三章由任有蛇编写；第五章第二、三节由姚继广编写；第九章由杨子森、刘晓妮编写；第十章第二节由王仲兵编写，第三、四节由古少鹏编写；目录，概论，第四章，第五章第一、四和五节，第六章、第七章和第八章由张春香编写，并完成统稿、定稿和全书计算机的编排处理等工作；最后审稿由刘文忠教授完成。

本书既具有一定理论性，更注重实践性，内容丰富，语言简练，是绵羊养殖专业户及畜牧工作者重要的参考技术手册。

由于作者业务水平有限，书中不妥和缺陷在所难免，敬请广大读者批评指正。

编　者

2012 年 5 月

目 录

前言

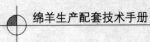

概　　论

据统计，2009 年我国绵羊存栏 1.28 亿只，绵羊肉产量 209 万吨，平均胴体产肉量 15.5 千克。10 年来，虽然我国绵羊饲养量基本保持动态平衡，但养殖方式已逐渐由放牧转向舍饲半舍饲，羔羊育肥产业迅猛发展。近几年羔羊舍饲育肥产业发展，使得绵羊出栏率较 2000 年提高 33%，产肉量增加 34%；生产水平显著提高。绵羊羔羊育肥产业已成为有些县市的主导产业，成为有些农村重要经济支柱和最活跃的增长点。然而，随着绵羊生产集约化和机械化程度的提高，由绵羊排放的甲烷和二氧化碳等温室气体造成的环境污染问题也备受关注。

现代绵羊产业要实现可持续发展，就必须以低能耗、低污染和低碳排放为指导思想，从规模化的羊场设计、品种选择及改良、营养调控、繁殖调控、饲养管理、环境控制、防疫卫生一系列生产内控环节入手，以较少能量消耗，获取尽可能多的羊产品、降低能量消耗、提高绵羊生产率和商品率；资源要循环利用，尽可能低碳排放，在获得最大效益的同时改善生态环境，发展现代绵羊低碳养殖技术。

一、利用低碳排放的建筑材料，建设节能环保型羊舍

（一）利用低碳排放的建筑材料

羊舍建筑本身并不产生二氧化碳，但可通过低碳建筑材料的选择，间接减少二氧化碳排放。在众多的建筑材料中，水泥、钢

筋和红砖的生产是制造业二氧化碳最大排放源，生产1吨水泥平均排放二氧化碳0.79吨，生产1吨钢材平均排放二氧化碳2.54吨，生产1万块红色实心砖平均排放二氧化碳2.8吨。因此，在羊舍建筑中，尽可能少的使用钢材、水泥和红砖，选择天然、节能的环保型材料。

（二）建设节能环保型羊舍

现代规模化羊场的建设以实用、舒适、环保为原则。首先从场址选择和羊舍设计上，不仅要遵循绵羊生物学特性给其提供一个最佳的生产环境，最大限度地提高绵羊饲草料转化效率，有利于其遗传潜力发挥，有利于疾病防控，尽可能减少羊只死亡数量，降低绵羊的甲烷和二氧化碳的排放量；而且还要将羊舍设计成为夏天保凉和冬季保温节能型羊舍，尽可能利用太阳能和风能的设备，减少电或煤使用，既可节约能源又可降低二氧化碳的排放。从羊场设备与机械配置上，本着与绵羊生物学特性相适应、使用方便、可利用自然资源等原则来设计与购置，以降低能源消耗，例如，用太阳能热水器冬季供给绵羊饮水；用太阳能路灯来照明等。

二、饲养优良的绵羊品种，提高绵羊的单产

饲养优良品种的绵羊是提高养殖经济效益，发展绵羊低碳生产的主要措施。我国幅员辽阔，品种资源丰富，现有绵羊品种79个，其中地方品种35个，培育品种19个，引进品种25个，绵羊良种覆盖率45%。如绵羊良种覆盖率达到80%，绵羊单产提高2千克，就可多产绵羊肉26万吨，相对于少饲养1 667万只育肥绵羊，可减少11.7万吨甲烷和90吨二氧化碳的排放量。因此，在发展现代低碳绵羊生产中，应重视优良品种的选择和利用。

三、应用高效高频繁殖技术，提高母羊年生产力

高效高频繁殖技术是低碳环保养羊业中的关键技术之一。目

前，我国羊群结构日趋合理，能繁母羊数量所占比例已提高，但每只母羊年提供的出栏羔羊数量还不足1只，比绵羊养殖发达国家的数量少0.5只。2009年绵羊存栏量近1.3亿左右，按繁殖母羊70%计，繁殖率按100%，年可生产羔羊约0.9亿只，如果我国采用高效繁殖技术使母羊繁殖率提高50%，生产0.9亿只羔羊，仅需饲养繁殖母羊0.61亿只，就可少养3 000万只繁殖母羊，将减少21万吨甲烷排放量和159万吨二氧化碳排放量。如能进一步采用高频繁殖技术，还可减少能繁母羊的饲养量，降低绵羊养殖的碳排放总量。

另外在舍饲条件下，母羊养殖成本大幅度提高，如适龄母羊繁殖效率低，仍采用传统的一年一胎，一胎一羔的繁殖体系，常出现入不敷出的情况，严重影响绵羊产业的发展。因此，舍饲条件下，要走缩小规模，提高母羊繁殖效率，增加经济效益，才符合当前低碳环保的发展理念。

四、应用营养调控技术，充分发挥绵羊遗传潜力

营养调控技术是低碳环保养羊业中的关键技术之一。通过营养调控技术，合理有效利用自然资源，使绵羊遗传潜力充分发挥，提高养羊业的生产率和商品率，以尽可能少的资源消耗，获取最多的羊产品，发展低碳环保型羊产业。

随着全国退耕还林、退耕还草，天然草地封育等政策实施和工作深入，农区、半农半牧区和牧区可用来放牧的场地愈来愈少，占羊群数量60%以上的繁殖母羊舍饲半舍饲已经成为必然。据2008—2010年调查统计，母羊舍饲后养殖成本大幅度增加，许多养殖场饲养1只母羊，每天需投入3元，那么1只母羊1年的饲养成本需要1 095元，如1只母羊年产1胎，1胎2羔，断奶羔羊每只出售500元，这只母羊可生产的收入1 000元，饲养1只母羊不仅没有利润，还需要赔入95元；目前有些养殖场母羊1胎仅产1羔，那么经济损失更大。

我国地方绵羊品种中，不乏生产性能优秀的品种，例如，阿勒泰羊、乌珠牧沁羊、大尾寒羊、小尾寒羊、湖羊、广灵大尾羊等。这些羊的生产潜力并不低，问题在于饲养管理跟不上，在营养上不能满足其营养需要，致使其遗传潜力不能充分发挥。营养状况直接影响母羊的繁殖潜力、发情、排卵、受胎以及羔羊成活率。母羊的营养缺乏或者不平衡会推迟母羊的发情、减少母羊的排卵数量、降低母羊受胎率、降低羔羊的初生重和生活力，甚至会出现死胎等。例如，有些地区大量引入了繁殖率高的小尾寒羊，但由于管理粗放，营养跟不上，常出现 1 胎产 3～4 羔，全部死亡或仅活 1 羔的问题。那么如何才能通过营养调控技术，降低繁殖母羊饲养成本，提高其繁殖效率，达到提高母羊生产的经济效益目的，成为发展低碳养殖要解决的新课题。

五、科学调制日粮，发展绵羊甲烷减量化生产

科学合理调制日粮，可平衡各种饲料营养，发挥饲草料组合正效应，提高其利用效率，在降低饲养成本的同时减少甲烷排放量。

（一）科学调制低排碳的日粮

甲烷是饲料中碳水化合物在瘤胃内发酵的一种副产物，不能被绵羊机体利用，通过嗳气排放到大气中，既造成了能量损失，又污染了环境。甲烷热效应是二氧化碳的 23 倍，每年畜牧生产排放的甲烷对全球温室效应的贡献率约 37%。甲烷菌有利于消耗瘤胃内氢，降低了氢分压，给瘤胃产氢的原虫和纤维降解细菌等提供良好生存状态，提高其他微生物特别是分解纤维素微生物的发酵能，有益于瘤胃微生态的平衡。甲烷菌存在对绵羊来说是必需的，但其数量是可调控的，因此，采取有效技术措施，在充分发挥有利瘤胃微生物的能动性基础上，限制甲烷菌数量，达到碳低排放的目的。据研究，饲料营养成分不同，甲烷排放量也不同。在饲料的各养分中，粗纤维对甲烷排放的贡献率最高，约占

60%，无氮浸出物占 30%，粗蛋白质占 10%。因此，在绵羊可利用的饲料中，粗纤维含量高的饲料甲烷排放量就高；改变饲料的物理形态和化学、微生物处理也可降低甲烷排放量；另外，日粮采食量也影响甲烷总产量。这样，从日粮营养调制角度，创造适宜的瘤胃内环境，合理调整日粮结构、改善饲料加工方式、利用甲烷菌抑制剂，最大限度降低绵羊瘤胃甲烷菌数量，降低甲烷排放量，发展低碳型养羊业。

（二）开发非常规饲料资源，降低环境污染

另外，现代规模养殖场在舍饲情况下，饲草料的每年投入占总投入 70%，可广泛开辟非常规饲料资源，降低成本，提高效益。我国酿造业和副食加工业发达，糖制品、酒类及果汁类产量很大。据国家统计局公布的数据显示，2009 年我国白酒产量706.93 万吨，啤酒产量超过 4 236.38 万吨，葡萄酒产量 96 万吨，据有关资料报道，每生产 1 千克白酒或曲酒、啤酒、葡萄酒，可分别产生 3.75 千克、0.78 千克、0.42 千克酒糟，各种酒糟的产量近 5 996 万吨。再加上果汁、醋、酱油、糖等产品生产的副产品近千万吨，这是一笔反刍动物可以利用的丰富饲料资源。在绵羊生产中，只要采用不同加工调制技术，合理利用酒糟、醋糟、果渣等食品加工业副产品，提高酒糟、醋糟和果渣的营养价值和延长保存时间，可使之变废为宝，这样既减少了发酵过程的碳排放，保护了环境，又可降低养殖成本，增加经济效益。

总之，充足饲草料资源是发展绵羊生产的物质基础，合理加工调制是低碳养羊业的技术关键。

六、科学饲养管理，建立高效、精准的生产模式

科学饲养管理，降低绵羊日常损失，建立绵羊高效快速育肥的模式，在较短时期内，用尽可能少的饲料获得尽可能高的增重，生产出质好量多的羊肉；用尽可能低成本，获得尽可能高的

利润。每年我国出栏绵羊近 1.3 亿只，如果通过育肥技术使每只绵羊胴体重平均增加 3 千克，就可少饲养 2 600 万只，从而减少甲烷排放约 18 万吨，二氧化碳 140 万吨。另外，绵羊育肥技术，尤其是羔羊快速育肥技术，缩短了出栏时间，当年羔羊育肥后秋冬季节出栏，大大减少冬春季节绵羊饲养数量，不仅降低了碳排放量，而且缓解了冬春季节草场的压力，加快羊群周转速度，达到了低碳养羊目的。

七、搞好环境监测与控制，提高碳循环利用效率

一般来说，家畜的生产力 20% 取决于品种，40%～50% 取决于饲料；20%～30% 取决环境。例如，不适宜的温度可使绵羊的生产力降低 10%～30%，也就是说，如果没有适宜的环境，即使喂给全价配合饲料，饲料也不能最大限度地转化为羊产品，饲料利用率降低，甲烷排放量增加；由此可见，在绵羊生产中，应做好羊场的环境控制（温度、湿度、通风、光照等环境条件）与监测（空气中的二氧化碳、氨、硫化氢等有害气体）工作，为绵羊创造一个适宜的环境。

发展粪污的循环利用系统，兴建沼气工程，将排泄物循环利用，其产生的沼气可供蒸煮饲料、居民区生活使用或者沼气发电等；沼渣还可以用来做有机肥，发展有机农业，实现农牧耦合，提高碳循环利用效率。

做好场区绿化。场区绿化可以吸收大量二氧化碳等温室气体，减少碳排放，而且冬季可降低风速促进羊舍保温作用，夏季遮阴防暑。

八、采取有效措施控制疫病，减少羊只死亡率

绵羊死亡不仅是能源的极大浪费，也是二氧化碳的排放源，据统计，我国绵羊年出栏 1.3 亿只，如果死亡率以 10% 计，则每年死亡 1 300 万只，1 只 40 千克绵羊的平均产肉量约为 20 千

克，生产1千克肉至少排放36.4千克二氧化碳，1 300万只死亡绵羊相当于排放了约95万吨二氧化碳。因此，羊场要做好羊只保健工作，控制绵羊主要传染病，减少普通病和寄生虫病，降低绵羊疾病死亡率，最终达到提高经济效益，降低碳排放的目的。在生产中，应采取"预防为主，防重于治"的基本原则，建立综合性的绵羊疫病防治体系，加强对绵羊疾病的预防和控制措施，为低碳环保绵羊养殖业的健康发展提供有力的支持和保障。

九、建立适宜绵羊生产的经营模式，加大低碳养殖科技推广力度

绵羊产业化模式的建立要根据当地的经济、市场、发展规模，因地制宜，探索出有利于绵羊产业化流畅进行模式。"中等规模，多点分散"养殖模式已被证明是防止传染病传播，降低羊只死亡的有效方法。在我国运行较好的养殖模式是"公司或企业＋农户"，这种模式下的养殖户饲养规模中等，而且呈多点分散状，"龙头"发挥桥梁作用，将其与大中城市和国际市场联系起来，形成集约化生产模式，最大程度的发挥各地资源优势，避免资源浪费和重复投资现象，充分利用科技资源获得最大效益，降低碳排放。

目前，我国以协会组织的绵羊产业化生产也是呈中等规模、多点分散状，在绵羊养殖集中的县区、由农户自发组织的专业合作经济组织。一般以指导和协助养羊户，普及科技知识，开展小规模的科学试验、示范推广活动，组织羊产品流通总结，交流养羊生产发展中的经验，为农牧民增收致富服务为目标。我国目前组织的绵羊协会，虽在功能上还没有起到统一组织生产经营的作用。但这种模式有利于技术推广和疾病防疫，是绵羊低碳养殖模式，值得进一步推广和完善。

养羊业的发展面临着世界发展低碳经济的危机，既是挑战，又是机遇；同时也面临着人们提倡低碳饮食的重大压力，如何降

低养羊业的碳排放量，将是摆在我们面前的一个重大课题。

参 考 文 献

程克群，马友华，栾敬东．2010．低碳经济背景下循环农业发展模式的创新应用［J］．科技进步与对策，27（22）：52-55．

季学明，季学生，林建永．2010．我国经济转型与发展低碳农业的宏观思考［J］．农业经济展望，9：40-44．

蔺莉，李战彪．2010．建设绿色畜牧产业，推行低碳经济发展［J］．科技致富向导，7：7-8．

马友华，王桂苓，石润圭，等．2009．低碳经济与农业可持续发展［J］．生态经济，6：116-118．

毛文星，苏效良．2011．从几例实证看低碳养殖业的发展潜力［J］．中国牧业通讯，5：58-60．

毛文星，苏效良．2011．固碳型生态农业和低碳养殖业刍议［J］．中国牧业通讯，4：32-34．

娜仁花，董红敏．2009．营养因素对反刍动物甲烷排放影响的研究现状［J］．安徽农业科学，37（6）：2534-2536，2735．

吴一平，刘向华．2010．发展低碳经济，建设我国现代农业［J］．毛泽东邓小平理论研究，2：58-67．

杨凌，周姬．2010．浅谈盐城市发展低碳畜牧经济的模式［J］．上海畜牧兽医通讯，6：69．

张春香，杨子森，任有蛇，等．2011．发展低碳养羊业的技术措施［J］．中国草食动物，31（6）：80-82．

赵有璋．2010．推行低碳技术，积极发展绿色养羊［J］．现代畜牧兽医，9：2-3．

第一章

羊场的节能设计与低碳建筑

现代规模化羊场的建设应以低能耗、低污染和低碳排放为指导。首先从场址选择上，选择一个适宜绵羊生活的环境，不仅有利于其遗传潜力的发挥，而且有利于疾病防控，尽可能减少羊只死亡数量，即可节约能源又可降低二氧化碳的排放；从羊舍设计上，不仅要遵循绵羊生物学特性，给其提供一个最佳的生产环境，最大限度提高饲草料转化效率，降低绵羊的甲烷排放量，而且还要设计节能型羊舍，充分利用自然资源，例如，太阳光能和风能，减少能量消耗；从建筑材料选择上，尽可能少的用水泥、钢材和红砖等高碳排放材料。合理科学地利用羊场可能引起污染的物质，例如，粪污、生活污水、垃圾等，减少甲烷排放；从羊场设备与机械配置上，本着与绵羊生物学特性相适应、使用方便、可利用自然资源等原则来设计与购置，以降低能源消耗。

第一节　场址选择

选择场址时，对地势、地形、土质、水源，以及居民点的配置、交通、电力、物资供应、废弃物处理等条件进行全面的考察，为绵羊提供一个最佳生产环境，减小应激损耗，实现低碳生产。

一、地形、地势和土壤

（一）地形、地势

地势要求高燥平坦，向阳避风，最好有一定坡度以利排水，但坡度不能太大。

地形要求宽大，不要过于狭长和边角太多，以免场内建筑物布局松散，拉长生产作业线，增加劳动强度和管道等设备投资。

（二）土壤

不良的土壤或被污染的土壤对羊场的建筑物、环境卫生、羊只健康、防病防疫、产品质量等产生不利影响，因而在建场前必须认真选择土质。以下几种情况不宜建造羊场。

1. 纯粹黏土类土质不宜建场　黏土类土质颗粒细，粒间孔隙极小，毛细管作用明显，因而吸湿性强、容水量大、透气透水性差，容易潮湿、泥泞，当长时期积水时，易沼泽化。

在此土质上修建羊舍，舍内容易潮湿，易孳生蚊蝇与病原微生物，不利于防疫卫生；黏土自净能力很差，粪尿、污水渗入其中易于厌氧发酵产生有害气体；在寒冷地区冬天结冻时，湿黏土结冰，体积膨胀变形，可导致建筑物基础损坏；有的黏土含碳酸盐较多，受潮后碳酸盐被溶解，造成土质松软，使建筑物下沉或倾斜。

鉴于黏土类土质的诸多弊端，一般不适于建造羊场，如果别无选择，应使建筑物基础深入冻土层以下，且加设防潮层；地面也要设置混凝土等防水层，并设置有效的集水、集粪系统。

2. 地下水位高的土壤不宜建场　地下水位高会导致羊舍潮湿，不仅影响羊舍的环境卫生与防病防疫，而且能缩短建筑物的使用寿命。

3. 被病原微生物污染的土壤不宜建场　病原微生物是养羊

生产的巨大威胁，全国畜牧生产每年要为此付出巨大的损失，有些病原微生物在适宜的土壤中会存活很长时间，尤其能形成芽孢的微生物，如炭疽杆菌，可存活数十年。因此，建场时必须对当地土壤进行严格的检测和详细的调查。

4. 土壤中某些化学成分缺乏或过剩不宜建场　土壤中某些化学成分可以通过植物和水作用于羊只，导致羊只产生特异性疾病或地方病。如我国从东北向西南走向的缺硒带，内蒙古的赤峰、河北的阳原、山西的山阴、陕西靖边的高氟带，这些地带如建羊场应针对性地采取措施。

羊场应该建立在透气性强、毛细管作用弱、吸湿性和导热性小、质地均匀、抗压性强的土壤上。沙壤土地区是建设羊场的最佳选择，这种土质作为场地，对羊只健康、卫生防疫和绿化等都有好处。

二、水源良好

水是维持羊只生命、健康及生产力的必要条件，充足、清洁的水源是养羊生产顺利进行的重要保障。在羊场的生产过程中，羊只饮用、饲料调制、羊舍和用具的清洗等，都需使用大量的水。所以，建立羊场必须有一个良好的水源。水源应符合下列要求：水质良好符合国家无公害食品畜禽饮用水水质标准（NY 5027—2008），无任何污染，不经处理即能符合饮用标准。水量充足，能满足羊场内的人畜饮用和其他生产、生活用水，以及防火和未来发展的需要。水源便于防护，不受周围环境污染。取用方便，设备投资少，处理技术简便易行。

三、社会联系

社会联系是指羊场与周围社会的关系，如与居民区的关系，交通运输和电力供应等。

（一）羊场与居民区的联系

羊场场址的选择必须遵循社会公共卫生准则，使羊场不致成为周围社会的污染源，同时也要注意不受周围环境所污染。因此，羊场的位置应选在居民区的下风向或者地势较低的地方，但要远离居民区排污口。羊场与居民点的间距一般至少保持 500 米以上，与各种污染性的、病源性的工厂、企业至少间隔 2 000 米以上。另外要注意切不可靠近化工厂、屠宰场、制革厂、兽医院等污染源和传染源附近，更不应处于其下风向。

最好在羊场与居民点之间建立一个绿化带，一方面可以吸收利用羊场排出的二氧化碳，降低对环境污染，另一方面有利于防疫。

（二）交通便利

羊场要选择在交通便利的地区，特别是大型集约化的商品羊场，其物资供应和产品营销量极大，对外联系密切，因此保证有便利的交通，同时为了防疫卫生，羊场与主要公路的距离至少要在 300 米以上，与国道、省际公路的距离保持 500 米以上；而且羊场的输水、运料道路最好不与主要公路干线交叉。

（三）电力充足

规模化羊场必须具备可靠电力供应，选择场址时，就要了解供电源与羊场距离、最大允许的供电量、供电有无保证等。

选择适宜的场址，有利于降低羊场建设投资、充分发挥绵羊生产性能、降低生产成本，提高经济效益，可与周围环境友好相处，为绵羊低碳养殖奠定了基础。

第二节　羊场的规划与布局

羊场要根据自己的生产方向和经营特点，合理规划场地，精心布局建筑物，以最经济的投资、最紧凑的生产线、最便捷的生产条件，实现最高效的生产，发展低碳经济。

一、羊场的分区规划

羊场通常分为三个功能区，即管理区、生产区、粪污及病死羊处理区。

（一）管理区

管理区的职能是对整个羊场实施经营管理，采购和贮藏饲料原料，供应其他相关物资，进行产品加工与包装，对外营销等。由于管理区与社会联系频繁，造成疫病传播的机会极大，因此要以围墙分隔，单独设区，严格管理，认真消毒、防疫。管理区一般处于羊场的最上风向或者地势最高的地方。

（二）生产区

生产区是羊场的核心，是实施生产的场所，包括羊舍、精料库、干草棚、青贮窖、饲草料加工间、人工授精室、防疫室、药浴池等。

为了饲养管理方便和防病防疫安全，生产区内的羊群要按种公羊、繁殖母羊、羔羊、商品育肥羊分群分区管理，而且按生产联系合理布局。一般原则是，把数量少、污染小、较昂贵或易被污染的羊只或设施放在上风向或者地势较高的地方，把数量多、污染大的羊只或设施放在下风向或者地势较低的地方。按照主风向由上到下的一般次序是：饲草料设施、种公羊、繁殖母羊、羔羊、育肥羊、粪尿污物处理场。

（三）粪污及病死羊处理区

此区为污染区，主要是处理粪污、销毁病死羊的场所，其中包括粪污处理厂、隔离病羊舍、焚尸炉等设施。病死羊管理区要与外界隔绝，防止疫病的蔓延与传播。此区应设在生产区的下风向或地势最低处，并与羊舍相距100米的距离。

二、羊场建筑物的布局

羊场的各功能建筑物布局是否合理、联系是否紧密、操作是否便利，直接影响基建投资、生产效率、防疫效果和环境状况。

为了使羊场建筑物的布局合理，需依据羊场的任务、要求以及经营特点，确定饲养管理方式、集约化程度和机械化水平，以及饲料需要量和饲料供应方式，然后进一步明确各种建筑物的功能、面积和数量。在此基础上综合考虑场地的各种因素，因地制宜，制订最好的布局方案。要符合生产工艺要求，保障绵羊生产的顺利进行。生产工艺是指绵羊生产上采取的技术措施和生产方式，包括本场羊群的组成和周转方式、运送草料、饲喂、饮水、清粪等；也包括称重、防疫注射、采精输精、接产护理等技术措施。修建羊舍必须与本场生产工艺相结合，否则必将给生产造成不便，甚至使生产无法进行。

任何羊场的规划布局在遵循基本原则的前提下，应立足于实际条件，制定切实可行的实施方案，而不应当生搬硬套现成的模式。要遵循的基本原则：一是要根据生产环节（羊群的组成和周转方式、运送草料、饲喂、饮水、清粪等）和技术措施（称重、防疫注射、采精输精、接产护理等）确定建筑物之间的最佳生产联系；二是要根据防疫卫生要求和防火安全规定设置建筑物；三是兼顾减轻劳动强度，提高劳动效率，实现各功能建筑物的最佳配置；四是合理利用地形地势、主风和光照。

第三节　节能型羊舍设计与低碳建筑

羊舍建筑本身并不产生二氧化碳，但可通过低碳建筑材料的选择，间接减少二氧化碳排放。尽可能将羊舍设计成为夏天保凉和冬季保温节能型羊舍；羊舍尽可能利用太阳能的设备，减少电或煤使用，从而降低二氧化碳排放；粪污处理区尽可能设计为循环利用系统，减少甲烷等温室排放。每栋羊舍还可设计一个附属的雨水收集池，充分利用水资源；生活污水设计为回用系统，以节约水资源。另外，羊舍建筑还要做到经济合理，技术可行。

一、羊舍建筑低碳材料、基本结构及其应用

(一) 低碳节能型建筑材料

在众多的建筑材料中，水泥、钢筋和红砖的生产是制造业二氧化碳最大排放源，生产 1 吨水泥平均排放二氧化碳 0.79 吨，生产 1 吨钢材平均排放二氧化碳 2.54 吨，生产 1 万块砖平均排放二氧化碳 2.8 吨。因此，在羊舍建筑中，尽可能少的使用钢材、水泥和红砖，选择天然、节能环保型材料。

1. 天然石料 从天然岩石中开采而来，经过加工制成块状或板状的石料，统称天然石料。天然石料一般容重很大，具有较高的强度和硬度，因而耐磨、耐久，而且具有抗冻、防水和耐火等优点；由于石料导热性极大，且蓄热系数高，在寒冷地区石料不宜用作外围护保温结构（如外墙）。在取材方便的山区，用其砌墙必须保证足够的厚度，以满足所要求的热阻。石料地面属于冷硬地面，导热性大、易滑，不适宜作羊舍地面。

天然石料按容重大小分轻石与重石两类，质量密度大于 18 者为重石，可用作羊舍的基础、不要求保温的羊舍外墙、地面等；质量密度小于 18 者为轻石，可用作砌筑保温舍的墙壁。

2. 土料 土料包括土坯、草泥、夯实土结构、三合土等。其特点是就地取材、造价低，干燥时具有一定的耐久性和耐火性，而且导热性小，有利于夏季防暑，冬季防寒。土墙的缺点是强度小、耐水性差、不光滑、不易清扫消毒。因此，基础、勒脚部位应设防潮层，舍内墙面可用灰浆、水泥涂面。

土地面属于暖地面、软地面，易于建造、就地取材、造价低、柔软、富有弹性且导热性也较小，是羊舍普遍采用的地面。

3. 砖 砖是一种用途广泛的墙体建筑材料，孔隙率较高，故导热性较小，而且具有一定的强度、较好的耐火性和耐久性，多用来砌筑墙体；但由于其毛细管作用，吸湿能力较强，不宜用作基础材料，一旦要用作基础材料，必须采取严格的防潮、隔水

措施。砖根据加工方式的不同，又分为黏土实心砖、粉煤灰空心砖、泡沫水泥砖、蒸压泡沫混凝土砖、混凝土空心砌块、加气混凝土砌块等。其中黏土实心砖是黏土煤烧制而成，耗能、高排碳型的材料，在羊舍建筑时，尽可能少的使用红砖。在羊舍建筑时，可选用下面这些环保、节能新型墙体材料。

粉煤灰空心砖、泡沫水泥砖、蒸压泡沫混凝土砖、混凝土空心砌块、加气混凝土砌块、聚苯乙烯颗粒轻质空心砖等都是用电厂污染物粉煤灰为主要材料加工而成，自重较轻，无需烧制，是新型的节能、利废环保的墙体材料。其中泡沫水泥砖和蒸压泡沫混凝土砖和聚苯乙烯颗粒轻质空心砖是非承重墙的理想材料；粉煤灰空心砖、混凝土空心砌块和加气混凝土砌块可以选做羊舍墙体材料。

4. 无机玻璃钢保温板　其生产过程无需高温，高压；产品无毒、无害、无污染、无放射性，属绿色环保新型节能建材。它的表面是玻璃钢材料，增加了强度，中间夹聚苯乙烯泡沫板做填充，保温性能好，冬暖夏凉；重要的是便于防疫，玻璃钢材料表面光滑如镜，可以抑制病菌的生存，便于冲洗和消毒；使用板块或组合安装，干法作业，省时省力，节约人工费用和水资源，建设成本仅为砖建筑的1/3。因此，无机玻璃钢保温板是养殖业建房的理想选择。

5. 阳光板　是聚碳酸酯板或聚碳酸酯板。它是一种高强度的、透光、隔音、节能的新型建筑材料。透光率最高可达89%，可防止紫外线穿过；隔热性能好，夏天保凉，冬天保温。在羊舍建筑中，可选用阳光板作为房顶材料，这样羊舍中不仅采光效果很好，而且保温效果也很好。

6. 酚醛彩钢复合屋顶板　它具有防火、隔热性及气密性好等特点，且施工迅捷，是良好的建筑节能围护材料。可与阳光板相间作为羊舍屋顶材料，可收到良好的保温效果与采光效果，节能环保。

（二）羊舍的基本结构及其作用

同其他建筑物一样，羊舍由屋顶、墙、基础、地面、门窗等组成。其中屋顶和外墙组成整个羊舍的外壳，将羊舍空间与外部空间隔开，称作外围护结构。羊舍环境的控制，在很大程度上取决于羊舍结构，尤其是外围护结构。

1. 基础　基础指墙埋入土层的部分，是墙的延续与支撑。墙和整个羊舍的坚固与稳定状况取决于基础，所以基础应该坚固、耐久，具有良好的防潮、抗震、抗冻能力及抗机械作用能力。基础下面承受建筑物重量的那部分土层称为地基，地基必须具备足够的强度和稳定性，要求土层组成一致、抗压抗冲刷力强、膨胀性小、地下水位在 2 米以下，且无侵蚀作用，以防羊舍下沉或产生不均匀沉降而引起裂缝和倾斜。

砂砾、碎石、岩性土层，以及有足够厚度、且不受地下水冲刷的砂质土层是良好的天然地基；黏土、黄土含水多时压缩性很大，且冬季膨胀性也大，如不能保证干燥，不适于做天然地基；富含植物有机质的土层、壤土也不适用。

2. 墙　墙是羊舍的主要结构，墙也是将羊舍与外部空间隔开的主要外围护结构，对舍内温湿状况的保持起着重要作用，据统计，冬季通过墙散失的热量占整个羊舍总失热量的 $35\%\sim40\%$。

墙因功能不同，可分为负载屋顶的承重墙和起间隔作用的隔墙；因与外界接触程度不同分为外墙和内墙。墙壁必须坚固、耐久、抗震、耐水、防火、抗冻、结构简单、便于清扫、消毒；同时应有良好的保温与隔热性能。墙的保温、隔热能力取决于所采用的建筑材料的特性与厚度，选用隔热性能好的材料，保证良好的隔热效果，在经济上是合算的。潮湿可提高墙的导热能力，影响墙体寿命，所以应采取严格的防潮、防水措施。

外墙与舍外地面接近的部位称为勒脚。勒脚经常受雨水及地下水的侵蚀，故应采取防潮措施。砖作为外围墙体时，勒脚部位应抹制水泥，并用 1∶1 的水泥砂浆勾缝，还可采用防水好且耐久的其他材料抹面，沿外墙四周做好排水沟，设防潮层，在舍内墙的下部设墙围等，这些措施对于加强墙的坚固性、防止水汽渗入墙体、提高墙的保温性均有重要意义。

3. 屋顶 屋顶是羊舍上部的外围护结构，用以防止降雨和风沙侵袭及隔绝太阳的强烈辐射。如果屋顶保温隔热性能不良，冬季羊舍内热空气上浮到屋顶处，大量热量将由此散失；夏季强烈的阳光直射屋顶，大量热量传入舍内，引起舍内过高温度。因此，无论对冬季保温和夏季隔热屋顶比墙壁具有更重要的意义。

为了在生产中保证对羊舍环境的有效控制，屋顶除要求防水、保温、承重的功能外，还要求不透气、光滑、耐久、耐火、结构轻便、简单、造价便宜。为了达到以上性能，不仅要正确选择各种建筑材料，并合理组合，还要选择合理的屋顶形式。

屋顶形式种类很多，但在羊舍建筑中常用的主要有以下几种：

（1）**单坡式** 屋顶只有一个坡向，跨度较小，结构简单，自然采光良好，适用于较小规模的单列式饲养的羊群。

（2）**双坡式** 屋顶呈"人"字形，是最基本的羊舍屋顶形式。这种形式的屋顶可用于跨度较大的羊舍，适用于各种规模的

图 1-1 双坡式屋顶

各种羊群，同时有利保温，且经济实用、易于修建。图1-1是南京农业科学院养羊基地的双坡式屋顶。

（3）**暖棚式** 前高后低的单坡式屋顶，迎阳光的一面（南门）为矮墙，矮墙与羊舍屋顶前沿由拱形或斜面龙骨架相连，上面覆盖塑料膜或者安装阳光板，可利用太阳能提高羊舍温度，适用于冬季寒冷的北方地区。图1-2是国家肉羊产业技术体系太原试验站的暖棚式羊舍。

图1-2 暖棚式屋顶

4. 地面 地面是羊舍建筑的主要结构，羊喜爱干洁，羊舍地面的防潮及其重要，地面防潮不好，会导致羊舍潮湿、保温性能降低、微生物繁殖、有机物腐败分解产生有害气体等，从而使羊舍环境恶化。羊舍的地面一般采用三合土地面。

5. 门、窗

（1）**门** 门的功能是保证羊只进出与生产过程的顺利进行，以及在意外情况下能将羊只迅速撤出。每一栋羊舍通常设有两个外门，一般设在两端墙上，正对中央通道，便于运入饲料与清粪，同时便于实现机械化作业。羊舍饲喂通道的门一般宽1.5～2.0米，高1.8～2.0米，羊舍和羊运动场的羊只通道的门宽1.2米，高1.1米。羊舍门应向外开，门上不应有尖锐突出物，不应设置门槛与台阶，但为了防止雨雪水淌入舍内，羊舍地面应高出舍外 20～25 厘米。在寒冷地区为加强门的保温，通常设门斗、门帘以防冷空气侵入，并减少舍内热能的外流。

（2）窗　羊舍窗户的功能在于保证羊舍的自然光照和自然通风，考虑到采光、通风与保温的矛盾，在窗户设置上，应根据本地区的温热情况统筹兼顾、科学设计。一般原则是在保证采光系数与夏季通风要求的前提下尽量少设窗户。

二、羊舍的形式

羊舍形式按其封闭程度分为开放式、半开放式和封闭式三种。

1. 开放式羊舍　指正面或四面无墙的羊舍。前者也叫敞舍，后者叫棚舍。这类形式的羊舍只能起到遮阳、避雨及部分挡风（敞舍）作用。开放舍耗材少，施工简易，造价低廉，适用于炎热及温暖地区，或者温暖季节。图1-3 为国家肉羊产业技术体系山西农业大学岗位专家肉羊基地的开放式羊舍，前后无墙，左右为支撑墙，地面为土地面，冬季前后用塑料布防风保温，成本低廉，经济实用。

图1-3　开放式羊舍（冬季）

2. 半开放式舍　指三面有墙，正面敞开，下部仅有半截墙的羊舍（图1-4）。这类羊舍的开敞部分在冬天可加以覆盖塑料膜形成封闭状态，从而改善舍内小气候。图1-5是国家肉羊产业技术体系衡水试验站半开放式羊舍。

图1-4 半开放式羊舍

图1-5 半开放式羊舍

3. 封闭式羊舍 指通过墙壁、屋顶等外围护结构形成全封闭状态的羊舍形式，羊舍内环境可以根据生产特点进行有效的人工控制。建筑材料及羊舍结构直接影响着封闭羊舍的环境控制，因此，在设计与建造封闭式羊舍时一定要科学地选择建筑材料，并优势互补、综合利用；一定要根据当地气候特点和生产要求合理设计羊舍结构，以实现封闭式羊舍良好的保温隔热能力和最为有效的人工控制环境。图 1-6 是新疆畜牧科学院中澳胚胎中心绵羊基地封闭式羊舍，该羊舍是遵循节能设计的原则，四面墙壁由保温板组装，屋顶为彩钢复合板，每 4 块彩钢复合板中间安装 1 块阳光板，羊舍内保温效果良好，光照条件也很好，组装快速，省时、省工又省钱，设计节能环保，是值得推广的一种羊舍。

图 1-6　封闭式羊舍

不同地区气候特点差异很大，设计修建羊舍不应拘泥哪种固定形式，而应该立足于当地的实际条件与生产特点，灵活掌握。

三、羊舍的节能设计

羊舍的节能设计就是提高羊舍的保温隔热能力，利用羊只自身放散的体热维持或基本维持适宜的温度环境，可以减少羊只在寒冷季节因维持体温而增加的饲料消耗，节约饲养成本，提高经济效益。同时，良好的保温隔热设计，在炎热的夏季可以有效地阻挡热量传入舍内，推迟羊舍内温度高峰的来临，有利于羊舍的降温，减轻动物热应激，从而保证高温季节的正常生产。

（一）节能型屋顶的设计

在羊舍外围护结构中，对舍内温热环境影响最大的部分是屋顶，其次是墙壁、地面。冬季屋顶失热多，一方面因为它的面积一般均大于墙壁，另一方面热空气上升，在屋顶附近形成热空气层，增大屋顶内外的温差，如果保温隔热不好，热能易通过屋顶散失。夏季强烈的阳光近乎直射屋顶，保温隔热不好的屋顶会把大量的热量迅速传入舍内，引起舍内的急速增温。因此，为了保持相对适宜的舍温，加强屋顶的保温隔热具有重要意义。

屋顶的内外两层选择热阻大的材料，中间一层选择蓄热强的材料，这样的结构适用于夏季炎热、冬季寒冷的地区。在炎热的夏天，强烈的太阳辐射到达屋顶后，首先受到外层高热阻材料的有效阻挡，通过外层的部分热量被中层蓄热材料吸收而升高很小的温度，内层又有热阻大的材料阻挡热传递，从而起到良好的隔热效果。严寒的冬天正好相反，羊舍内的热量通过屋顶向外传递受到阻挡，保温效果良好。

如果是夏季炎热、冬季温暖的地区，屋顶的最外层就要换成导热性强的材料。白天太阳辐射强烈，热量透过最外层到达中层，被蓄热系数高的材料容纳而升高较小的温度，热量进一步向内传播时受到内层高热阻材料的阻挡，舍内温度升高很慢，舍内温度高峰比外界延迟；当接近黄昏，一直到夜晚，外界温度迅速下降，屋顶中层蓄积的大量热量可以通过导热性强的外层材料快速发散出去，起到降温的效果。

随着建材工业的发展，一些高效合成的轻型隔热材料已在国外使用，如玻璃棉、聚苯乙烯泡沫塑料、聚氨酯板等，为改进屋顶保温开辟了广阔的远景。

（二）节能型墙壁的设计

墙壁是羊舍的主要外围护结构，热传递仅次于屋顶，因而必须加强墙壁的保温设计。根据要求的热工指标，通过选择当地常用的导热系数小的材料，确定最合理的隔热结构，并精心施工，就能有效提高羊舍墙壁的保温隔热能力。

比如，加厚的土墙在干燥条件下保温隔热能力远大于砖墙和石墙；选用空心砖代替普通红砖，墙的热阻值提高41％；用加气混凝土块，热阻值可提高6倍。

此外，在墙体的建筑结构上也可以精心设计，采用空心墙体或在空心中填充隔热材料，也会大大提高墙的热阻值，但有一个前提条件是空心墙体必须不透气、不透水，而且防潮。如果施工不合理，墙体不防潮、不严密，都会导致墙内空气对流和墙体传导失热的增加，从而降低墙体的热阻值。

在特别寒冷的地区，有时设置火墙，即在墙体的一侧建造炉体，另一侧建造烟囱，空心墙体为烟道，这种结构可以根据寒冷程度控制加温力度。

目前，国内一些养殖车间结构厂应用新型保温材料和无机玻璃钢制品，经过特殊生产工艺制成羊舍墙板、屋面、立柱等，组合粘合安装，保温隔热效果良好，造价为砖瓦结构羊舍的一半，是当代值得推广的羊舍形式。

（三）节能型地面的设计

与屋顶、墙壁比较，地面失热在整个外围护结构中位于最后，但由于羊只直接在地面上活动，羊舍地面的热工状况直接影响羊只的体感温度，因而具有特殊的意义。夯实土和三合土地面在干燥状况下，具有良好的温热特性，适用于尿液少、粪便含水量小、环境干燥的羊舍。

（四）羊舍自然通风系统的设计

羊舍合理通风系统的设计可有效驱散舍内产生的热能，降低舍内温度。利用羊舍内外温差和自然风力进行羊舍内外空气交流，这种自然通风系统是最好的节能设计方案。羊场的地形与整体布局、羊舍的朝向都会影响羊舍自然通风，场址应选在开阔、通风良好的地方；羊舍布局和羊舍间距也影响着通风；羊舍的朝向不仅考虑太阳辐射问题，还要当地夏季的主风向。

羊舍通风口的布置应遵循以下原则：进风口位于迎风一面的正压区，排气口位于负压区，且通风口分布均匀。另一进风口要远离污浊空气产生的地方或粉尘飞扬区。在羊舍建筑中，除门和窗为自然通风口外，还可在屋顶设计通风口，安装球形自然通风机，环保节能。图1-7为南京农业科学院试验基地羊舍自然通风机。

图1-7 屋顶自然通风机

第四节　羊场主要设备与机械

一、饲槽和饲草架

饲槽和饲料架主要用来饲喂精料、青贮饲料和青、干草。可以分开设置，也可结合成联合草料架。其基本要求是有利于羊只采食，不使羊脚蹄踏入草料架内，不使草料碎屑落在羊体上，保证饲草料洁净，减少饲草料浪费。

（一）饲槽

常用的饲槽有固定式长形饲槽、移动式长形饲槽、悬挂式饲槽和羔羊哺乳饲槽。

1. 固定式长形饲槽　一般设置在羊舍或运动场内，按一定距离用砖石、水泥砌成若干平行排列的固定饲槽。也可紧靠四周墙壁砌成固定饲槽。以舍饲为主的羊舍，应修建永久性固定饲槽。根据羊舍的设计，若为双列式对头羊舍（图1-8），饲槽应修在中间走道的两侧，若为双列式对尾羊舍，饲槽应修在靠窗户走道一侧。舍饲条件下，饲料种类多、数量大、体积大，饲槽宜用砖石水泥砌成，要求上宽下窄，槽底呈圆形，无死角。饲槽上宽约50厘米，深20~25厘米，槽高40~50厘米。

图1-8 双列式羊舍的饲槽

2. 移动式长形饲槽 这种饲槽移动和存放较为灵活方便，一般用木板或铁皮制作，主要作为冬春舍饲期妊娠母羊、泌乳母羊、羔羊、育成羊以及病弱羊只补饲之用。饲槽的大小、尺寸可灵活掌握，为防止饲喂时羊只攀踏翻槽，饲槽两端最好安置临时安装拆方便的固定架。

3. 悬挂式饲槽 主要用于断奶羔羊补饲，为对断奶前羔羊进行补饲，防止粪尿污染或羔羊攀踏、抢食翻槽，可将长方形饲槽两头的木板，改为高出槽缘30厘米左右的长条形木板，在木板上端中心部位开一圆孔，再用一长圆木棍从两孔之中插入，用绳索紧扎圆棍两端，将饲槽悬挂在羊舍补饲栏的上方，饲槽离地面的高度以羔羊吃料方便为原则。

4. 栅栏式长形槽架 这种槽架是一种结构简单、实用方便的草料两用槽架。是用竹条、木板或钢筋和三角铁加工而成，宽80~100厘米。当饲槽为靠墙的固定饲槽时，可在紧靠饲槽的墙上分两排各固定2个铁钩，栅栏下横梁挂在下排的2个铁钩上，上梁用2根两头带钩的钢筋与墙成35°~40°斜角，分别挂在上排的两个铁钩上，带钩钢筋同时起支撑的作用。

5. 羔羊哺乳饲槽　适宜于哺乳期羔羊的哺乳。

（二）饲草架

饲草架也形式多样，有单面饲草架、双面草架，草架的形状为直角三角形和等腰三角形或梯形、正方形。具体建造形式和大小根据羊群的规模设计。移动式联合饲架，适于舍外运动场上使用，通常放在运动场中央。草架隔栅间距为 9～10 厘米，若使羊头伸入栅内采食饲草，间距放宽至 15～20 厘米。草架的作用是：防止羊只采食互相干扰、踏入草架、饲草落在羊身上影响羊毛质量。

二、饮水槽（器）

饮水槽（器）主要用于供给绵羊新鲜清洁饮水。常用的饮水槽有固定水泥槽、移动式镀锌铁皮槽或塑料盆。舍饲的羊可以根据羊舍的结构确定水管的位置建造固定的饮水槽，水槽设计应便于清洗和排水放水。放牧的羊群常采用移动式的铁皮槽或塑料盆，在运动场上也应设置轻便的或固定的饮水槽。对于大型的集约化绵羊养殖场，可采用自动饮水器。

三、多用途栅栏

栅栏主要用于围母仔栏、羔羊补饲栏、分羊栏或是活动的羊圈。母仔栏在产羔旺季常用这种设备，供 1 只母羊及所产羔羊使用。羔羊补饲栏可用多个栅栏、栅板或者网栏，在羊舍或饲养场靠墙围成足够面积的围栏，留一个仅能供羔羊自由出入采食的栅门。分羊栏主要用于分群、鉴定、防疫、驱虫、称重等生产活动。活动羊圈主要用于放牧的羊群。

四、饲草料加工设备

为了改善绵羊的营养状况和提高饲养水平，对精、粗饲料进行加工调制，以提高饲草料利用率，减少浪费。为此，须利用饲料加工机械来完成。养羊生产中常用的饲料加工机械有青干饲草与作物秸秆切碎机，饲料粉碎机，饲料压粒、压块机，秸秆调制和热喷机等。

（一）青贮饲料收割机

青贮饲料收割机械从调制工艺的角度，可将这类机械分为分段与联合收获调制机械两种。前者是先用机械或人工收获青饲作物，再用切碎机切碎装入青贮设施压紧密封，虽然收获时间长，劳动生产率低，但设备简单，成本低，易推广。后者是用联合收获机在收获的同时进行切碎，抛入自卸拖车后运回场内，直接卸入或用风机吹入青贮窖内，这种工艺可全盘机械化，劳动生产率高，青贮饲料质量高，适宜大型羊场。

1. 铡草机　分段收获调制的主要机具是铡草机，按机型可分为大、中、小三型，按固定方式可分为移动式和固定式。无论选用何种铡草机都要注意切割长度在 3～100 毫米范围内可以调节。铡草机的通用性能好，可以切割各种作物茎秆、牧草和青饲料；能把粗硬的茎秆压碎，切茬平整无斜茬；喂料出料有较高的机械化水平；切碎时发动机的负荷均匀，能量比耗小；当用风机输送切碎的饲料时，其生产率要略大于切碎器的最大生产率。根据近期的资料，目前国内较广泛使用的铡草机 ZC - 1.0 型、ZCT -0.5 型滚刀式铡草机和 ZC - 6.0 型、9QS - 120 型和 CYZ - 640 - 2 型轮刀式铡草机。

2. 多功能揉草机　利用揉草机将粗饲料揉碎的利用效率高于切短。目前揉草机的功能也多样化，不仅可将鲜秸秆铡切、揉切成丝状，可进行青贮粉碎，同时可进行打浆。

3. 联合收获机　青贮饲料联合收获调制机械按其结构大致可分为直接切碎式、直流式和通用式 3 种。直接切碎式青贮收获机结构简单，通过 1 个旋转的切碎器完成收割、切碎、输送工作。这种机型只能用于收获青绿牧草、燕麦、甜菜茎叶等，不适于收获青饲玉米等高秸秆作物。直流式青饲收获机具有较宽的收割台和运输带，割下的青饲料可以不加收缩而直接喂给滚刀式切割器，因其具有直径可调节的指示轮，生产率高，适应性能广。通用式青饲收割机由收割、切碎和输送部分组成，其收割部分安装3种割台。第一种是全幅割台，用来收割牧草及平播的饲料作物；第二种是中耕作物割台，用来收获青饲玉米；第三种是捡拾器，用来捡拾有萎谢的青饲料和集成草条的牧草，以便进行低水分的青贮。机器的切碎部分相当于1台铡草机，切碎的饲料由抛送机抛入拖车。选用青贮饲料联合收获机时要考虑割茬要尽可能低，生产率高，而切碎长度可以调节，总损失一般不大于总量的3%。由于通用式青饲收获机适应性广，切碎质量好，因此，应用日益广泛。国产通用式青饲收玉米主要有 4QS-2、9QS-5、9QS-10 等机型。

（二）牧草收获机械

牧草收获机械是现代绵羊生产中必不可少的主要机械之一，其作用是通过割、搂、集、捆、垛等工序为绵羊生产贮备优质干草。此类机械按其用途可分为割草机、搂草机、饲草压扁机、拾压捆机、装载机和集垛机等；按切割方式割草机又分为往复式与旋转式；按搂成的草条方向，搂草机又分为横向搂草和侧向搂草机；压捆机又可分为方捆机和圆捆机。

但无论选用何种机具系统收获牧草，都要尽可能做到适时收获，及时处理，迅速和均匀干燥，尽量避免雨淋和曝晒，最大可能地减少各作业环节的牧草损失。

（三）粗饲料压粒、压块机

近年来，随着生产的发展和科技的进步，牧草和各类作物秸秆等粗饲料的复合化学处理、压粒和压块机械的研制和生产发展很快。此类机具的主要优点是：牧草、秸秆经切铡、粉碎后可压制成的每立方米 600～900 千克的草块，其堆集密度比散贮存要高许多，便于实现装载、贮存和饲喂作业的机械化，降低贮运成本；压制过程中定量掺入氢氧化钠、氨水、尿素等碱性物质进行碱化处理，可使粗饲料消化率达到 65%。同时还可掺入矿物质、微量元素等添加剂及其他必要的营养物质，以便配制全价饲料；压成草颗粒或草块后，牲畜采食量可提高 30%，采食速度加快，减少饲料的浪费，减轻饲喂劳动强度，降低饲喂总成本 10% 以上。

秸秆饲草压块机（9YK-2000 型）设备是由揉切机、输送机、水平定量搅拌输送器、喂入机、压块机等组成。揉切机由定动刀组合而成，可通过调整定刀来控制饲草的纤维长度，采用轴向喂入，生产稳定。水平定量搅拌输送系统将揉切好的饲料和添加剂（如需要时）搅拌均匀，按一定需要量输送到喂入机口。喂入机利用搅轮强制输送到压块机的入口，压块机利用锲形机构的原理将料压入环模，压出 30 毫米×30 毫米、20～100 毫米长度的方条，密度达每立方厘米 0.6～0.8 克高密度草块。整套工作系统结构紧凑，操作简单，维护方便，磨损件易于更换。

（四）饲料粉碎机

常用的饲料粉碎机有锤片式和齿爪式粉碎机两种。锤片式粉碎机按其进料方式不同可分为切向粉碎机和轴向粉碎机。

1. 切向进料粉碎机　工作时，由进料口进入粉碎室，首先要受到高速旋转的锤片打击而飞向齿板，然后与齿板撞击而被弹回，再次受到锤片的打击和齿板相撞击，就被打碎成细小的颗粒，而由筛片筛孔漏出。留在筛面上的较大的颗粒再次受到锤片的打击和锤片与筛片之间的摩擦，直至从筛孔中漏出为止。由筛孔漏出的碎饲料由吸料管吸入风扇，送进集料筒。切向进料粉碎机的主要缺点是在粉碎稍为潮湿的长茎秆饲料时容易缠绕主轴。

2. 轴向进料粉碎机　与切向进料式的结构不同，轴向进料粉碎机喂入口位于主轴的一侧，增加了初切装置；一般由两把切刀和底刃构成，取消了齿板，采用环筛，有的机型增加了谷粒饲料斗。工作时如是茎秆饲料，可由轴向进料口喂入，进行初加工，切碎后再进行粉碎；如是籽粒饲料，则不经过初切加工，直接粉碎。轴向喂入式锤片粉碎机可粉碎较潮湿的长秸秆饲草，克服了切向喂入式粉碎机的缺点。

3. 锤片式粉碎机　主要特点是通用性广，对饲料的湿度敏感性小，调节粉碎度方便，粉碎质量好，使用维修方便，生产效率高。但不足之处是动力消耗比较大。

（五）饲料混合机

绵羊的科学饲养，需要按饲养标准将各种饲料、维生素和微量元素等混合均匀，这就需要用搅拌机来完成。饲料混合机的种类很多，但归纳起来，常用的有立式、卧式及桨叶式搅拌机三种。养羊生产中常用的为前两种。

1. 立式混合机　又称搅龙式混合机，是非连续作业机器。工作时，将称量好的饲料倒入料斗，垂直搅龙将饲料向上抛送，由搅龙端部的敞开口排出，落于圆筒内，到圆锥形底部被垂直提升上运，又在搅龙端口排出。经多次反复，饲料混合均匀，由卸料口活门排出。这一类机械的特点是混合均匀，动力消耗少；缺点是混合时间长，生产率低，卸料不充分。图1-9为粉碎混合机，兼有粉碎和混合功能，是羊场应配置的设备。

图1-9　立式粉碎混合机

2. 卧式饲料混合机　是一种非连续作业机器。工作时动力驱动，连接在叶片连杆上的内外叶片使饲料对向移动，使饲料混合均匀，由卸料口排出。卧式饲料混合机的优点是混合效率高，质量好，卸料快，时间短；缺点是动力消耗大，但因混合时间短，故单位产品能量消耗并不比立式混合机高。

（六）颗粒饲料机

颗粒饲料是近代饲料工业的新成果。是将粉状饲料按照一定比例配合，经过机器压制，形成柱状体，再经切刀割成颗粒。颗粒饲料具有成分分布均匀，避免家畜挑食，保证家畜全价营养，便于贮藏等特点，对发展集约化养殖业有利。颗粒饲料机按其结构特点可分为成型窝眼孔式、齿轮圆柱孔式、螺旋式、平模式和环模式五种。我国生产的主要为平模式和环模式两种。平模式颗粒饲料机通常采用立式。平模式压粒机具有结构简单、平模易于制造、造价较低、磨损后修复方便等特点。环模式颗粒饲料机通常为卧式。主要由机架、传动装置、喂料斗、搅龙输送器、压辊、环模、切刀等组成。

总之，绵羊生产可供选择的饲草料加工设备有许多，但各羊场可根据自己的人力和财力条件以及当地的生态条件等因素来决定选择使用哪些设备，从而做到既经济又有效地发展当地养羊生产。

参 考 文 献

岳文斌，张春香，裴彩霞 . 2007. 绵羊生态养殖工程技术［M］. 北京：中国农业出版社 .

张英杰，路广计 . 2003. 绵羊高效饲养与疾病监控［M］. 北京：中国农业大学出版社 .

GB 50189—2005. 公共建筑节能设计标准 .

第二章

品种选择与利用

据报道，全世界现有绵羊品种约 600 个，其中细毛羊品种约占 10%，半细毛羊约占 33%，粗毛羊品种约占 48%，其他品种约占 9%。饲养优良品种的绵羊是增加绵羊个体生产水平，提高养殖经济效益，发展绵羊低碳生产的主要措施。绵羊养殖业发达的国家新西兰和澳大利亚绵羊的良种化程度接近 100%，据不完全统计，新西兰现有绵羊品种 30 个，主要是肉毛兼用半细毛羊品种，其数量约占全国总数的 98%。我国幅员辽阔，品种资源丰富，现有绵羊品种 79 个，其中地方品种 35 个，培育品种 19 个，引进品种 25 个，绵羊良种覆盖率 45%。与发达国家相比，良种覆盖率还较低，因此，在发展现代低碳绵羊生产中，重视优良品种的选择和利用。

第一节 毛用绵羊品种

一、细毛羊

细毛羊的基本特点是全身被毛白色，毛纤维属同一类型，细度在 60 支以上，毛丛长度 7 厘米以上，细度和长度均匀，有整齐而明显的弯曲，密度大，产毛量高。

（一）我国培育的细毛羊品种

我国培育的细毛羊品种有新疆细毛羊、东北细毛羊、内蒙古细毛羊、甘肃细毛羊、敖汉细毛羊、中国美利奴羊和新吉细毛羊等。

1. 新疆细毛羊　新疆细毛羊是我国培育的第一个细毛羊品种，见图 2-1。

图 2-1　新疆细毛羊

（1）产地及形成历史　原产于新疆伊犁地区巩乃斯种羊场。用高加索细毛羊公羊与哈萨克母羊、泊列考斯公羊与蒙古羊母羊进行复杂杂交培育而成。

（2）体形外貌　新疆细毛羊体躯深长、胸宽深、背宽直，后躯丰满，四肢结实。公羊有螺旋形大角，母羊无角，颈部有 1～2 个完全或不完全的横皱褶。被毛同质，颜色白。

（3）生产性能　新疆细毛羊成年公羊体重平均为 93 千克，母羊为 46 千克；成年公羊平均剪毛量 12.2 千克，母羊 5.5 千克；成年公羊的羊毛长度为 10.9 厘米，成年母羊为 8.8 厘米；羊毛细度以 64 支为主，净毛率为 50%～54%，油汗乳白色或淡黄色，含脂率 12.5%～15.5%；新疆细毛羊体格较大，产肉性能良好，成年羯羊屠宰率平均为 49.5%，净肉率为 40.8%；经产母羊产羔率为 139%。近年来，新疆加强细型和超细型细毛羊的选育，羊毛品质有了显著提高。

（4）推广利用　新疆细毛羊适于干燥寒冷高原地区饲养，具有采食性好，生活力强，耐粗饲料等特点。已被推广到内蒙古、

青海、西藏、四川、陕西和河南等 20 多个省区，饲养繁育效果
良好。

2. 东北细毛羊 东北细毛羊是我国培育的第 2 个细毛羊品
种，见图 2-2。

图 2-2 东北细毛羊

（1）**产地及形成历史** 原产于东北，是东北三省采用联合育
种方式育成的毛肉兼用细毛羊。用兰布列羊与蒙古羊进行杂交，
然后以其横交的杂种公、母羊为基础，先后引用苏联美利奴羊、
高加索羊、斯达夫洛波羊、新疆细毛羊和阿斯卡尼亚羊等对其杂
交改良后形成的新品种。

（2）**体形外貌** 东北细毛羊体躯长、胸宽深、背平直，后躯
丰满，肢势端正。公羊有螺旋形角，母羊无角，颈部有 1～2 个
不完全的横皱褶。被毛同质色白，有中等以上密度。

（3）**生产性能** 东北细毛羊成年公羊体重平均为 84 千克，
母羊为 45 千克；成年公羊平均剪毛量 13.4 千克，母羊 6.1 千
克；成年公羊的羊毛长度为 9.3 厘米，成年母羊为 7.4 厘米；羊
毛细度以 60 和 64 支为主，净毛率为 35%～40%，油汗呈白色
或淡黄色；东北细毛羊成年公羊屠宰率平均为 43.6%，净肉率
为 34%，成年母羊分别为 52.4%和 40.8%；经产母羊产羔率为
125%。为东北细毛羊进一步选育提高，2008 年颁布了新的东北

细毛羊国家标准（GB/T 2416—2008）。

（4）推广利用　东北细毛羊主要产区在辽宁、吉林和黑龙江，对东北地区生态条件有良好的适应性，具有耐粗饲，生长发育快，毛品质好等特点，是东北地区养羊业的当家品种。

3. 中国美利奴羊　中国美利奴羊是我国目前最好的细毛羊品种。

（1）产地及形成历史　原产于内蒙古、新疆和吉林。以澳洲美利奴公羊与波尔华斯羊、新疆细毛羊和军垦细毛羊母羊通过杂交培育而成。根据产地分为四种类型：新疆型、新疆军垦型、科尔沁型和吉林型。

（2）体形外貌　中国美利奴羊体质结实，体形呈长方形，鬐甲宽平，胸宽深，背长，后躯肌肉丰满，四肢结实；公羊有螺旋形角，母羊无角；公羊颈部由1～2个横皱褶和发达的纵皱褶，母羊有发达的纵皱褶；被毛同质色白，密度大。

（3）生产性能　中国美利奴羊成年公羊体重平均为91.8千克，母羊为43.1千克；成年公羊平均剪毛量16.0～18.0千克，母羊6.4千克；成年公羊的羊毛长度为11.0～12.0厘米，成年母羊为9.0～10.0厘米；羊毛细度以64支为主，净毛率在50%以上；油汗白色或乳白色；成年公羊屠宰率平均为44.2%，净肉率为34.8%；经产母羊产羔率120%以上。

（4）推广利用　中国美利奴羊适合在干旱草原地区饲养。与各地的细毛羊品种杂交，杂种后代的体型和羊毛品质均有提高，因此，该品种对我国现有细毛羊品种产毛量的提高和羊毛品质的改善有积极作用。

4. 新吉细毛羊　新吉细毛羊是2003年正式通过国家畜禽新品种审定的一个细毛型绵羊新品种。是目前国内第一个正式命名的以超细型细毛羊为主的细毛羊新类型

（1）产地及形成历史　原产于吉林和新疆，是引进优质细毛羊种羊和胚胎的基础上，采取纯种繁育与级进杂交相结合的方法

育成的。

（2）体形外貌　新吉细毛羊体形呈长方形，背腰平直，颈部发达，四肢结实；公羊多数有角为螺旋形，少数无角；母羊无角；公羊颈部纵皱褶明显，在纵皱褶中有 1～2 个横皱褶。母羊颈部有纵皱褶。皮肤宽松但无明显的皱褶，被毛着生丰满，四肢毛着生至蹄甲上方。

（3）生产性能　新吉细毛羊成年公羊体重 75～90 千克，母羊为 40～45 千克；成年公羊剪毛量 8.0～12.0 千克，母羊5.5～8.0 千克；成年公羊的羊毛长度 10 厘米以上，成年母羊为 8.0～10.0 厘米；羊毛细度以 66～70 支为主，少部分达 80 支；净毛率为 60%～65%，油汗呈白色；经产母羊产羔率为 110%～125%。2010 年颁布了新吉细毛羊国家标准（GB/T 25167—10）。

（4）推广利用　新吉细毛羊主要在吉林细毛羊产区推广。还有部分推广到新疆、内蒙古、辽宁等地。新吉细毛羊的育成，对我国细毛羊的羊毛品质的改善、生产性能的提高和我国羊毛市场竞争力的增强将起到重要作用。

（二）国外引进细毛羊品种

1. 澳洲美利奴羊　是世界上最著名的细毛羊品种。

（1）产地及形成历史　原产于澳大利亚，由英国及阿扎尼亚引进的西班牙美利奴、德国萨克逊美利奴、法国和美国的兰布列等品种杂交，经百年有计划选育培育而成。有 3 种类型：细毛型、中毛型和强毛型。每种类型中又分为有角羊和无角羊两种。

（2）体形外貌　澳洲美利奴羊体形近似长方形，背腰平直，后躯肌肉丰满，腿短；公羊颈部由 1～3 个完全或不完全横皱褶和发达的纵皱褶，母羊有发达的纵皱褶；澳洲美利奴羊的被毛毛丛结构好，细度均匀，毛密度大，弯曲均匀整齐而明显，光泽好。

（3）生产性能　澳洲美利奴羊细毛型成年公羊体重 60～70

千克，母羊为 38～42 千克；成年公羊剪毛量 7.5～8.5 千克，母羊 4.0～5.0 千克；羊毛长度 7.0～10.0 厘米；羊毛细度 64～80 支；净毛率为 63%～68%，油汗洁白。

（4）推广利用 澳洲美利奴羊主要分布于新疆、吉林、黑龙江和内蒙古等省区。该品种将对我国细毛型和超细毛型细毛羊育成有重要作用。

二、半细毛羊

半细毛羊共同特点是被毛由同一类型的细毛或两型毛组成，羊毛纤维细度为 32～58 支；毛丛长度较长。

（一）我国培育的半细毛羊品种

我国培育的半细毛羊品种有云南半细毛羊、澎波半细毛羊和凉山半细毛羊。

1. 云南半细毛羊 是我国培育的第一个粗档半细毛羊新品种，2000 年国家畜禽品种委员会正式命名。

（1）产地及形成历史 原产于云南省的昭通地区。以当地粗毛羊为母本，引入长毛种半细毛羊罗姆尼、林肯等品种为父本杂交而育成。

（2）体形外貌 云南半细毛羊身体中等大小，背腰平直，肋骨开张良好，四肢短；羊毛覆盖至两眼连线，四肢羊毛覆盖至飞节以上；被毛白色，光泽好，羊毛中等弯曲，均匀度好。

（3）生产性能 云南半细毛羊成年公羊体重 55 千克，母羊为 43 千克；成年公羊剪毛量 5.1 千克，母羊 4.8 千克；毛丛长度 14.0～16.0 厘米；羊毛细度 48～50 支；油汗白色或乳白色；产羔率 106%～118%；10 月龄羯羊屠宰率 55.8%，净肉率 41.2%。

（4）推广利用 云南半细毛羊适应于高海拔、冷凉潮湿的生态环境，特别是在海拔 2 400 米以上的高寒山区，具有广阔的饲养区域。

2. 澎波半细毛羊 是2008年国家畜禽品种委员会正式命名的半细毛羊新品种。

(1) 产地及形成历史 原产于西藏高原2 600～4 200米的生态区域。以西藏河谷型藏羊为母本，新疆细毛羊和茨盖羊为父本培育的新品种。

(2) 体形外貌 澎波半细毛羊体躯呈椭圆桶型，背腰平直，四肢结实；公羊有螺旋形的角；被毛白色，光泽好。

(3) 生产性能 澎波半细毛羊成年公羊体重45.2千克，母羊为28.1千克；成年公羊剪毛量3.3千克，母羊2.3千克；成年公羊毛丛长度为10.4厘米，母羊为9.7厘米；羊毛细度48～56支；成年羯羊屠宰率46%，肉质良好。

(4) 推广利用 澎波半细毛羊具有良好的耐粗饲和抗病能力。目前已向拉萨、日喀则、山南、昌都等地推广。

3. 凉山半细毛羊 是2009年国家畜禽品种委员会正式命名半细毛羊新品种。

(1) 产地及形成历史 原产于凉山州的昭觉、会东、美姑、越西、布拖等县。用山地型藏羊作母本，引进新疆细毛羊、美利奴、罗姆尼、边区莱斯特、林肯羊作父本，采用复杂杂交培育而成。

(2) 体形外貌 凉山半细毛羊体格大小中等，体质结实，结构匀称；胸部深宽、背腰平直，体躯呈圆桶状；公母羊均无角，头毛着生至两眼边线；全身被毛呈辫形结构，羊毛弯曲呈大波浪形；羊毛光泽强，匀度好。

(3) 生产性能 凉山半细毛羊成年公羊体重83.5千克，母羊为45.2千克；成年公羊剪毛量6.5千克，母羊4.0千克；成年公羊毛丛长度为17.2厘米，母羊为14.5厘米；羊毛细度48～50支；油汗白色或乳白色，净毛率66.7%；产羔率105%，核心群母羊产羔率120%；6月龄羔羊屠宰率50.7%。

(4) 推广利用 凉山半细毛羊适宜于在海拔1 500～2 500米

的高山冷湿地区放牧饲养,在凉山州及邻近地区和我国南方大部分地区有着广阔的发展前景。

(二)国外引进半细毛羊品种

1. 罗姆尼羊 是世界著名的毛用绵羊品种,我国半细毛羊新品种培育的主要父本之一。

(1)产地及形成历史 原产于英国东南部的肯特郡罗姆尼和苏塞克斯地。用体格硕大而粗糙的旧罗姆尼羊为母本,莱斯特羊为父本,经过长期精心选育和培育而成。

(2)体形外貌 罗姆尼羊体质结实,体躯宽深,背部较长,前躯和胸部丰满,后躯发达;公母羊均无角;头和四肢羊毛覆盖良好;被毛毛丛呈毛辫结构,白色,光泽好。

(3)生产性能 新西兰罗姆尼羊成年公羊体重77.5千克,母羊为43.0千克;成年公羊剪毛量7.5千克,母羊4.0千克;成年公羊毛丛长度为15.5厘米,母羊为13.0厘米;羊毛细度44~48支;油汗白色或乳白色,净毛率58%~60%;产羔率106%。

(4)推广利用 罗姆尼羊在我国云南、湖北、安徽、江苏等省的繁育效果较好,在西北及内蒙古饲养适应性较差。

2. 边区莱斯特羊 是世界著名的毛用绵羊品种,是培育凉山半细毛羊新品种的主要父系之一。

(1)产地及形成历史 原产于英国北部苏格兰。用莱斯特羊与山地雪维特品种母羊杂交培育而成。

(2)体形外貌 边区莱斯特羊体质结实,体躯长,背宽而平;公、母羊均无角;头和四肢无羊毛覆盖;毛丛长,光泽好。

(3)生产性能 边区莱斯特羊成年公羊体重70~85千克,母羊为55~65千克;成年公羊剪毛量5~9千克,母羊3~5千克;毛丛长度为15~25厘米;羊毛细度44~48支;净毛率65%~80%;经产母羊产羔率150%~200%。

(4)推广利用 边区莱斯特羊适应气候温和湿润地区,在我国四川、云南等省繁育效果比较好，在青海、内蒙古饲养效果较差。

第二节　肉用绵羊品种

我国肉用绵羊培育的工作虽然起步较晚，但进展较快。2007年5月，国家畜禽遗传资源委员会审定通过了我国自主培育第一个专门肉用的绵羊品种——巴美绵羊。目前还有一些以我国地方优良品种为基础，采用杂交育成的肉用绵羊新品种雏形已建立，我国专门肉用绵羊新品种培育工作将取得丰硕成果。

一、我国培育的肉用绵羊品种

巴美绵羊是我国培育的第一个专门肉用绵羊品种（图2-3和2-4）。产于内蒙古巴彦淖尔市乌拉特前旗、乌拉特中旗、五原县、临河区4个旗县区。用当地细杂羊为母本，德国肉用美利奴羊为父本杂交培育而成。

图2-3　巴美肉羊成年母羊

巴美绵羊肉用体型明显。体躯呈圆桶状，体格较大，结构匀称，胸宽而深，背腰平直，四肢结实，后肢健壮，肌肉丰满；公

图 2-4 巴美肉羊育成公羊

母羊均无角;被毛同质白色,闭合良好,密度适中,细度均匀。

巴美绵羊成年公羊平均体重 101.2 千克,母羊为 60.5 千克;公羔初生重平均 4.7 千克,母羔 4.3 千克;6 月龄羔羊平均日增重 230 克以上;6 月龄公羔体重可达到 45 千克以上,母羔可达到 40 千克以上,屠宰率高达 51%;平均繁殖率 151.7%。

巴美绵羊具有生长发育快、繁殖率高、胴体肉质好、适应性强、耐粗饲等特点,适合广大农牧区舍饲半舍饲饲养。目前已在巴彦淖尔市全面推广。

二、国外引进肉用绵羊品种

1. 杜泊羊

(1) 产地及形成历史 原产于南非较干旱的地区,由有角陶赛特羊和波斯黑头羊杂交育成,因其适应性强、早期生长发育快、板皮质量高,胴体品质好而闻名。杜泊羊分为白头和黑头两种。

(2) 体形外貌 杜泊羊整个体躯为长的圆桶形,颈较粗短,肩宽厚,肩颈结合良好而丰满,前胸宽深,鬐甲稍隆而宽,肋骨拱圆,背腰宽平而直,尻宽较平,后躯发达而丰满,后裆宽大,呈倒U形；公母羊均无角；多数羊的体侧和腹部毛在初春后有自然脱毛现象，而黑头比白头羊脱毛较轻。杜泊羊见图2-5。

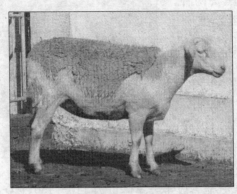

图2-5 杜泊羊

（3）生产性能 周岁种公羊80～85千克，母羊60～62千克；成年公羊体重100～120千克，母羊85～90千克；杜泊羊生长早熟性好，中等以上营养条件，羔羊初生重4～5.5千克，4月龄羔羊体重平均36千克；4月龄屠宰率51%，净肉率45%左右；产羔率平均132%～220%。该品种皮板品质优良，是理想的制革原料。该品种羊放牧爬30度以上坡能力稍差。

（4）推广利用 杜泊羊适应炎热、干旱、潮湿、寒冷多种气候条件，无论是在放牧，还是在集约化舍饲条件下采食性能都良好；具有抗逆性较强、增重速度快、胴体品质好、瘦肉率高等特点。在我国山东、山西、辽宁、河北、内蒙古等地，与当地绵羊的杂交效果显著，杂种后代生长发育速度快，板皮质量好，深受当地养殖户欢迎。

2. 萨福克羊

（1）产地及形成历史 产于英国英格兰东南的萨福克、剑桥和艾塞克斯等地。是以南丘羊为父本，以当地体大、瘦肉率高的黑脸有角诺福克羊为母本杂交培育而成。在英国、美国是用作肥羔生产终端杂交的主要父本。现我国引进萨福克有白头和黑头两种。萨福克羊见图2-6。

图2-6　萨福克羊

（2）体形外貌　萨福克羊颈短粗，胸宽深，背腰平直，后躯发育丰满，四肢粗壮结实；公、母羊均无角；黑头萨福克羊的头、耳及四肢为黑色。

（3）生产性能　成年公羊体重为110～150千克，成年母羊为70～100千克。3月龄羔羊胴体重可达17千克，而且肉嫩脂少。萨福克羊剪毛量为3～4千克，毛长为7～8厘米，羊毛细度为56～58支，净毛率60%，母羊的母性好，产羔率130%～140%。

（4）推广应用　萨福克羊具有早熟，生长快，产肉性能好特点。在我国新疆、宁夏、内蒙古、山西和河北等地，与当地粗毛羊杂交生产肥羔，效果良好。可用作经济杂交生产肉羔的父本。

3. 特克塞尔羊

（1）产地及形成历史　原产于荷兰。该品种是用林肯羊和来斯特羊与当地马尔盛夫羊杂交选育而成。特克塞尔羊见图2-7。

（2）体形外貌　特克塞尔羊体格大，胸圆，鬐甲平，后躯发育良好，肌肉丰满；公母羊均无角，耳短，鼻部黑色；特克塞尔羊头部与四肢无绒毛，蹄色为黑色。

（3）生产性能　成年公羊体重110～140千克，母羊75～90千克；剪毛量5～6千克，毛长10～15厘米，净毛率60%，毛细48～50支；性早熟，母羔7～8月龄便可配种繁殖，而且母羊发情的季节较长；80%的母羊产双羔，产羔率为200%左右；

图 2-7 特克塞尔羊

4～5 月龄体重达 40～50 千克，平均屠宰率为 55％～60％；6～7
月龄体重达 50～60 千克，屠宰率 54％～60％。

（4）推广应用 特克塞尔羊具有生长快、体大、产肉和产毛
性能好等特性。1995 年黑龙江省大山种羊场引进此品种羊，14
月龄公羊平均体重为 100.2 千克，母羊 73.28 千克。20 多只母
羊产羔率平均为 200％，30～70 日龄羔羊日增重为 330～425 克。
母羊平均剪毛量为 5.5 千克。我国宁夏、北京、河北、山西和甘
肃等省、市、自治区也先后引进，与当地绵羊品种杂交改良效果
较好，可用作经济杂交生产肉羔的父本。

4. 无角道塞特羊

（1）产地及形成历史 原产于大洋洲的澳大利亚和新西兰。
是以雷兰羊和有角道塞特羊为母本，考力代羊为父本，再用有角
道塞特公羊进行回交，选择所生无角后代培育而成的肉毛兼用半
细毛羊。无角道塞特羊见图 2-8。

（2）体形外貌 无角道塞特羊躯体呈现圆桶状，颈短粗，胸
宽深，背腰平直，四肢粗短，后躯丰满；公、母羊都无角；被毛
白色，面部、四肢及蹄为白色。

（3）生产性能 成年公、母羊体重分别为 90～100 千克和
55～65 千克。剪毛量为 2～3 千克，毛长为 7～8 厘米，羊毛细

图 2-8　无角道塞特羊

度为 56~58 支，胴体品质和产肉性能较好，产羔率 130% 左右。

　　(4) 推广应用　无角道塞特羊具有早熟、生长发育快，繁殖季节长和耐热及适应干燥气候特点，我国于 20 世纪 80 年代末和 90 年代初从澳大利亚引入，主要饲养在新疆、内蒙古和山东等省区。利用无角道塞特羊与当地地方绵羊品种杂交来生产肥羔，杂一代公羊产肉性能好，6 月龄羔羊胴体重为 24.2 千克，屠宰率为 54.5%，净肉重 19.14 千克，净肉率 43.1%。在澳大利亚主要作为生产大型羔羊肉的父系品种。

　　5. 夏洛来羊

　　(1) 产地及形成历史　产于法国中部的夏洛来丘陵和谷地。以英国莱斯特羊、南丘羊为父本，与当地的细毛羊杂交育成的优良品种，1984 年被法国农业部定为夏洛来品种。夏洛来羊见图 2-9。

　　(2) 体形外貌　夏洛来羊体躯长，胸深宽，背腰平直，肌肉丰满，后躯宽大，两后肢距离大，肌肉发达，呈 U 字形，四肢较短；公母羊均无角，头部无毛，脸部呈粉红色或灰色，额宽，耳大；被毛白色，且为同质毛。

（3）生产性能　夏洛来羊成年公羊体重为110～140千克，母羊为80～100千克；周岁公羊体重为70～90千克周岁母羊体重为50～70千克；4月龄育肥羔羊体重为35～45千克，4～6月龄羔羊的胴体重为20～23千克，屠宰率为50%，胴体品质好，瘦肉多，脂肪少。

图2-9　夏洛来羊

毛长为7厘米，羊毛细度为60～65支，产羔率180%以上，且高繁持续时间长。

（4）推广应用　夏洛来羊具有早熟、耐粗饲、采食能力强、对于寒冷潮湿或干热气候均表现较好的适应性。我国在20世纪80年代末引入夏洛来羊，饲养内蒙古、河北、河南、黑龙江、辽宁、山东、山西和陕西等地，与当地粗毛羊杂交以生产肥羔，效果良好，但是初生羔羊被毛较稀，需要有一定的保温条件，方可提高杂种羔羊成活率。目前，夏洛来羊在辽宁朝阳市存栏数量还较多，品质也较好，可用作生产羔羊肉的父本。

6. 波德代羊

（1）产地及形成历史　原产于新西兰南岛的坎特伯里平原。用边区莱斯特羊和考力代羊杂交育成的肉毛兼用半细毛羊品种。

（2）体形外貌　波德代羊头大小中等，颈宽厚，鬐甲宽平，头、颈、肩结合良好，背腰平直，胸宽深，腹大而紧凑，前躯丰满，后躯发达，整个体躯呈桶状；公母羊均无角，耳直平伸，脸部毛覆盖至两眼连线，四肢下部无被毛覆盖毛，全身被毛白色，鼻镜、嘴唇、蹄冠为褐色。

（3）生产性能 波德代羊成年公羊体重为 73～95 千克，母羊为 55～70 千克；单羔出生重 5.8 千克，双羔出生重 4.5 千克，单双羔平均出生重 5.1 千克。6 月龄公、母羔平均体重 52.0 千克，8 月龄体重可达 45 千克；毛丛长度为 10.0～15.0 厘米，剪毛量 4.5～6.0 千克，净毛率 72%，产羔率 120%～160%；屠宰率 50% 以上。

（4）推广应用 波德代羊具有适应性强、耐干旱、耐粗饲、母羊泌乳力强、羔羊成活率高、生长发育快等特点。2000 年甘肃永昌肉用种羊场引进后纯繁和杂交改良效果均良好。

7. 德国肉用美利奴羊 是世界上著名的肉毛兼用品种。

（1）产地及形成历史 原产于德国。用法国的泊列考斯羊和由英国引入的长毛种羊莱斯特品种公羊，与德国原有的美利奴母羊杂交培育而成的。

（2）体形外貌德国肉用美利奴羊体格大，胸深而宽，背腰平直，肌肉丰满，后躯发育良好；公、母羊均无角；被毛白色，密而长，弯曲明显。见图 2-10。

（3）生产性能成年公、母羊体重分别为 100～140 千克和70～80 千克。成年公

图 2-10 德国肉用美利奴羊

母羊剪毛量分别为 7～10 千克和 4～5 千克；公羊毛长 8～10 厘米，母羊为 6～8 厘米；羊毛细度 60～64 支；其羔羊在良好饲养条件下日增重可达 300～500 克，130 天屠宰时活重 38～45 千克，胴体重为 18～22 千克，屠宰率47%～49%；产羔率140%～

220%，母羊泌乳性能好，利于羔羊的生长发育。

（4）推广应用 德国肉用美利奴羊具有生长发育快、繁殖力高、成熟早、产肉力高等特点。我国在 20 世纪 50 年代末和 60 年代初引入德国肉用美利奴羊，分别饲养在内蒙古、山东、安徽、甘肃和辽宁等省区。该品种对干燥气候、降水量少的地区有良好的适应能力且耐粗饲，与内蒙古羊、西藏羊、小尾寒羊和同羊等杂交，其改良效果显著，杂种后代被毛品质明显改善。20 世纪 90 年代我国又从德国引入了该品种羊，分别饲养在黑龙江和内蒙古，适于舍饲、围栏放牧和群牧等不同饲养管理条件，对不同气候条件有良好的适应能力。对这一品种资源要充分利用，可用于改良农区、半农半牧区的粗毛羊或细杂母羊，增加羊肉产量。

8. 南非肉用美利奴羊

（1）产地及形成历史 原产于南非。该品种是用德国肉用美利奴羊与当地绵羊杂交选育而成。

（2）体形外貌 南非肉用美利奴羊体格大，背腰平直、宽，肋骨开张良好，臀宽，肌肉丰满，后躯发育良好。公母羊均无角；被毛白色，同质。

（3）生产性能 南非肉用美利奴羊成年公羊体重 100~110 千克，母羊 70~80 千克；成年公羊剪毛量 5.0 千克，母羊 4.0 千克，剪毛量 5~6 千克，毛长 18~27 厘米；平均产羔率在 150% 以上；放牧条件下，100 日龄体重达 35 千克；平均屠宰率为 46%。

（4）推广应用 该品种羊已被引入到内蒙古、新疆、山西等地，杂交改良效果显著，可用于改善我国细毛羊品种的肉用性能，达到"保毛增肉"目的。

三、我国优秀的地方绵羊品种

目前，我国羊肉的生产的主体仍是以地方优良羊品种为主。

我们简单介绍几种可以用于规模化绵羊生产的地方优良品种。

1. 小尾寒羊

（1）产地及形成历史　产于山东省西南部地区及河北省东部，以山东省较优。其祖先是蒙古羊，在产区优越的自然条件下，经过长期人工选择与精心饲养而形成。该羊具有成熟早，早期生长发育快，体格大，肉质好，四季发情，繁殖力强，遗传性能稳定等特点，适合舍饲饲养。

（2）体形外貌　公羊有大的螺旋形角，母羊有小角或姜形角，鼻梁隆起，耳大下垂；公羊前胸较深，鬐甲高，背腰直平，体躯高大，前后驱发育匀称，四肢粗壮，蹄质坚实；母羊体躯略呈扁形，乳房发达；小脂尾呈椭圆形，被毛白色。

（3）生产性能　周岁公羊体重平均为60千克，母羊为41千克；成年公羊为94千克，母羊为49千克；公羊剪毛量平均为3.5千克，母羊为2.1千克，净毛率为63％；产肉性能，周岁前生长发育快，具有较大产肉潜力。在正常放牧条件下，公羔日增重为160克，母羔为115克，改善饲养条件情况下，日增重可达200克以上；公、母羊性成熟早，5～6月龄就发情，当年可产羔，母羊常年发情，多集中在春秋两季，有部分母羊1年可2产或2年3产。产羔率依胎次增加而提高，产羔率为260％～270％，是我国农区羔羊肉生产较为理想的母系品种。小尾寒羊爬坡能力差，不适宜在山区放牧饲养。

（4）推广应用　小尾寒羊是我国绵羊品种中繁殖性能很好的品种之一。已向全国20多个省区推广30多万只羊。用其作为杂交父本，可以提高当地绵羊品种的繁殖率。

2. 湖羊

（1）产地　主要产于浙江省北部、江苏省南部的太湖流域地区。该羊具有繁殖力强，性成熟早，四季发情，早期生长发育快，并以初生羔皮水波状花纹美观而著称于世，为优良的羔皮羊品种。湖羊见图2-11。

图 2-11　湖　羊

（2）体形外貌　湖羊头狭长，耳大下垂，眼微突，鼻梁隆起，公、母羊均无角；体躯长，胸部较窄，四肢结实，母羊乳房发达，腹部无毛覆盖；脂尾呈扁圆形，尾尖上翘；被毛白色，带有黑褐色斑点者较少，初生羔羊被毛呈美观的水波状花纹。

（3）生产性能　周岁公羊平均体重为 34 千克，母羊为 26 千克，成年公羊为 49 千克，母羊为 36 千克；公羊剪毛量为 1.5 千克，母羊为 1.0 千克，毛长 12 厘米，净毛率 55%。公羊宰前活重为 38.84 千克，胴体重 16.9 千克，屠宰率 48%，母羊分别为 40.68 千克、20.68 千克和 49.41%；在正常情况下，母羊 5 个月龄性成熟，成年母羊四季发情，大多数集中在春末初秋时节，部分母羊 1 年 2 产或 2 年 3 产。产羔率随胎次而增加，一般每胎产羔 2 只以上，产羔率在 245% 以上。

（4）推广应用　湖羊是发展羔羊肉生产和培育绵羊新品种的母本素材。已向全国多个省区推广。用其作为杂交父本，可以提高当地绵羊品种的繁殖率。

3. 大尾寒羊

（1）产地　大尾寒羊主要分布在河北、山东部分地区，是肉脂性能较好的地方优良品种。

（2）体形外貌　大尾寒羊鼻梁隆起，耳大下垂。产于山东、河北的公母羊均无角，产于河南的公母羊均有角。前驱发育较差，后驱较前驱高，尻部倾斜，臀端不明显，四肢粗壮，蹄质结实。公、母羊的脂尾都超过飞节。被毛大部分为白色，杂色斑点较少。

（3）生产性能　成年公羊平均体重72千克，母羊52千克。公羊脂尾重15～20千克，个别可达35千克；母羊脂尾重4～6千克，个别达10千克。该品种羊早期生长发育快，3月龄断奶公羔重25千克，母羔18千克，具有一定的产毛能力，一年可剪毛2～3次，毛被同质或基本同质，公羊产毛量为3.3千克，母羊为2.7千克，净毛率45％～63％。此外，还具有较好的裘皮品质，所产羔皮和二毛皮品质好，洁白，弯曲适中。母羊繁殖力强，常年发情并可配种受孕，每胎多产双羔。

（4）推广应用　大尾寒羊早期生长速度快，具有屠宰率高、净肉率高、尾脂多等特点，特别是肉质鲜嫩味美，羔羊肉深受欢迎。

4. 乌珠穆沁羊

（1）产地　产于内蒙古自治区锡林郭勒盟东部乌珠穆沁草原，主要分布在东乌旗和西乌旗，以及比邻的锡林浩特市、阿巴嘎旗部分地区。该羊属肉脂兼用短脂尾粗毛羊，具有适应性强，适于天然草场四季大群放牧饲养、肉脂产量高的特点，而且具有生长发育快，成熟早、肉质细嫩等优点。

（2）体形外貌　体质结实，体格大，头中等大小，额稍宽，鼻梁微隆起；公羊大多有角，少数无角，母羊多无角；体躯长，背腰宽，肌肉丰满，结构匀称；四肢粗壮，小脂尾。

（3）生产性能　6月龄公羔平均体重为39千克，母羔为36千克；周岁公羊为54千克，母羊为47千克；成年公羊74千克，母羊为58千克；被毛属异质毛，剪毛量平均成年公羊为1.9千克，母羊为 1.4 千克，成年羯羊为 2 千克；在放牧条件下，6 月龄的羔羊，屠前体重平均可达 35 千克，胴体重平均为 18 千克，屠宰率 50%，净肉率 33%；产羔率 100%。

5. 阿勒泰羊

（1）产地 阿勒泰羊是哈萨克羊种的一个分支，以体格大、肉脂生产性能高而著称。其主要产于新疆北部阿勒泰地区的福海、富蕴、青河等县。该羊属于肉脂兼用粗毛羊，体格大，体质结实，适应终年放牧。

（2）体形外貌 公羊具有大的螺旋形角，母羊中有 2/3 的个体有角。胸深宽，背平直，肌肉肥育好，股部肌肉丰满。其尾型较特殊，在尾椎周围沉积大量脂肪而形成"臀脂"。臀脂发达，腿高而结实。被毛属异质，毛色主要为棕红色，部分个体为花色，纯白、纯黑者少。

（3）生产性能 4 月龄公羔平均体重为 39 千克，母羔为 37 千克；1.5 岁公羊为 70 千克，母羊为 55 千克；成年公羊为 93 千克，母羊为 68 千克。毛质较差，主要用地毯。成年羯羊的屠宰率为 53%，胴体重平均为 40 千克，脂臀占胴体重的 18%。羔羊早期生长发育快。5 月龄的羔羊平均活重 38 千克，平均产肉脂胴体重 20 千克，屠宰率 53%。阿勒泰羊性成熟早，4～6 月龄可性成熟，但大多 1.5 岁时初配，产羔率 110%。可利用该品种早熟性好，产肉脂性能好，生长发育快，抓膘能力强等特点，发展肥羔生产。

6. 滩羊 是珍贵的裘皮羊品种。

（1）产地 产于宁夏贺兰山东麓的银川市附近各县。产区地貌复杂，海拔一般为 1 000～2 000 米。

（2）体形外貌 滩羊体格中等，体质结实；背腰平直，胸较深，四肢端正，蹄质结实；公羊角呈螺旋形向外伸展，母羊一般无角或有小角；鼻梁稍隆起，耳有大、中、小三种，属脂尾羊，尾根部宽大，尾尖细呈三角形，下垂过飞节；被毛毛色纯白，多数头部有褐、黑、黄色斑块。毛被中有髓毛细长柔软，无髓毛含量适中，无干死毛，毛股明显，呈长毛辫状。

（3）生产性能　滩羊成年公羊为47千克，母羊为35千克。成年公羊产毛1.6～2.0千克，母羊1.3～1.8千克，毛长10～11厘米，有5～7个弯和花穗，净毛率60%；产羔率103%。

由于毛皮市场疲软，滩羊"二毛皮"的市场受限；宁夏盐池市以发展滩羊肉为目标，成功注册了"盐池滩羊"地理标志商标，获得"盐池滩羊"中国驰名商标，"盐池滩羊"品牌的成功开发，提升了"盐池滩羊"的知名度，显著增加"盐池滩羊"经济效益，是由毛皮生产向羊肉生产转型成功的一个典范。

第三节　绵羊的经济杂交模式

我国幅员辽阔，生态条件各异，各地经过长期的自然选择和人工培育，培育出一批具有地方特色的山羊、绵羊品种。这些当地品种具有成熟早、耐粗饲、适应性强、繁殖率高等特点，如小尾寒羊、湖羊等，这些品种在当地养羊业中发挥了重要作用。但我国大部分品种普遍存在个体小、肉用性能差的缺陷。近年来我国为发展绵羊生产，引入了大量的国外优良的肉用绵羊品种，如杜泊羊、特克赛尔羊、萨福克羊、道赛特羊、德国肉用美利奴羊等，这些品种绵羊肉用体型明显，生长发育快，胴体品质好，繁殖率高。那么，如何利用现有绵羊品种资源，提高绵羊个体生产能力，减少养殖数量，加快羊群周转，发展低碳环保绵羊产业呢？合理利用我国地方优良品种和已引入的优良肉用羊品种建立绵羊杂交生产体系是解决这一问题的根本途径。

一、杂交亲本的选择

地方绵羊品种的杂交改良时，杂交亲本的选择必须根据当地气候、饲料条件而定，不能一味地强调引进国外或外地优良品种，尤其是母系品种的选择要充分利用本地当家绵羊品种，适应性强，耐粗饲。当然在条件较好的地区，也可以考虑引进母系品种。

（一）父系品种的选择

父系品种应是肉用性能特别突出的品种。应选择体重大，生长发育快，繁殖率高的品种，终端杂交父本早期生长发育速度要快，胴体品质要好。符合上述特点的品种有：萨福克羊、无角道塞特羊、杜泊羊、夏洛来羊、特克塞尔羊、德国肉用美利奴羊等，这些品种都是国外引进的优良肉用品种。经试验研究，上述品种与我国大多数地方品种杂交后代的体重、生长发育速度和肉用性能都有显著提高。山西省右玉县山西农业大学优种绵羊繁育基地特克赛尔羊、杜泊羊和德国肉用美利奴羊杂交改良本地绵羊效果见表2-1。

表2-1　特克赛尔羊、杜泊羊与本地绵羊杂种后代体重比较

品种组合	初生重 （千克）	3月龄体重 （千克）	6月龄体重 （千克）	日增重（克）
本×特	3.97	24.2	48.0	225
本×杜	3.88	24.6	51.0	230
本×本	3.17	19.6	39.6	183

（二）母系品种的选择

母系品种应对当地气候有较好的适应性，具备繁殖力高，包括性早熟、发情季节长、胎产羔多、泌乳能力强等特点，同时还需要具有比较好的产肉性能。美国绵羊生产使用的是专门母系品种，如：兰德瑞斯羊、兰布里耶羊、考力代羊等，这些品种繁殖率高、肉用性能突出。目前我国现有的品种中，可作为母系品种的绵羊有：小尾寒羊、湖羊等。许多地方绵羊品种，本身繁殖性能较低，如果选用其作为杂交母本时，可先引进繁殖率高的绵羊

品种（小尾寒羊、湖羊和夏洛来羊）作为第一父本，以提高杂种后代的繁殖性能，逐步增加杂种母羊的数量，形成适应当地环境的、生产力高的母系群体。

（三）不同区域杂交亲本品种的选择

在杂交育种过程中，必须考虑培育的新品种对当地生态环境的适应性问题。如北方粗毛羊产区，母本可以选择哈萨克羊或蒙古羊，边区来斯特作为父本，因为粗毛羊产区一般环境较差，采用边区来斯特可以使后代具有抗逆性，同时又具有生长快和产羔率高的特点；在黄淮平原地区，母本可以选择小尾寒羊，父本可以选择无角道塞特、夏洛来和萨福克；在南方农区，母本可以选择湖羊，父本选择罗姆尼，使用罗姆尼可以提高后代抗腐蹄病的能力，以适应南方潮湿的环境。

二、杂交模式的选择

绵羊生产中普遍采用杂交，适宜的杂交一般可提高羔羊的生活能力、生长速度和后代的繁育力。绵羊生产中一般采用二元和三元杂交。

（一）二元杂交模式及范例

二元杂交简单易于进行，但要求母本品种必须具有较高的繁殖力才能取得较好的经济效果。

在我国许多地区可以小尾寒羊、湖羊及其杂种后代为母本，以杜泊羊、无角道塞特、夏洛来、萨福克等品种的公羊为父本进行简单杂交，以达到生产羔羊肉的目的。

小尾寒羊♀×杜泊羊（无角道塞特等）♂

↓

杂交一代（全部育肥）

如果当地母绵羊为商品杂种细毛羊，进行二元杂交，父本最好选择德国肉用美利奴或者南非肉用美利奴，这样可使杂种后代在保持羊毛质量的基础上，提高繁殖性能和产肉性能。

杂种细毛羊♀×德国肉用美利奴羊（南非肉用美利奴羊）♂

↓

杂交一代（全部育肥）

（二）三元杂交模式及范例

对于当地品种母羊繁殖力低时，采用三元杂交生产绵羊比较好。第一父本选择具备高繁殖性能的品种，在我国现有品种中，符合第一父本要求的品种有：小尾寒羊、湖羊、杜泊羊、夏洛来羊、东佛里升羊等品种。第二父本选择，生产体格大、生长速度快、肉质好的品种，例如：杜泊羊、萨福克羊、无角道塞特羊、特克赛尔羊等肉用品种公羊，采用三元杂交生产肉用羔羊。

蒙古羊♀×小尾寒羊♂

↓

F_1♂←杂交一代（F_1♀）× 杜泊羊♂

（育肥屠宰）

↓

杂交二代（全部用于生产羔羊肉）

我国有些省区，品种资源丰富，引入的品种也较多，这种情况下三元杂交生产羊肉。例如：选择小尾寒羊为母本与无角道赛特公羊杂交，杂种一代母羊（F_1♀）再与夏洛来公羊杂交，生产出的杂种二代全部用于生产羔羊肉。另外，杂种一代除被选用的母羊外，其余的羊都用于育肥进行屠宰。

小尾寒羊♀×无角道塞特♂

↓

F_1♂← 杂交一代（F_1♀）× 夏洛来♂

（育肥屠宰）

↓

杂交二代（全部用于生产羔羊肉）

如果母系品种为毛用型羊时，应选择肉毛兼用的品种作为父本。如母系为半细毛品种，父本可选择边区莱斯特羊、罗姆尼羊、无角道赛特羊等品种；如母系为细毛羊品种，父本可选择夏洛来羊、德国肉用美利奴羊、南非肉用美利奴羊等品种，以保证杂种母羊具有较高繁殖力的同时，还具有较好的产毛性能，以增加母羊群羊毛的经济效益。

需要指出的是我国引入的绵羊品种中，杜泊绵羊的板皮质量最好。如果当地板皮市场较好时，可将杜泊羊作为终端父本，杂种后代肉用性能良好，板皮质量高，综合经济效益好。

参 考 文 献

陈圣偶，张红平，李利，等.2002.凉山半细毛羊种质特性的研究［J］.四川农业大学学报，20（3）：270-274.

高爱琴，李虎山，王志新，等.2008.巴美绵羊肉用性能和肉质特性研究［J］.畜牧与兽医，40（2）：45-49.

贾志海.1997.现代养羊生产［M］.北京：中国农业大学出版社.

柳楠，石国庆，沈涓，等.2006.新吉细毛羊品种选育方案育种效果分析［J］.草食家，131（2）：21-23.

任有蛇，岳文斌，董宽虎，等.2006.特克赛尔羊、杜泊羊及其杂交一代羔羊在山西右玉的生长发育研究［C］.全国养羊生产与学术研讨会议论文集.199-201.

赵有璋.2007.羊生产学［M］.第2版.北京：中国农业大学出版社.

赵远崇，杨红远，周达云，等.2009.云南半细毛羊遗传资源调查与分析［J］.中国畜禽业，6：57-58.

第三章

绵羊高频高效繁殖调控技术

高效繁殖技术是提高舍饲母羊养殖经济效益、发展低碳养殖的关键技术。在舍饲条件下，母羊养殖成本大幅度提高，如适龄母羊繁殖效率低，仍采用传统放牧条件下形成的一年一胎，一胎一羔的繁殖体系，就无法保证母羊舍饲的经济效益，甚至入不敷出，严重影响绵羊产业的发展。另外，在产出羔羊数量相同的情况下，提高母羊的年生产力，可减少繁殖母羊饲养量。目前，绵羊存栏量 1.3 亿左右，按繁殖母羊 70% 计，繁殖率按 100%，年可生产羔羊约 0.9 亿只，如果繁殖率提高 50%，仅需饲养繁殖母羊 0.61 亿只，可减少 3 000 万只繁殖母羊的饲养量，将减少 21 万吨甲烷排放量和 159 万吨二氧化碳排放量。因此，舍饲条件下，要走缩小规模，提高效益的发展模式，才符合当前低碳环保的发展理念。

影响绵羊繁殖能力的因素很多，如品种、生理状况、繁殖方法、营养水平、管理技术和环境状况等。只有采取综合措施，认真抓好生产中的每一个环节，提高绵羊的繁殖力，进而提高经济效益，降低碳排放。

第一节　绵羊的繁殖规律

舍饲条件下，绵羊的繁殖活动会受到更多人为因素和环境条件的影响，因而在发情、配种、产羔等环节上表现新的规律。深

入了解和掌握这些规律才能更好地组织和安排生产，提高繁殖效率。

一、舍饲母羊的繁殖规律

（一）性成熟和适配年龄

绵羊公羊性成熟在 6～10 月龄，母羊在 6～8 月龄。早熟品种 4～6 月龄性成熟，晚熟品种 8～10 月龄才达性成熟。我国的地方绵羊品种 4 月龄时就出现性活动，如公羊爬跨、母羊发情等。由于公、母羊的生殖器官尚未完全发育成熟，过早交配对本身和后代的生长发育都不利。肉用绵羊适宜的初配年龄是绵羊发育到体成熟时，也就是体重和体格达到成年羊的 70% 以上时为宜，绵羊一般初配年龄在 12 月龄左右。

舍饲条件下，如果营养均衡，饲养管理合理，后备母羊的性成熟和适配年龄均会比放牧饲养的情况下有所提前，更有利于高效繁殖，提高生产效率。如果粗饲料种类单一，精饲料配比不合理，营养失衡，矿物质和维生素供应不足，母羔和后备母羊发育就会受阻，性成熟和适配年龄会推迟，降低其终身繁殖力。此种情况在生产中较为常见。再者是舍饲的后备母羊常因运动不足影响体质，进而影响其性机能，一般运动时间以每天 2～3 小时为宜。

舍饲条件下，羔羊断奶以后，公、母羊要分开饲养，防止早配或近亲交配。但公母羊分群管理会影响后备母羊的性行为表现，因而要加强发情鉴定和公羊诱情工作。在适配年龄到来之前，每天早晚各放入试情公羊诱导后备母羊发情。

（二）繁殖母羊的发情规律

1. 发情 母羊在卵泡成熟接近排卵时，由于卵泡内膜分泌的雌激素的作用，使母羊表现性欲冲动，喜欢接近公羊，接受公羊的爬跨，阴道分泌液增多，黏稠加大，可拉成丝状，子宫口红肿开放，这就是发情。绵羊为短日照季节性多次发情动物，即为夏末和秋季发情，且以秋季发情较为旺盛。舍饲条件下，如果营养均衡，饲养管理合理，母羊发情的季节性变化会有所减弱，如果实施早期断奶，母羊体重损失小，产后发情的间隔时间也会缩短，进而提高繁殖效率。

舍饲条件下，如果母羊营养不均衡，饲草料单一，矿物质和维生素饲料不足，运动不足，都会出现发情延迟、不发情或异常发情现象，不易受胎等繁殖障碍。因而要注意以下几点：①粗饲料要多种多样，尽可能有一定比例的青干草（如苜蓿干草等）；②精饲料中能量蛋白比要适宜，矿物质、维生素能满足母羊需要，饲喂量要适当，一般每只母羊每天饲喂 0.3～0.6 千克；③注意运动，每天不小于 2 小时；④尽早断奶，羔羊哺乳期不超过 2 个月。

2. 发情周期性　母羊出现第一次发情以后，其生殖器官及整个机体的生理状态有规律的发生一系列周期性变化，这种变化周而复始，一直到停止繁殖的年龄为止，这称之为发情的周期性变化。发情周期的计算，一般从这一次发情开始到下一次发情开始为一个发情周期。一般绵羊为 14～20 天，平均为 17 天，母羊从发情开始至发情结束所经过的时间称为发情持续期，一般绵羊为24～36 小时，肉用绵羊品种的发情持续期稍短，尤其是冬春季节。

3. 发情鉴定　母羊发情的外部表现不明显。舍饲条件下，公母羊通常分群管理，母羊发情更不易觉察，必须通过试情公羊进行鉴定，以免漏配。经常把试情公羊放入母羊群中进行试情，有利于诱导舍饲的母羊提前发情。因而，在舍饲条件下，一定要按妊娠前期、妊娠后期、泌乳前期、泌乳后期、断奶后等生理阶段进行分群，加强对泌乳后期和断奶后适龄母羊的体况调控，加强泌乳后期的母羊和断奶后母羊的发情鉴定等繁殖管理工作，以便及时配种，方可提高繁殖效率。

（三）配种

准确掌握配种时间，选用适当的配种方式，可提高母羊的情期受胎率。

1. 母羊排卵时间　绵羊属自发性排卵动物，即卵泡成熟后自行破裂排出卵子。绵羊排卵时间在发情开始后 20～30 小时。

2. 配种时间　配种一般应在发情开始后 12～24 小时。在实际生产中，一般上午发现发情母羊，下午 4：00～5：00 进行第一次交配或输精，第二天上午进行第二次交配或输精；如果是下午发现发情母羊，则在第二天上午 8：00～9：00 时进行第一次交配或输精，下午进行第二次交配或输精。

3. 配种方式　如羊群规模小，分散饲养，可采用公母混群，自然交配的方式配种。舍饲条件下，羊群规模大，集中饲养，尽量采用人工授精技术进行配种。这样可大幅度提高优种公羊的配种效率，减少公羊饲养量，节约成本，也便于记录系谱档案，开展选种选配工作，不断提高群体的生产性能。

（四）助产与护理

及时的助产和良好的护理，可提高羔羊的成活率。绵羊的妊娠期为 146～157 天，平均为 150 天，根据配种时间，推算预产羔时间，做好助产准备。舍饲条件下，羊群规模大，母羊配种、产羔集中，产羔持续时间相对较短，助产和护理工作量大，如没有专门的技术人员，很容易因助产和护理不及时而造成母子伤亡。

另外，舍饲条件下，妊娠母羊如果运动不足，营养不良，常出现产力不足而难产，胎衣不下、子宫脱出的比例会大幅度增加；也可能因为父本体型大，母本体型小或妊娠后期精饲料饲喂量高，造成胎儿过大，引起难产。因此，舍饲条件下，必须做好围产期母羊的助产和母子的护理工作。在妊娠后期也要注意对母羊适当限饲，防止难产，以提高母羊的繁殖率。

二、舍饲公羊的繁殖规律

（一）性成熟和适配年龄

一般绵羊公羊性成熟在 6～10 月龄。舍饲条件下，如果营养均衡，饲养管理合理，后备公羊的初情期、性成熟和适配年龄也均会比放牧饲养的情况下有所提前，便于及早利用，提高繁殖效率。如果粗饲料种类单一、精饲料配比不合理，营养失衡，矿物质和维生素缺乏，公羔和后备公羊发育也会受阻，初情期、性成熟和适配年龄也会推迟，降低其终身繁殖力。如果营养不均衡，能量偏高，精料饲喂量较大，会使公羔和后备公羊发育过快，表现肥胖，影响其性机能。由于公羊繁殖地位高，此种情况有时会发生，应引起高度重视。

（二）体况调控与运动

公羊体况要维持在 70%～80%，不能过瘦或过胖，否则严重影响其性机能和爬跨能力。一般是通过定期称重，设定和调整适宜的营养水平和饲喂量来实现。舍饲的公羊要特别注意运动，运动不足，会造成公羊体质弱，性欲减退，体力差，爬跨能力弱等弊端，进而影响正常的繁殖活动，应给予足够的重视。舍饲公羊的运动时间每天不低于 2 小时，一般上下午各一次。运动时，注意管理，防止公母混群，乱交乱配，扰乱正常的活动。

（三）性行为和采精训练

1. 性行为　舍饲条件下，公母羊分群管理也会影响公羊的性行为表现，特别是后备公羊表现尤为明显，常表现对发情母羊反应迟钝，性行为不明显，爬跨和交配能力差等缺点，因而要加强试情和性行为训练。在配种和采精之前，每天早晚各放入母羊群中一次，训练公羊的性行为，激发公羊性欲，提高其爬跨能力。

2. 采精训练　在配种前 1 个月，用发情母羊做台羊开始对公羊进行采精训练，训练公羊在人为干涉的情况下的爬跨积极性，建立良好的条件反射。当公羊不害怕技术人员，积极爬跨发情母羊时，开始进行采精训练，第一周每三天采精一次，以后每周隔日采精一次，直到正常采精利用。青年公羊的采精频率要根据精液品质检查情况适当减少。

（四）精液品质检查和调控

舍饲条件下，在采精训练时，就要对采集的精液进行品质检查，监控公羊的精液品质。通常评价射精量、色泽、密度和活率等指标。采精训练3周以后的公羊，如果密度和活率不合格，就要分析原因。首先降低采精频率，看精液品质是否能得到提高，如果降低采精频率无法改善精液品质，就要调整饲料配方，适当增加青绿多汁饲料、矿物质、维生素饲料，补充鸡蛋等高蛋白质饲料，加强饲养管理。最好是在采精训练开始前就加强营养，以免延迟配种，造成损失。对精液品质差，正常饲养管理难以保证精液质量的公羊应予以解决淘汰，免除后患。

第二节　绵羊高效繁殖调控技术

实施绵羊高效繁殖调控，必须先建立高频繁殖体系，才能合理利用高效繁殖技术，最终提高母羊年生产力，提高养殖经济效益。

一、绵羊高频繁殖体系

绵羊高频繁殖体系是随着现代集约化养羊，特别是绵羊和肥羔羊生产的快速发展而产生的。其主要目的是改变绵羊的季节性繁殖特性，根据品种特征和环境条件，使繁殖母羊能够有计划的全年均衡的产羔，这对最大限度地提高适繁母羊的繁殖效率及资金、设备的利用率，具有十分重要的现实意义。目前，绵羊高频繁殖体系主要有一年两产体系、两年三产体系、三年四产体系、三年五产体系和机会产羔体系等五种形式。

在安排高频繁殖体系前，要确定羊群合理的生产节律，也就是指在一定时间内组织母羊进行配种，受胎后及时组建一定规模的生产群，获得规定数量的羔羊。生产节律可根据规模、羊舍及其设备、管理水平而定。一般大型规模羊场可以月节律组织生产，中、小型羊场则以 2 个月节律组织生产较为适宜。要根据生产节律和不同体系的分组差异，确定配种计划，组织配种。

（一）一年两产体系

这种体系要求母羊产羔间隔为 6 个月。母羊分娩后 1 个月，羔羊实施断奶，母羊再次配种而且妊娠。实现这一目标必须制定周密的生产计划，实施配套的繁殖调控技术，如羔羊超早期断奶、发情控制、妊娠诊断等，现实操作有很大的难度。目前还不适宜在我国的绵羊生产实践中应用。

（二）两年三产体系

这种体系要求母羊产羔间隔为 8 个月。母羊分娩后，羔羊 2 个月断奶，断奶后 1 个月母羊配种。实现这一目标必须对母羊进行发情控制、早期妊娠诊断，配套羔羊早期断奶、强度育肥等技术措施。可将繁殖母羊分为 4 组，以 2 个月为一个生产节律，组织一批羔羊上市。该体系的生产效率比传统的一年一产体系提高 40%～50%，适合我国目前的生产现状，建议加以推广应用。

为了达到全年均衡产羔、科学管理的目的，在生产中，羊群分成 8 个月产羔间隔相互错开的 4 个组，每 2 个月安排 1 次生产。这样每隔 2 个月就有一批羔羊屠宰上市。如果母羊在组内怀孕失败，两个月后参加下一组配种。

目前，我国许多大型的母羊养殖场或种羊场采用两年三产的产羔体系，提高了母羊的繁殖效率，但在实际安排生产中，由于规模还较小，还不能达到全年均衡供羔羊上市的目的。绵羊舍饲后，许多地区建立成片的绵羊养殖小区，为高频繁殖体系的应用提供了便利。在生产中可以养殖小区为单元分组，就是在 4 个养殖小区间进行，这 4 个养殖小区羊群的产羔间隔为 8 个月，每 2 个月安排一次生产，这样每 2 个月就有一批肥羔上市，提高设备的利用率，加快资金的周转速度，为养殖户谋更多经济利益。配种产羔时间安排可参照下表 3-1。

表 3 - 1　两年三产配种产羔时间安排表

养殖小区	配种时间	产羔时间	再次配种时间	产羔时间
一小区	1 月份	6 月份	9 月份	2 月份
二小区	3 月份	8 月份	11 月份	4 月份
三小区	5 月份	10 月份	第二年 1 月份	6 月份
四小区	7 月份	12 月份	第二年 3 月份	8 月份

　　但该产羔制度的实施，可以结合一些科技的转化和实施，加强养殖户的团结协作的意识，形成稳定的肥羔供应市场，以便养殖户在强烈的竞争中能立于不败之地。在第一年实施的过程中可能有些难度，一旦进入正规，就可以很顺利地进行，工作的强度也大大降低。

（三）三年四产体系

　　这种体系要求母羊产羔间隔为 9 个月。母羊产后第 4 个月再次配种。将适繁母羊分成 4 个组，每 2 个月组织一批羔羊上市。该体系的生产效率比传统的一年一产体系提高 30% 左右，适合多胎的品种使用。

（四）三年五产体系

　　这种体系又称星式产羔体系，是由美国康乃尔大学的伯拉·玛吉设计的。其原理是根据母羊妊娠期的一半是 73 天，正好是一年的 1/5，因此把繁殖母羊分成 3 组，第一组母羊在第一期产羔，第二期配种，第四期产羔，第五期配种；第二组母羊在第二期产羔，第三期配种，第五期产羔，第一期再次配种；第三组母羊在第三期产羔，第四期配种，第一期产羔，第二期再次配种。如第一组的母羊妊娠失败，则可转入下组再配，如此周而复始，每年可按配种、产羔和妊娠出现次数不等、顺序相延的 5 期组织配种和产羔。每期产羔间隔 7.2 个月。如果母羊每胎产 1 羔，每年可获 1.67 只羔羊；若为双羔母羊，则每年可获 3.34 只羔羊。

二、绵羊高效繁殖调控技术

（一）发情调控技术

1. 诱发发情技术　指在母羊乏情期内，人为地应用外源激素（如促性腺激素、溶黄体激素）和某些生理活性物质（如初乳）及环境条件的刺激等方法，促使母羊的卵巢机能由静止状态转变为性机能活跃状态，从而使母羊恢复正常的发情、排卵，并可进行配种受胎的一项繁殖调控技术。实施母羊诱发发情可以打破母羊的季节性繁殖规律，控制母羊的发情时间、缩短繁殖周期、增加胎次和产仔数，从而提高繁殖力；还可使绵羊按计划出栏，按市场需求供应羊肉，从而提高经济效益。母羊诱导发情的方法主要有以下几种：

（1）生殖激素处理　孕激素处理1～2周，如用孕激素海绵栓处理1～2周，撤栓时注射孕马血清促性腺激素（PMSG）350～700单位，效果更好。

（2）补饲催情和公羊诱导　在配种季节即将到来时，加强饲养管理，提高羊群的饲养水平，适当补充精料，可促进发情期提早到来，并提高发情率和产羔率。如果在使用上述方法的同时，将公羊放入母羊群中，效果更佳。

（3）控制光照时间　绵羊属于短日照动物，在长日照的夏季是母羊的乏情季节，在此期间可人工缩短光照时间，一般每日光照8小时，连续处理7～10周，母羊即可发情。若为舍饲羊，每天提供12～14小时的人工光照，持续60天，然后将光照时间突然减少，50～70天后就有大量的母羊开始发情。

2. 同期发情技术　是指在配种季节内，应用外源激素及其类似物对母羊进行处理，从而促进母畜群体集中在一定时间内发情、排卵，并进行配种受胎的一项繁殖调控技术。同期发情可提高羊群的发情率和繁殖率，有利于人工授精技术的组织与推广，使配种、分娩、育肥等过程一致，便于生产的组织与管理，节省

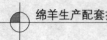

大量的人力和物力，对绵羊生产有很重要的作用。母羊同期发情的方法主要有以下几种：

（1）孕激素＋孕马血清促性腺激素处理法

①口服法：每日将一定量的孕激素类药物均匀地拌在饲料内，通过母羊采食服用，持续 12～14 天，最后一天口服停药后，随即注射孕马血清 400～750 单位。

②注射法：孕激素处理法可以是每日肌注孕酮 10～20 毫克，处理 12～18 天，停药后孕酮抑制作用消失，卵巢上即有卵泡发育，一般停药后 2～3 天发情。

③阴道海绵栓法：将浸有孕激素的阴道海绵栓放在母羊子宫颈外口，一般在 10～14 天后取出，同时肌内注射孕马血清促性腺激素 400～500 单位，经 30 小时左右即开始发情。不同种类药物的用量是：孕酮 400～450 毫克，甲孕酮 50～70 毫克，甲地孕酮 80～150 毫克，氟孕酮 40～45 毫克，18-甲基炔诺酮 30～40 毫克。为提高同期发情率在埋栓和撤栓的同时，肌内注射 2 毫升的维生素 A、维生素 D、维生素 E 合剂。

（2）前列腺素类药处理法　用这类药处理母羊，能加速黄体消退，缩短黄体期，为卵泡提前到来创造条件，并导致发情和排卵。进口前列腺素类物质有高效的氯前列烯醇和氟前列烯醇等，注入子宫颈的用量为 1～2 毫升；肌内注射一般为 0.5 毫克。应用国产的氯前列烯醇（即 80996），每只母羊颈部肌内注射 2 毫升，含 0.2 毫克，1～5 天可获得 90％ 以上的同期发情率，效果十分显著。前列腺素对处于发情周期 5 天以前的新生黄体溶解作用不大，应对这些无反应的羊进行第二次处理。当卵巢的活动阶段不同时，前列腺素类处理所产生的效果会有所差异。

此外，在发情季节内也可利用"公羊效应"诱发母羊，使其同期发情。一般母羊若有 20 天以上没与公羊接触，此时可将公羊直接引入母羊群或靠近母羊圈，可使大多数母羊在 3～7 天后发情。

（3）三合激素处理法　三合激素每毫升含有丙酸睾丸素 25 毫克，黄体酮 12.5 毫克，苯甲酸雌二醇 1.5 毫克。应用三合激素分别在绵羊中进行同期发情并集中配种的研究结果显示，三合激素的效果好，方法简便，价格低廉。

（二）人工授精技术

1. 人工授精前的准备

（1）器械准备　绵羊人工授精应准备的设备、器械、药品及其他用品附录 2。

（2）种公羊的准备　用于人工授精的种公羊，必须每年按要求进行个体等级鉴定，并从中选出主配优秀公羊。在配种前 1～1.5 个月必须加强饲养管理，并做好采精训练和精液品质检查工作。种公羊初次采精前，需进行调教，可采用以下几种方法：①把系有试情布的公羊和若干只健康母羊合群同圈，几天以后，种公羊就开始接近并爬跨母羊；②当别的种公羊采精时，让其在旁"观摩"；③每日按摩公羊睾丸，早晚各一次，每次 10～15 分钟，有助于提高其性欲；④把发情母羊阴道分泌物或尿泥涂在种公羊鼻尖上，诱发其性欲。

（3）母羊的整群与抓膘　为争取满膘配种，在羔羊断奶以后，就应对羊群加以整群。把不适宜繁殖的老龄母羊、连年不育的母羊、有缺陷不能继续繁殖的母羊加以淘汰。母羊抓好膘，不仅能促进母羊集中发情，缩短配种期，使人工授精的组织工作顺利进行，而且能提高母羊双羔率。

（4）器材的准备、洗涤与消毒　对采精、稀释保存精液、输精、精液运输等直接与精液接触的器械，必须注意洗涤与消毒工作，以防影响精液品质及受胎率。一般是先用 2%～3% 的碳酸钠清洗，器械的洗涤可用洗衣粉或洗净剂。器械洗涤后，要根据器械种类采用下列方法之一进行消毒：①75% 酒精消毒；②煮沸 15～20 分钟消毒；③火焰消毒，在用酒精消毒后凡与精液接触的器械，还须用生理盐水冲洗干净。

几种重要器械在使用前的消毒与冲洗方法。假阴道内胎先用70%酒精擦拭后,待酒精挥发一会儿,用蒸馏水冲洗2次,再用生理盐水冲洗2次。集精瓶及其他玻璃器皿的消毒及冲洗与假阴道内胎相同。输精器用70%酒精消毒后,吸入蒸馏水冲洗2次,然后再用生理盐水冲洗2次。金属开膣器可先用70%酒精棉球消毒或用0.1%高锰酸钾溶液消毒。消毒后放在温(冷)开水中冲洗一次,再放在生理盐水中冲洗一次。也可用火焰消毒法消毒。擦拭用纸应每天消毒一次。方法是将卫生纸放于小锅内,蒸煮15~20分钟。毛巾、擦布、桌布、过滤纸及工作服等各种备用物品均应经高压灭菌器或在高压消毒锅内进行消毒。凡士林用蒸煮消毒,每日1次,每次30分钟。

2. 采精

(1)假阴道的准备 内胎的洗刷、安装、消毒与冲洗:先把假阴道内胎(光面向里)放在外壳里边,把长出的部分(两头相等)反转套在外壳上。固定好的内胎松紧适中、匀称、平正、不起皱折和扭转。装好以后,在洗衣粉水中,用刷子刷去粘在内胎外壳上的污物,再用清水冲去洗衣粉,最后用蒸馏水冲洗内胎1~2次,自然干燥。在采精前1.5小时,用75%酒精棉球消毒内胎(先里后外),待用。

①注水:假阴道的冲洗与消毒后,用漏斗从灌水孔注入55℃左右温开水150~180毫升,使假阴道内的温度保持在40~42℃,年轻羊可低些。灌水量以外壳与内胎之间容积的1/3~1/2为宜。

②吹气:灌水后,塞上带有气嘴的塞子,吹入或用打气球压入适量的空气,关闭气嘴活塞。

③安装集精杯:在灌温水后,将消毒冲洗后的双层玻璃瓶插入假阴道的一端。当环境温度低于18℃时,在双层玻璃下可灌入50℃的温水,使瓶内保持30℃左右。若环境温度超过18℃,勿灌水。

④涂润滑剂：用玻璃棒蘸取凡士林，从阴茎进口处涂抹一薄层于假阴道内胎上，深度为假阴道的 1/3～1/2；勿使插集精瓶的一端涂上凡士林。

⑤调节内胎温度和压力：吹入适量的空气后，用酒精与生理盐水棉球擦过的温度计检查，使采精时假阴道内胎温度保持在40～42℃为宜，如内胎温度合适，再吹入空气，调节内胎压力，即可用于采精。

（2）采精操作 采精时，采精者蹲在台羊右后方，右手横握假阴道，气卡塞向下，使假阴道前低后高，与母羊骨盆的水平线呈 35°～40°紧靠台羊臀部。当公羊爬跨、伸出阴茎时，迅速用左手托住阴茎包皮，将阴茎导入假阴道内。当公羊猛力前冲，并弓腰后，则完成射精，全过程只有几秒钟。随着公羊

图 3-1 采 精

从台羊身上滑下时，顺势将假阴道向下向后移动取下，并立即倒转竖立，使集精瓶一端向下，然后打开气卡活塞放气，取下集精瓶，并盖上盖子送操作室检查。采精时，必须高度集中，动作敏捷，做到"稳、准、快"。采精操作见图3-1。

采精频率应根据配种季节、公羊生理状态等实际情况而定。在配种前的准备阶段，一般要陆续采精20次左右，以排除陈旧的精液，提高精液质量。在配种期间，成年种公羊每天可采精1～2次，采3～5天，休息一天。必要时每天采3～4次。

3. 品质检查

（1）外观检查 采精后先观察其颜色、辨别其气味。正常颜色为乳白色，无脓无腐败气味，肉眼能看到云雾状。凡带有腐败

71

臭味、颜色为红色、黄色、绿色的精液不能用于输精。射精量平均为 1 毫升（0.8～1.8 毫升），每毫升有精子 10 亿～40 亿个，平均 25 亿个。

（2）密度检查　一般采用目测法，适合于基层配种站和羊场使用。为了合理稀释精液，在配种前要用血球计数器来测定精子密度。

①目测法：检查时用清洁玻璃棒输精器取精液一小滴，放在玻璃片中央，盖上盖玻片，勿使发生气泡。然后放在显微镜下检查精子密度。在低倍（10×10）显微镜下根据精子的稠密程度及其分布情况，将精子密度粗略分为"密"、"中"和"稀"三级。如在视野内看见布满密集精子，精子之间几乎无空隙，这种精液评为"密"；如在精子之间可以看见空隙（大约相当一个精子的长度），评为"中"；如在精子之间看见很大的空隙（超过一个精子的长度），这种精液评为"稀"；如精液内没有精子，则用"无"字来表示。

②血细胞计计算法：血细胞计的计数室深 0.1 毫米，底部为正方形，长宽各是 1.0 毫米。底部正方形又划分成 25 个小方格，通过计数和计算求出该计数室 0.1 立方毫米精液中的精子数，再根据稀释倍数计算出每毫升精液中的精子数。

具体方法：用 1 毫升吸管准确吸取 3%NaCl 溶液 0.2 毫升或 2 毫升注入小试管内，根据稀释倍数要求，用血吸管吸取并弃去 10 微升或 20 微升的 3%NaCl 溶液。再用血吸管吸取被测精液 10 微升或 20 微升注入到小试管内摇匀。然后取一滴稀释后精液滴于计算盘上的盖玻片边缘，使精液渗入到计算室内，充满其中，不得有气泡。在 400～600 倍显微镜下统计出计算室的四角及中央共 5 个中方格（80 个小方格）内的精子数（X）。查清精子数时，以精子头部为准。当精子位于中方格的四周边线上时，只计算二条相邻边线上的精子头部，以避免重复。然后计算出每毫升被测原精液所含精子数。公式为：

每毫升精子数（个）＝（X/80）×400×10×稀释倍数×1 000

利用血细胞计计算精子浓度时应预先对精液进行稀释，可按表 3 - 2 确定精液稀释倍数。稀释的目的是为了使在计数室的单个精子清晰可数。所用稀释液必须能杀死精子。常用的有 3％氯化钠溶液，含 5％氯化三苯基四氮唑的生理盐水以及 5 克碳酸氢钠和 1 毫升 35％的浓甲醛加生理盐水至 100 毫升组成的混合溶液。有人推荐 2％的伊红水溶液，其具有杀精和染色的双重作用，更便于精子计数。

表 3 - 2　精液稀释倍数

| 畜种 | 吸管种类 | 吸取所至刻度 | | 稀释倍数 |
		精液	3％NaCl	
绵羊	红细胞吸管	10 微升	1 990 微升	200
		20 微升	1 980 微升	100

（3）活率检查　精子活率评定常采用目测法。取 1 滴待检查精液稀释后，置于载玻片上，上覆盖玻片，借助光学显微镜放大 200～400 倍，对精液样品中前进运动精子所占百分率进行估测。通常采用 0～1.0 的 10 级评分标准。100％直线前进运动者为 1.0 分，90％直线前进运动者为 0.9 分，以此类推。

4. 稀释

（1）牛奶稀释液　把鲜奶以多层纱布过滤，煮沸消毒 10～15 分钟，冷至室温，除去奶皮即可，一般稀释 2～4 倍。

（2）葡萄糖卵黄稀释液　将葡萄糖、柠檬酸钠溶于蒸馏水，过滤 3～4 次。蒸煮 30 分钟，降至室温。再将卵黄用注射器抽出，加入后振荡溶解即可应用。稀释 2～3 倍，可作保存和运输之用。其配方为：无水葡萄糖 3.0 克，新鲜卵黄 20 毫升，柠檬酸钠 1.4 克，消毒蒸馏水 100 毫升（用容量瓶）。

（3）0.89％氯化钠（生理盐水）稀释液　一般稀释 1～2 倍，

即时使用。其配方为：氯化钠（化学纯）0.89克，蒸馏水100毫升。

（4）TCG配方　葡萄糖1.48克，三羟基甲基氨基甲烷3.02克，柠檬酸2.38克，定容到100毫升容量瓶中，每升稀释液中添加青霉素、链霉素各100万单位，然后用10毫升离心管分装，保存4℃备用。

（5）棉籽糖稀释液　三羟基甲基氨基甲烷2.71克，柠檬酸1.4克，果糖1.0克，10毫升卵黄，定容到100毫升容量瓶中，每升稀释液中添加青霉素、链霉素各100万单位，然后用10毫升离心管分装，保存4℃备用。山西农业大学绵羊课题组使用该配方效果良好。

5. 精液液态保存与运输　经精液作适度稀释后分装于精液瓶中，瓶口用塞子塞紧，也可用蜡密封，并在瓶口周围包上一层塑料薄膜。逐渐降低温度，当温度降到0～10℃时，再进行保存。用一个可放入广口保温瓶内大小合适的塑料杯，杯底和四周都衬上一层厚厚的棉花，将精液瓶放入其中。在广口保温瓶的底部放上数层纱布，纱布上放一个小木架，然后放一定数量的冰降温，再将内装精液瓶的塑料杯放在小木架上。在搪瓷杯的上端，周围衬些纱布固定，最后盖上广口保温瓶瓶盖，即可进行保存与运输。

保存与运送精液可用手提式广口保温瓶，所需精液瓶可用2毫升容量的玻璃管或青霉素小瓶等。精液保存时间的长短，决定于保存温度和其他一些可以影响精子存活和活率的外界条件。一般20℃可保存6小时左右，10～12℃可保存12小时以上，4℃可保存24小时以上，而以0～4℃保存效果为好。

6. 输精　输精前将母羊外阴部用来苏儿溶液消毒，水洗，擦干。对于体型小的母羊，可采用倒立式输精方法。即选一助手，两腿固定（夹住）母羊头颈部，双手倒提母羊后腿，倾斜度一般为40°左右，输精员左手提尾，用药棉擦清外阴部污垢，然

后将吸好精液的金属输送
器，沿着母羊背侧缓缓插入
阴道，边捻边推，交叉进
行，动作要轻，推进时如遇
一定阻力应回抽点，微偏一
定角度，重新捻推动作。插
入阴道底部以后，持续 2～3
分钟抽动，然后插到底部，
回抽一点，缓缓挤进精液

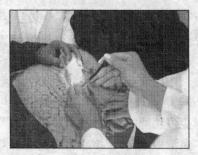

图 3-2　输　精

（主要防止输精器头部挤压在阴道皱襞上，精液无法输入），捏紧
橡胶塞（或压住推杆），轻轻取出输精器，再保持母羊倒提 5～
10 分钟，以防精液倒流，一旦发现精液倒流，重新输精。每次
输精剂量：0.2～0.25 毫升，处女羊应加倍，所含的有效精子数
应在 7 500 万以上。输精操作见图 3-2。

（三）双胎免疫技术

双胎素免疫是激素免疫中最有效最适用的方法，具有微量、
高效、安全和廉价的特点，是提高母羊繁殖力的主要技术途径。

1. 双胎素免疫的原理　类固醇（甾体）激素是一种小分子
类固醇，对动物无特异性和免疫原性。将类固醇（甾体）激素与
一种异源蛋白结合起来形成一个大分子甾体激素-蛋白结合物，
并与适当的佐剂混合，就使其具有了免疫原性，使被处理母羊产
生特异性抗体。产生的抗体能与血液中的内源性类固醇激素结
合，使相应的性激素被中和而失去活性，使下丘脑-垂体-性腺轴
的一系列正负反馈对性腺的控制发生改变。卵巢功能的改变又反
馈作用于下丘脑-垂体-性腺轴，使 LH 水平升高，FSH 水平下
降，引起性腺分泌类固醇激素增加，对雌性动物，会使卵泡发育
加快，成熟、健康的卵泡数随之增多，排卵率提高。

2. 双胎素免疫的效果　1983 年澳大利亚联邦科工组织
（CSIRO）研制成世界上第一个商品性绵羊双羔疫苗——多胎

素，其抗原是雄烯二酮-72-羧乙基硫醚-HSA（每毫升含1.2毫克），佐剂为5％二乙氨乙基-葡聚糖的生理盐水溶液（pH 7.5～7.7）。

中国农业科学院兰州畜牧研究所依据激素免疫学原理，于1986年5月在国内率先用蛋白质与性甾体，经化学合成具有特异免疫功能的双羔抗原兰州"TIT"双胎素（睾酮-3-羧甲基肟-牛血清白蛋白）。该双胎素免疫效果经1989—1991年新疆兵团开展的"双胎素国产化的试验研究"证实，可提高母羊产羔率23.94％，达到澳大利亚同类产品的效果。据不完全统计，截至2001年，仅兰州畜牧研究所就应用双羔素共进行生产性试验和推广380多万只，平均提高双羔率20％以上。

"澳双"：配种前7周进行第一次免疫注射，间隔3周以后（即配种前4周）进行第2次免疫注射。注射部位是羊颈部皮下，一次用量注射每只2毫升。

"兰双"：配种前公母羊要隔离饲养管理。配种开始前6周（42天），对母羊于耳后颈侧皮下注射1毫升，进行第一次免疫注射；第3周（21天）进行第二次加强免疫注射，注射部位和剂量与第一次相同；再过3周（21天）即可配种，人工授精或自然交配均可。

3. 应用双胎素的注意事项

（1）严格遵循免疫规程　要严格按免疫要求操作，特别要注意免疫的时间、间隔和剂量。如果两次免疫间隔少于10天，第二次免疫至配种的间隔时间少于15天，会严重影响免疫效果。如果第二次免疫后2周内配种，会造成母羊暗发情、不排卵，以致难以受精，减少囊胚发育，受胎率降低。免疫剂量不准确同样会影响免疫效果。

（2）严格选择母羊　母羊必须具有正常繁殖能力，身体健康无病，以3～5岁的经产母羊为宜。杂种羊体重应在40千克以上，细毛羊体重应在45千克以上。

（3）公母羊饲养管理要求 如果采用本交的配种方法，母羊免疫注射前必须与公羊分群，单独饲养管理。

（4）双羔素保存 保存时应注意避光，保存温度为 0～8℃。保存时间应尽量短，否则影响免疫效果。

（四）胚胎移植

指从一只良种母羊（供体）的早期胚胎取出，移植到同种生理状态相同的另一只母羊生殖道的相应部位，使之继续发育成新个体的一种繁殖新技术。它在充分挖掘母羊的繁殖潜力；加快优良品种的繁殖和新品种培育进程；降低引种费用；减少疾病传播；增加双胎率等方面均具有重要现实意义。绵羊胚胎移植的技术一般只在种羊场扩繁优良种羊时使用。绵羊胚胎移植的技术程序如下。

1. 供体受体的选择与饲养管理 供体一般选择符合品种标准，具有优良生产和育种价值，无遗传疾病，体质健壮，发情周期正常，发情症状明显，繁殖机能旺盛且无流产及其他一些繁殖机能疾病，对超排反应良好的适龄母样。所选供体应有专人负责，调整日粮标准，补充青绿饲料、维生素和微量元素，使其在超排处理前达到理想的生理状态。供体羊群在经过适应性饲养期后，至少要连续观察两个正常发情周期，才能进行超排处理。受体母羊选无生殖器官疾病，抗病性好，泌乳能力强，生产性能较低的适繁个体。受体畜群要进行检疫、防疫和驱虫，并进行生殖器官检查和发情观察。受体羊群要精心饲养，以提高受胎率。

2. 供体母羊的超数排卵

（1）孕激素＋孕马血清促性腺激素（PMSG）或促卵泡素（FSH）法 在绵羊发情周期的 10～13 天，用孕激素阴道海绵栓处理 12～14 天，在处理结束前的 1～2 天，一次肌注 PMSG 1 000～2 000 单位或 3～4 天减量皮下注射 FSH 300 单位。

（2）前列腺素 $F_{2\alpha}$（$PGF_{2\alpha}$）＋孕马血清促性腺激素（PMSG）或促卵泡素（FSH）法 在绵羊发情周期第 10～13

天，一次肌注 PMSG 1 000～2 000 单位或 3～4 天减量皮下注射 FSH 300 单位。在开始处理后的 48 小时，肌注氯前列烯醇 0.15～0.25 毫克。如不明确发情周期，则需间隔 10 天 2 次注射氯前列烯醇，在第 2 次注射前 2 天开始超排处理。

（3）单独注射孕马血清促性腺激素（PMSG）或促卵泡素（FSH） 在绵羊发情周期的第 13 天，肌注 PMSG 1 000～2 000 单位或 3～4 天减量注射 FSH 300 单位。

3. 供体母羊的发情观察或配种 供体超排处理后，要认真观察并记录其发情状况。发情鉴定时如母羊接受交配应立即配种，最好采用自然交配的方式，当公羊缺乏时，可采用人工授精。每隔 8～10 小时配种一次，共配 5～6 次。

4. 受体母羊的同期发情 供体和受体的发情同步性应相差 1 天。受体羊以同一天或晚一天的成功率较高。$PGF_{2\alpha}$ 及其类似物为首选药物，其剂量依前列腺素（PG）种类和用法不同而异。绵羊常用孕激素阴道海绵栓法，放置 14 天后取出，并肌内注射 PMSG（剂量为每只 2 毫升），48 小时同期发情率达 90% 以上。

5. 胚胎的采集 胚胎回收前，供、受体羊需停食 24～48 小时，供适量饮水，术前将术部的羊毛剃光。羊一般采用手术法回收胚胎。采胚时，先将母羊进行麻醉、保定，然后按常规手术法消毒、盖上术巾，随后逐层切开腹壁皮肤、腱膜、肌层和腹膜，暴露子宫、输卵管及卵巢，检查卵巢的反应情况并做记录。术者要求带乳胶手套操作，操作过程中不可直接抓住卵巢向外拉，以防术后粘连。如果发生此种情况，应及时用冷生理盐水冲洗或术后向腹腔内注入高渗葡萄糖液。采卵后，用生理盐水冲去凝血块，涂少量灭菌液体石蜡，将器官复位，缝合消毒，肌注青霉素 80 万国际单位，链霉素 100 万单位，按照手术常规法缝合创口。胚胎的冲洗方式有两种：

（1）输卵管采胚法 由宫管结合部冲向输卵管伞。用 7 号针头带胶皮管作为冲卵管，将其一端由输卵管伞部的喇叭口插入2～3厘米深处，用纯圆的夹子固定，另一端接集卵皿。用20毫升或30毫升注射器，吸37℃冲卵液5～10毫升，在子宫角靠近输卵的部位，将针头朝输卵管方向扎入，一只手在针头后方捏紧子宫角，另一只手推注射器，冲卵液由子宫与输卵管结合部流入输卵管，经输卵管流入集卵皿。适用于3天以内的胚胎冲取。

（2）子宫采胚法　由子宫角尖端冲向子宫角基部。将子宫牵于体外，用肠钳夹住子宫角分叉处，用注射器吸入预热的冲卵液20～30毫升，冲卵针从子宫角尖端插入，确认管腔内畅通时，再将橡胶管与注射器接连，将冲卵液推入子宫内，子宫膨胀时将回收管从肠钳夹钳夹基部的上方迅速扎入，冲卵液经回收管收集于集卵杯中，最后用拇指和食指将子宫角捋一遍。另一侧子宫角冲卵方法相同。一般配种5天以后，收集子宫的胚胎，并做好各种记录。

供体羊采胚后于发情的第9天注射前列腺素，以消除黄体，促进发情。

6. 捡胚与胚胎质量鉴定　先将集卵杯倾斜，轻轻倒去上清液，留10毫升冲卵液，再用杜氏磷酸盐缓冲液冲洗集卵杯，倒入表面皿镜检。随后准备3～4个培养皿，依次编号，倒入10%或20%羊血清胚胎保存液，将培养皿放入培养箱待用。准备300～400毫米玻璃细管和玻璃棒，消毒备用。用10倍体视显微镜找到受精卵，先用玻璃棒消除卵周围的黏液，将胚胎吸至第一培养皿内，用吸管先吸少量杜氏磷酸盐缓冲液后再吸卵，并在不同部位冲洗3～5遍，用同样方法在第二培养皿内处理，然后把全部卵移至另一培养皿内，观察所收集胚胎的数目、形态和发育状况。

未受精卵呈圆形，外固有一圈折光性强的透明带，中央为质地均匀色暗的细胞质。透明带与卵黄膜之间的空隙很小；受精卵依据第二极体的出现和卵周隙的扩大进行判断。发育正常的胚胎透明发亮，卵周隙明显，分裂球大小均匀，非正常胚胎透明带和胚胎变形，有时透明带不明显，胚胎发暗，卵裂球界限不清或细胞萎缩。

胚胎发育：第2～3天胚胎处于2～8细胞期，可看到卵裂球，卵黄腔间空隙较大；第5～6天为桑葚胚，只能看到球状的细胞团，分不清裂球，细胞团占据卵黄腔的大部分；第6～7天桑葚致密，细胞团变小；第7～8天胚胎为囊胚，最初细胞团的一部分出现发亮的胚胎腔，当细胞团充满卵黄腔时，内细胞团和滋养层界限明显，胚胎腔清晰可见；第8～9天囊腔扩大至原来的1.2～1.5倍，透明带变薄，相当于正常厚度的1/3；第9～11天胚腔继续扩张，透明带破裂，受精卵脱出。我国将胚胎分为A、B、C三级。A级为优质胚，作冷冻保存用；B级是普通胚，宜作移植用；C级为不良胚，不能利用。胚胎形态完整、呈球形，轮廓清晰，卵裂球大小均匀，胚内细胞结构紧凑，色调和透明度适中，无附着的细胞和液泡的为A级；胚胎轮廓清晰，色调和细胞密度良好，有少量附着的细胞和液泡，变性细胞占10%～30%的为B级；胚胎轮廓不清晰，色调较暗，结构较松散，游离的细胞和液泡较多，变性细胞占30%～50%的为C级。

7. 胚胎的移植 羊的胚胎一般用手术移植法。按照外科手术要求操作规程，打开腹腔，暴露子宫角及输卵管，将胚胎连同少量的冲卵液一同注入子宫角或输卵管。一般经子宫回收的胚胎，应移入子宫角前1/3；经输卵管回收的胚胎，必须移入输卵管。输卵管移植时，先把黄体侧的输卵管引出，找到喇叭口，将吸有胚胎的移植器械由喇叭口插入2厘米，注入含有胚胎的培养液1～2滴。如果移入子宫角，先用钝头针在黄体侧子宫角前1/3避开血管刺破子宫角壁，然后将移植针或毛细管从针孔插入子宫腔，摆动针头，确认针头在子宫腔时注入含胚胎的培养液，避免把空气带入。移植结束后将生殖器官送回腹腔，按胚胎回收时手术操作要求缝合手术创口。

8. 供、受体的术后观察 胚胎移植后，应仔细观察供、受体术后的健康情况，并留意它们在预定的时间内是否返情。对确认为妊娠的受体母畜，要加强饲养管理，确保其顺利妊娠、产仔。

第三节 提高绵羊繁殖效率的配套技术措施

一、加强多胎性状的选择与利用

（一）本品种内多胎基因的选择

绵羊的多胎性决定于基因型，是可以遗传的。因此，可通过强化多胎基因的选择来提高多胎基因型的频率，使群体的多胎率得到提高。新西兰、法国、英国等国家以繁殖率为主选性状在品种内严格选育，使这些国家的许多品种产羔率都达到 150%～170%。通过多胎基因选择，澳大利亚已培育出高繁殖率的 Booroola 美利奴羊，2.5～6.5 岁母羊排卵数为 3.72 个。因此，应加强本品种内多胎基因的选择，有目的选留双羔公羊作为种公羊，选留双羔母羊作为种母羊，以提高后代的双羔率。

（二）种公羊选择

在公绵羊的选择上，有研究发现多产性高的品种，早期睾丸生长发育快，睾丸大的公羊后代排卵率高于睾丸小的公绵羊后代。张春林通过分析绵羊的历史繁育资料及组织专门试验证实，种公羊对母羊的多胎有着至关重要的影响。因此，在绵羊生产实践中，建立以公羊为主的家系选择制度，并以睾丸大小为主选性状对公羊进行选择，以每次发情排卵个数为主选性状对母羊进行选择，提高了产羔率的遗传进展。

（三）引入多胎基因

通过杂交的方式，引入多胎基因是提高绵羊繁殖力的有效方法。例如，小尾寒羊的产羔率平均为270%，苏联美利奴羊为140%，考力代羊为125%，经过杂交后，杂种后代的繁殖力也得到提高。苏寒一代杂种的产羔率平均为171%，苏寒二代杂种平均为162%，考苏寒杂种平均为148%。同时，考苏寒杂种羊在安徽萧县的具体条件下，还保持了小尾寒羊常年发情、一年两产的遗传特性。我国高繁殖力绵羊品种有小尾寒羊和湖羊（229%），在绵羊生产中，可以当地绵羊品种为母本，用小尾寒羊或湖羊品种做父本，以提高杂种后代的母羊繁殖率。

二、提高种公羊和繁殖母羊的营养水平

营养水平对羊只的繁殖力影响极大。种公羊在配种季节与非配种季节均应给予全价的营养物质。实践中只重视配种季节的饲养管理，而放松对非配种季节的饲养和管理，往往造成在配种季节到来时，公羊的性欲、采精量、精液品质等均不理想。因此，必须加强公羊的饲养管理，常年保持种公羊的种用体况。但种用体况是一种适宜的膘情状况，过瘦或过肥都是不理想的。公羊良好种用体况的标志应该是：性欲旺盛，接触母羊时有强烈的交配欲；体力充沛，喜欢与同群或异群羊只挑逗打闹；行动灵活，反应敏捷；射精量大，精液品质好。

由于母羊是羊群的主体，是绵羊生产性能的主要体现者，量多群大，同时兼具繁殖后代和实现羊群生产性能的重任，所以母羊的营养调控技术非常重要的（详见第四章第三节）。

三、调整畜群结构，增加适龄繁殖母羊比例

畜群结构主要指羊群中的性别结构和年龄结构。从性别方面讲，有公羊、母羊和羯羊三种类型的羊只，母羊的比例越高越好；从年龄方面讲，有羔羊、周岁羊、2～6岁羊及老龄羊，羊群中年龄由小到大的个体比例逐渐减少，形成有一定梯度的"金字塔"结构，从而使羊群始终处于一种动态的、后备生命力异常

旺盛的状态。也就是说，要增加羊群中的适龄（2～5岁）繁殖母羊的比例。养羊业发达国家，育种群的适繁母羊的比例一般都在70%以上。

四、加强环境控制

（一）做好防暑降温工作，缓减热应激的不良影响

温度对繁殖力的危害以高温为主，低温危害较小。气温过高使绵羊散热困难，影响其采食和饲料报酬，所以一般气温较高的地区，绵羊的生产能力较低。杜德在美国肯塔基州夏季平均月最高气候26℃时，比较了普通气温和冷室温度（5.0～8.8℃）对南丘羊繁殖力的影响。两组公羊射精量相似，但低温组精子平均活力为70.3%，畸形精子占6.4%，精子密度每立方毫米340万。高温组分别为41.8%、36.9%和240万。公绵羊虽然在全年都可能具有生育能力，但睾丸的生精和内分泌功能呈现季节性变化特点。公绵羊血浆中LH水平在6月份最低，9～10月份最高；睾酮水平相应在5～6月份最低，从8月份开始上升，10月份最高，从11月份开始下降。在春、夏、秋、冬四季中，性反射时间分别为71、47、41和66秒；每毫升精液中精子数分别为37.0亿、34.9亿、53.1亿和26.0亿；解冻后精子顶体完整率分别为57.3%、56.2%、61.8%和57.8%。因而，要做好夏季的防暑降温工作，对提高羊的繁殖力有重要意义。

（二）控制光照，提高繁殖力

绵羊属短日照繁殖家畜，当日照由长变短时，绵羊开始发情，进入繁殖季节。因此，可用人工控制光照来决定配种时间。秋季在羊舍给羊照明，可使配种季节提前结束。夏季每天将羊舍遮罩一段时间来缩短光照，能使母羊的配种季节提前出现。

羔羊的性活动开始，一般发生在短日照时，费斯特研究表明，10月出生的萨福克羔羊，初情期发生在次年的9月份，明显地迟于3月份生春羔初情期到来时间31周龄。当把秋季生的

羔羊，置于人工模拟春羔的环境中，则秋产羔可在正常时间 31 周龄出现发情。

成年羊的繁殖也受光照影响，比特曼用萨福克羊试验，参加试验的羊先给 90 天长日照，后给 90 天短日照，两个试验组都切除松果体，对照组不切除，结果对照组在短日照处理 55 天后，促黄体素水平开始升高，处理 I 组的促黄体素水平未升高，处理 II 组于试验期间给予外源性褪黑素处理，使其血液中褪黑素的含量与对照组褪黑素的变化相对一致，结果该组羊在短日照后的 67 天促黄体素开始升高，说明成年羊的繁殖也受褪黑素的控制。夏季每天减少光照 3～8 小时，使光照时间控制在 8～10 小时，可以增加绵羊采精量和精子密度。

此外，应淘汰连续两年不能怀孕的母羊，并每年在配种前对公、母羊生殖系统进行检查，发现疾病，及时治疗或淘汰。这也是提高羊群繁殖力的重要技术环节，应加以高度重视。

参 考 文 献

李清宏，任有蛇．2004. 家畜人工授精技术 [M]．北京：金盾出版社．

李清宏，任有蛇，宁官保，等．2005. 规模化安全养绵羊综合新技术[M]．北京：中国农业出版社．

乔海云，林冬梅，刘伯．2010. 密集繁殖体系在绵羊生产中的应用 [J]．畜禽业 (10)：38‐39.

任有蛇，岳文斌，董宽虎，等．2006. 特克塞尔羊在山西右玉的胚胎移植效果 [J]．草食家畜，132 (03)：35‐39.

岳文斌，杨国义，任有蛇，等．2003. 动物繁殖新技术 [M]．北京：中国农业出版社．

岳文斌，张建红．2004. 动物繁殖及营养调控 [M]．北京：中国农业出版社．

绵羊营养调控技术

绵羊营养调控技术是低碳环保养羊业中的关键技术之一。绵羊瘤胃发酵产生的甲烷是畜牧业温室气体释放的一个主要来源。在绵羊养殖实践中，应采用有效的营养调控技术，充分发挥有利瘤胃微生物的能动性，提高饲草料消化利用效率，抑制产甲烷菌等微生物的活性，降低甲烷气体的排放量，实现绵羊的精准养殖，发展现代新型低碳养羊业。

第一节　绵羊的消化特点

一、绵羊消化器官的特点

羊是反刍家畜，由瘤胃、网胃、瓣胃和皱胃四个部分组成复胃。绵羊四个胃总容积约 29.6 升，其中瘤胃容积最大，约为 23.4 升，约占胃总容积的 79.1%；网胃容积为约 2.0 升，占胃总容积的 6.8%；瓣胃容积约 0.9 升，占胃总容积的 3.1%；皱胃容积为 3.3 升，约占胃总容积 11%。

（一）羔羊消化器官的特点

羔羊初生时期前三胃的容积较小，没有消化粗纤维的能力，因此初生羔羊只能依靠哺乳来满足营养需要。在哺乳期间，羔羊吮吸的母乳不通过瘤胃，而经瘤胃食管沟直接进入皱胃。然而，随着日龄的增长和采食量的增加，前三胃的容积逐渐增大，大约 20 天后开始有反刍活动，这时真胃凝乳酶的分泌逐渐减少，其他消化酶的分泌逐渐增多，已能对采食的部分草料进行分解，此

期如人工补饲易消化的蛋白质含量较高、粗纤维含量少的植物性
饲料，可以促进前胃的发育，增强对植物性饲料的消化能力，可
促进瘤胃的发育和提前出现反刍行为。另外，这一时期羔羊瘤胃
中的微生物消化还未建立，若在精饲料补充料中添加适量的抗生
素，可提高羔羊的体重，降低羔羊痢疾发生几率。大约 2 月龄
时，羔羊瘤胃功能趋于完善，此时可大量利用青干草和精料。

（二）成羊消化器官的特点

1. 复胃消化　成羊的前三胃器官发育成熟，功能已完善，
此时复胃消化成为羊营养的主要来源。瘤胃呈椭圆型，具有物理
和生物消化作用，物理作用主要是通过瘤胃的节律性蠕动将食物
磨碎；生物消化是瘤胃消化的主体，瘤胃内有大量微生物，主要
是细菌和原生虫，这些细菌和原生虫分泌的酶将饲料发酵分解。
网胃为球形，内壁分割成许多网格如蜂巢状，第一、二胃紧连在
一起，其消化生理作用基本相似。除机械作用外，也可利用微生
物进行分解消化食物。瓣胃，又名百叶胃，内壁有无数纵列的褶
膜，对食物进行机械的压榨作用。皱胃，也叫真胃，为圆锥形，
胃壁有腺体组织，能分泌胃液，胃液的主要成分是盐酸和胃蛋白
酶，对食物主要进行化学消化。

2. 小肠长　绵羊消化器官特点不仅在于它有 4 个胃，更特
殊的是小肠长。绵羊肠子的长度 20～40 米，其中小肠为 17～34
米，占羊肠总长度的 85％。小肠是绵羊消化吸收的主要器官，
胃内容物——食糜进入小肠后，在各种消化液（主要有胰液、肠
液、胆汁等）的化学作用下被消化分解，消化分解后的营养物质
在小肠内被吸收，未被消化吸收的食物随小肠的蠕动被推入大
肠。肠道越长，吸收能力越强。

二、绵羊的消化生理特点

（一）反刍

反刍是绵羊的重要消化生理特点。绵羊能在短时间内采食大

量的草料，草料经初步咀嚼混合大量的碱性唾液形成食团吞咽入瘤胃，经瘤胃浸软、混合和发酵后，再把食团逆呕到口中，经再咀嚼、再混合唾液和再吞咽，这一活动过程称为反刍。反刍除可对饲料进一步磨碎外，同时通过营养物质、水分和唾液连续输入，使瘤胃保持一个极端厌氧、恒定温度（39～40℃），比较恒定 pH（5.5～7.5）、相对稳定渗透压的环境，有利于瘤胃微生物生存、繁殖和进行消化活动。

羊反刍多发生在采食后。一般情况下，绵羊每天反刍的次数为 8 次左右，每次反刍持续 1～120 分钟，每次间隔的时间不等，昼夜反刍总时间为 8～10 小时；每天逆呕食团约 500 个，每个食团咀嚼约 78 次，每分钟咀嚼的次数约 91 次。反刍时间的长短与采食饲料的质量密切相关，饲料中粗纤维含量愈高反刍时间愈长；切短的干草比不切的反刍多，粉碎的饲料比前两种的均少。患病或受外界强烈刺激会造成反刍紊乱，甚至反刍停止，反刍迟缓或反刍停止是观察羊疾病的一个重要标志。

（二）瘤胃混合发酵作用

瘤胃可以看做是一个高效且连续接种的活体发酵罐，其中存在大量厌气性微生物。瘤胃微生物混合发酵对绵羊有特殊的营养作用。

1. 瘤胃微生物　瘤胃微生物包括厌气性细菌、原虫，还有少量的真菌。每毫升瘤胃内容物含有 10^{10}～10^{11} 个细菌，10^5～10^6 个原虫。

（1）瘤胃细菌　瘤胃细菌占瘤胃生物量 50%～80%，在瘤胃发酵中起着决定性作用。其种类繁多，按其功能分为纤维素分解菌、半纤维素降解菌、淀粉分解菌、果胶分解菌、蛋白降解菌、脂肪降解菌、酸利用菌和乳酸产生菌等多种类群。

①纤维分解菌：绵羊瘤胃中重要的纤维素分解菌有：产琥珀酸丝状杆菌、黄化瘤胃球菌、白色瘤胃球菌、溶纤维丁酸弧菌等。这一类细菌能分泌纤维素酶和半纤维素酶，将纤维素分解最

终产生挥发性脂肪酸,供羊体利用。因此,绵羊可以利用秸秆、稻草等纤维素含量较高的草料。纤维分解菌在日粮中有一定含量蛋白质和足够支链脂肪酸的条件下,生长速度加快。另外,纤维素分解菌对瘤胃 pH 变化反应敏感,当瘤胃 pH 低于 6.2 时,纤维素分解菌的生长受到抑制;当瘤胃 pH6.2~7.0 时,生长情况最佳。纤维素分解菌对脂肪也较为敏感,日粮中添加脂肪后,会使采食量和消化率降低。

②淀粉分解菌:绵羊瘤胃中淀粉分解菌主要有牛链球菌、嗜淀粉瘤胃杆菌、普雷沃氏菌、解淀粉琥珀酸单胞菌等。这一类细菌可以降解淀粉,产生乳酸。淀粉分解菌在有足够氨存在条件便可快速繁殖,且对瘤胃 pH 敏感性低,当日粮中淀粉或蔗糖含量高时,乳酸释放速度加快,超出瘤胃缓冲能力时,随着瘤胃 pH 下降,淀粉分解菌占优势,乳酸利用菌受到抑制,则引发瘤胃酸中毒。

③蛋白降解菌:除了主要的纤维降解菌外,大多数瘤胃细菌都具有某些蛋白酶活性。目前研究最多的是嗜淀粉瘤胃杆菌和溶纤维丁酸弧菌。嗜淀粉瘤胃杆菌是目前已知的蛋白降解活性最高的菌株之一。

④脂肪降解菌:瘤胃中降解脂肪的菌是脂解厌氧弧杆菌,主要作用是脂肪的分解和乳酸的利用。

(2)瘤胃原虫 瘤胃原虫分为鞭毛原虫和纤毛原虫两类。幼畜时期瘤胃中以鞭毛虫为主,成年绵羊瘤胃中以纤毛虫为主,纤毛虫中的内毛虫和双毛虫最多,占纤毛虫总量 85%~98%;内毛虫主要消化淀粉。绵羊纤毛虫数量每毫升瘤胃液中有 2.3×10^5 个,14 个属,62 种。瘤胃原虫对瘤胃微生态环境较敏感,其种群数量和构成因地域、季节、食性、瘤胃 pH 和稀释率的不同各异。放牧绵羊瘤胃纤毛虫数量夏秋季节高于冬春季节。

(3)瘤胃真菌 羊瘤胃内厌气真菌是藻红真菌,能产生纤维素酶、木聚糖酶、酯酶和果胶酶等,可利用纤维素、木聚糖、葡聚糖等植物细胞壁结构性多糖。它是一种首先侵袭植物纤维的微生物，能从内部使木质素纤维强度降低，使纤维质物质易于被破碎，为纤维素分解菌的栖息、繁殖和消化创造有利条件。

（4）瘤胃产甲烷菌　瘤胃产甲烷菌是一类严格厌气古细菌，占瘤胃微生物的 $0.5\%\sim3\%$。主要有反刍兽甲烷短杆菌、甲烷微菌、巴氏甲烷八叠菌、甲酸甲烷杆菌，其中杆菌数量最多，每毫升瘤胃液中有 1×10^6 个，在出生时即存在；在瘤胃内，90%产甲烷菌附着在原虫上。甲烷菌可将纤维素菌、原虫或真菌降解饲料淀粉、细胞壁和蛋白质时所产生二氧化碳和氢在一系列酶和辅酶作用下还原为甲烷，减少其反馈抑制，使瘤胃菌其他类群能保持正常的活力和发酵活动。日粮组成不同时，瘤胃产甲烷菌数量和种类也有差异。在绵羊生产中，可以通过日粮的调整，降低产甲烷菌的数量，从而降低绵羊的甲烷排放量，达到低碳生产目的。

在正常的情况下，瘤胃微生物保持稳定的区系活性，其根据饲料种类和品质而变化，因此在生产实践中，变更饲料种类时要有 $1\sim2$ 周的适应期，才能保证瘤胃微生物顺利的变化。如突然变更饲料（如突然采食大量的青贮饲料或精料）都会破坏瘤胃微生物区系的活性，引起消化代谢紊乱，甚至造成绵羊的死亡。

2. 瘤胃微生物的营养作用

（1）分解粗纤维　在瘤胃的机械作用和微生物酶的综合作用下，粗饲料和精饲料被发酵分解，分解的终产物是低级挥发性脂肪酸，主要由乙酸、丙酸和丁酸组成，也有少量的戊酸，同时释放能量，部分能量以三磷酸腺苷形式供微生物活动，大部分挥发性脂肪酸被瘤胃胃壁吸收，部分丙酸在瘤胃胃壁细胞中转化为葡萄糖连同其他脂肪酸一起进入血液循环，成为绵羊能量的主要来源。绵羊采食饲料中 $55\%\sim95\%$ 的可溶性碳水化合物、$70\%\sim95\%$ 粗纤维是在瘤胃中被消化的。

（2）可同时利用蛋白氮和非蛋白氮合成菌体蛋白质　瘤胃微

生物分泌的酶能将饲料中的蛋白质水解为肽、氨基酸和氨，也可将饲料中的非蛋白氮化合物（如尿素等）水解为氨。在一定条件下，微生物又可以利用这些分解产物（肽、氨基酸和氨）合成菌体蛋白。饲料蛋白在瘤胃中被消化的数量主要取决于降解率和通过瘤胃的速度。非蛋白氮如尿素等在瘤胃中分解的速度相当快，几乎全部在瘤胃中分解。

在生产实践中，值得我们利用的是瘤胃微生物可将生物学价值较低的植物性蛋白和几乎无生物学价值的非蛋白氮转化为生物学价值较高的微生物体蛋白。据测定，每100毫升瘤胃内容物每小时可将100克尿素水解为氨。饲料中的可消化蛋白质约有70%在瘤胃中被水解，其余进入小肠消化吸收。

（3）将饲料中的脂肪分解为不饱和脂肪酸并将其氢化形成饱和脂肪酸　牧草所含脂肪大部分是由不饱和脂肪酸构成的，而羊体内脂肪大多由饱和脂肪酸构成，且相当数量是反式异构体和支链脂肪酸。现已证明，瘤胃是对不饱和脂肪酸氢化形成饱和脂肪酸，并将顺式结构的饲料脂肪酸转化为反式结构的羊体脂肪酸的主要部位。

（4）合成B族维生素和维生素K　瘤胃微生物可以合成B族维生素。一般情况下，瘤胃微生物合成的B族维生素足以满足羊各种生理状况下的需要。

瘤胃微生物可以合成维生素K。研究表明，瘤胃微生物可合成甲萘醌-10、甲萘醌-11、甲萘醌-12和甲萘醌-13，它们都是维生素K的同类物，合成后被吸收贮存在肝脏中。

因此，在绵羊生产实践中，充分发挥瘤胃微生物的能动性，提高饲草料的消化率，从而达到节约饲草料，低碳排放的目的。

三、绵羊的营养特点

（一）绵羊对粗饲料的利用

粗饲料对绵羊消化代谢的重要意义。

1. 充当填充物　粗饲料容积大，性质稳定，消化需要的时间较长，是瘤胃的主要填充物，使羊不会产生饥饿感。

2. 促进反刍保证瘤胃内环境稳定　粗饲料颗粒粗糙，能够有效地刺激瘤胃壁，特别是网-瘤胃褶附近的区域，反射性地引起唾液分泌，增加唾液的分泌量，保证有足够的唾液进入瘤胃；羊反刍时，粗饲料需要经过多次咀嚼，同样可以刺激唾液分泌，保证瘤胃内环境稳定。另外，粗饲料在瘤胃内降解速度比较慢，产生的酸（主要是乙酸）能够被瘤胃壁充分吸收，不会造成瘤胃乳酸过量，更不会造成酸中毒。粗饲料也有利于瘤胃微生物生长，维持正常的瘤胃微生物区系和正常的瘤胃 pH。

3. 保证消化道机能正常　粗饲料可以刺激消化道黏膜，促进消化道的蠕动，促进未消化物质的排出，保证羊消化道的正常机能。

因此，在绵羊的饲料中必须含有一定量的粗饲料。一定注意把握好日粮的精粗比例，既能让羊吃得饱，又能让羊长得快，不能急于求成只喂给绵羊精饲料，虽然营养水平达到了营养标准的要求，但饲料的干物质量不足，体积过小，羊始终处于饥饿状态，会产生羊反刍受阻甚至停止反刍、唾液分泌减少、瘤胃酸中毒、真胃移位等病症。

（二）绵羊能量需要特点

羊体所需的能量来源于碳水化合物、脂肪和蛋白质三大类营养物质，最重要的能源是从饲料中的碳水化合物（单糖、寡糖、淀粉、粗纤维等）在瘤胃的发酵产物——挥发性脂肪酸中获得的，羊能量需要的 70% 以上是由挥发性低级脂肪所提供的。脂肪和脂肪酸提供的能量约为碳水化合物的 2.25 倍，但在饲料中的含量比较少，且价格较高，所以作为绵羊的能量提供物质并不占主要的地位。蛋白质和氨基酸在动物体内代谢也可以提供能量，但是从资源的合理利用及经济效益考虑，用蛋白质作能源价值昂贵，并且产生过多的氨，对羊机体有害，不宜作为能源物质。因此，在配制日粮时尽可能通过碳水化合物提供能量。

1. 碳水化合物的分解和利用　除玉米和高粱外，大多数谷物中 90％以上的淀粉通常是在瘤胃中发酵，玉米大约 70％是在瘤胃中发酵。碳水化合物在瘤胃内的降解分为两部分：第一部分是高分子碳水化合物（淀粉、纤维素、半纤维素等）降解为单糖，如葡萄糖、果糖、木糖、戊糖等；第二部分是将单糖进一步降解为挥发性脂肪酸，主要产物为乙酸、丙酸、丁酸、二氧化碳、甲烷和氢等。一般情况下挥发性脂肪酸中三种酸比例为：乙酸 50％～65％，丙酸 18％～25％，丁酸 12％～30％。但随日粮种类而变异，粗饲料发酵产生的乙酸比例较高，精饲料发酵产生的丙酸比例较高。挥发性脂肪酸中乙酸和丁酸是泌乳期羊生成乳脂的主要原料，泌乳羊瘤胃吸收的乙酸约有 40％为乳腺所利用。由于精饲料在瘤胃的发酵率很高，产生的挥发性脂肪酸中丙酸比例较高，可以向绵羊提供较多的有效能，这样就可在绵羊育肥中适当提高精饲料的比例，提高能量利用率。

2. 能量的作用　饲料中的营养物质进入机体以后，经过分解氧化后大部分以热量的形式表现为能量。羊生命的全过程和机体活动，如维持体温、消化吸收、营养物质的代谢，以及生长、繁殖、泌乳等均需消耗能量才能完成。当能量水平不能满足羊需要时，则生产力下降，健康状况恶化，饲料能量的利用率降低（维持比重增大）。如生长期羊能量不足，则生长停滞。但绵羊能量营养水平过高对生产和健康同样不利。能量营养过剩，可造成机体能量大量沉积（过肥），繁殖力下降。由此不难看出，合理的能量营养水平对提高绵羊能量利用效率，保证绵羊的健康，提高生产力具有重要的实践意义。

（三）绵羊氮营养特点

1. 瘤胃微生物对饲料蛋白质的作用　饲料中的蛋白质进入瘤胃后，在瘤胃微生物的作用下发生降解，可降解的部分称为瘤胃可降解蛋白，不能被降解的部分称为瘤胃未降解蛋白。瘤胃可降解蛋白，在瘤胃细菌的作用下，分解为多肽，肽进一步降解为游离氨基酸，最后分解为氨、支链脂肪酸和二氧化碳。蛋白质降解产生的氨一部分被瘤胃微生物摄取到菌体内，用于合成菌体蛋白，所合成的菌体蛋白称为微生物蛋白。另一部分氨被瘤胃内壁吸收入血液，随血液循环到达肝脏，在肝脏内合成尿素，尿素通过唾液腺的分泌和瘤胃内皮再进入瘤胃，在瘤胃内重新被降解为氨，作为再循环的内源性氮素，用以合成菌体蛋白，这一过程称为唾液尿素循环。

瘤胃细菌合成的微生物蛋白和瘤胃未降解蛋白一起进入皱胃和小肠，在皱胃和小肠分泌的消化酶的作用下分解成氨基酸，并被吸收利用。在以放牧为主的情况下，羊需要的氮营养70%以上是由瘤胃微生物蛋白提供的；在以植物蛋白为主的舍饲情况下，60%以上的氮由微生物蛋白提供，所以菌体蛋白在绵羊氮营养中占相当重要的地位。

瘤胃微生物对饲料蛋白的降解作用对绵羊的蛋白质营养存在正负两方面影响。

（1）正面影响　瘤胃微生物将饲料中特别是粗饲料中质量较低的蛋白质和无生物学价值的尿素等非蛋白氮转化为菌体蛋白，微生物蛋白质的氨基酸组成相对于原饲料来说，种类更加齐全，比例更加平衡，必需氨基酸尤其是限制性氨基酸的含量要比原饲料高得多。一般情况下，微生物蛋白质中的必需氨基酸足以满足羊的需要。从这方面来说，微生物降解饲料蛋白质对羊的氮营养是有利的，微生物对饲料蛋白质的转化提高了饲料蛋白质的生物学价值。

（2）负面影响　对于饲料中添加的优质蛋白质饲料（如豆粕等），瘤胃微生物蛋白的合成量虽然也会有所增加，但由于瘤胃微生物在对饲料蛋白分解和再合成菌体蛋白的过程中损失的蛋白质量要比微生物蛋白质合成增加的量多，因此，降低了饲料蛋白质的利用效率。尤其是绵羊育肥阶段，饲料中优质蛋白质含量也不宜过高，造成蛋白质浪费，增加氮排放，污染环境。有条件的养殖场可采用优质蛋白质的过瘤胃保护，提高日粮的蛋白质利用效率。

瘤胃微生物种类影响蛋白质的降解，因此日粮调整必须逐渐进行，以便瘤胃微生物针对新的日粮调整其比例，这对有效地利用尿素和其他非蛋白质含氮化合物尤其重要。

2. 影响饲料粗蛋白质瘤胃降解率的因素

（1）饲料中蛋白质的结构　蛋白质分子中的二硫键有助于稳定其三级结构，增加抗降解力。

（2）饲料中蛋白质的可溶性　各种饲料蛋白质在瘤胃中的降解速度和降解率不一样，蛋白质溶解性愈高，降解愈快，降解程度也愈高。例如，尿素的降解率为100%，降解速度也最快，酪蛋白降解率90%，降解速度稍慢。植物饲料蛋白质的降解率变化较大，玉米为40%，大多饲料可达80%。根据饲料蛋白质降解率的高低，可将饲料分为低降解率饲料（<50%），如干草、玉米蛋白、高粱等；中等降解率饲料（40%～70%），如啤酒糟、亚麻饼、棉籽饼、豆饼等；高降解率饲料（>70%），如小麦麸、菜籽饼、花生饼、葵花饼、苜蓿青贮等。

（3）饲料的加工与贮藏　饲料的各种物理和化学处理均可改变蛋白质在瘤胃的降解率。如加热、甲醛处理、包被等。以加热为例，随着加热温度的提高，降解蛋白下降，非降解蛋白增加，不能被动物利用的蛋白质也增加，所以供给小肠可消化吸收蛋白量则出现由少到多又到最小的变化趋势。

（4）采食量　随着采食量的提高，日粮蛋白质在瘤胃的降解率显著降低。有试验表明，采食量高时，葵花饼蛋白的降解率为72%，低采食量时则为81%。

（5）饲喂频率　绵羊在低进食水平下，增加饲喂频率可提高瘤胃排出非降解蛋白质的比例。

（6）稀释率　增加瘤胃液的稀释率，可提高反刍动物瘤胃蛋白质流量，其中部分来自微生物蛋白，另一部分来自日粮非降解蛋白。饲喂碳酸氢钠或氯化钙，均可提高稀释率，促进蛋白质流入后消化道。

（7）流通速度 饲料蛋白质流通速度的快慢也影响蛋白质的降解率。饲料流通速度快，在瘤胃停留时间短，某些可溶性蛋白质也可躲过瘤胃的降解；饲料流通速度慢，在瘤胃停留时间长，不易被降解的蛋白质也可能在瘤胃中大量降解。

（8）pH 瘤胃 pH 影响日粮蛋白质在瘤胃的降解率。提高采食量或增加日粮精饲料比例，结果降低瘤胃液 pH，偏离细菌适宜的作用范围，饲料蛋白质降解率低。而高粗料日粮，瘤胃pH 较高，饲料蛋白质降解率高。

在绵羊饲养过程中，可通过营养调节这些因素，提高过瘤胃蛋白的含量，改善瘤胃蛋白消化。

3. 氨基酸的营养问题 绵羊小肠吸收的氨基酸来源于四个方面——瘤胃微生物蛋白、过瘤胃蛋白、过瘤胃氨基酸和内源氮。其中瘤胃微生物蛋白和过瘤胃蛋白是主要来源。瘤胃微生物蛋白在小肠的消化率很高，几乎全部消化，而且氨基酸组成比较合理。目前，在反刍动物蛋白质研究中，必需氨基酸的需要量是研究热点之一。

绵羊的氨基酸营养中有 9 种必需氨基酸，包括异亮氨酸、亮氨酸、赖氨酸、蛋氨酸、苯丙氨酸、苏氨酸、酪氨酸、组氨酸和缬氨酸。瘤胃微生物可以利用氨和饲料提供的碳架合成这些氨基酸，以满足羊的需要。羔羊由于瘤胃发育不完全，瘤胃内没有微生物或微生物合成功能不完善，合成的氨基酸数量有限，至少需补充 9 种必需氨基酸。随着前胃的发育成熟，对日粮中必需氨基酸的需要逐渐减少。成年羊瘤胃功能发育完善，降解日粮和合成氨基酸的能力很强，一般无需由饲料中提供必需氨基酸。

（四）维生素营养特点

绵羊（除羔羊阶段）瘤胃微生物可以合成足量的 B 族维生

素和维生素 K 来满足它们的需要，因此在饲料中不必添加 B 族维生素和维生素 K。影响瘤胃微生物合成 B 族维生素的主要因素是饲料中氮、碳水化合物和钴的含量。饲料中氮含量高则 B 族维生素的合成量也多，但氮来源的不同，B 组维生素的合成情况也不同。如以尿素为补充氮源，硫胺素和维生素 B_{12} 的合成量不变，但核黄素的合成量增加。碳水化合物中淀粉的比例增加，可提高 B 族维生素的合成量。给羊补饲钴，可增加维生素 B_{12} 的合成量。

一般牧草中含有大量维生素 D 的前体麦角胆固醇，麦角胆固醇在牧草晒制过程中，由于紫外线的作用可转化为维生素 D，在日光照射下，这一转化过程也可在羊的皮下进行，因此放牧羊或饲喂青干草的舍饲羊一般不会缺乏维生素 D。

大部分动物都可在体内合成足够的维生素 C，因此，日粮中不需补充维生素 C；但经过长途运输后，羊处于应激状态时，添加维生素 C 可以缓解应激。

瘤胃微生物和羊体本身都不能合成维生素 A，而且瘤胃微生物对维生素 A 和饲料中的 β-胡萝卜素还有一定的破坏作用，因此通过饲料给羊补充维生素 A 的有效性还有待进一步研究。

（五）矿物质营养特点

矿物质营养至少从两个方面对羊产生影响。首先各种矿物营养是羊维持、生长所必需的营养物质，各种矿物质营养的缺乏或过量，轻则使生长发育受阻，重则导致疾病甚至死亡，如缺硒引起羔羊营养性白肌病，硒过量则可导致羊中毒等；其次，矿物质元素又是瘤胃微生物的必需营养素，通过影响瘤胃微生物的生长代谢、生物量合成等间接影响羊的营养状况。例如，硫是瘤胃微生物利用非蛋白氮合成微生物体蛋白的必需元素，钴是微生物合成 B_{12} 的必需元素；在饲料中添加铜、钴、锰、锌混合物可有效提高瘤胃微生物对纤维素的消化率，铜和锌有增加瘤胃蛋白质浓度和提高微生物总量的作用，铁、锰和钴能影响瘤胃尿素酶活性进而影响瘤胃微生物利用非蛋白氮效率；另外，矿物质元素也是维持瘤胃内环境，尤其是 pH 和渗透压的重要物质。

第二节　绵羊的营养需要量

绵羊在生长、繁殖和生产过程中，需要多种营养物质，包括：能量、蛋白质、矿物质、维生素及水。羊对这些营养物质的需要可分为维持需要和生产需要。维持需要是指羊为维持正常生理活动，体重不增不减，也不进行生产时所需的营养物质量。羊的生产需要指羊在进行生长、繁殖、泌乳和产毛时对营养物质的需要量。

由于羊的营养需要量大都是在实验室条件下通过大量试验，并用一定数学方法（如析因法等）得到的估计值，一定程度上也受试验手段和方法的影响，加之羊的饲料组成及生存环境变异性很大，因此在实际使用中应作一定的调整。

目前，国家绵羊产业技术体系营养与饲料功能研究室的岗位专家正在合力开展我国绵羊营养需要量的研究。不久将来我国将出台新绵羊营养需要量标准。本书选用 NRC（2007）最新的绵羊营养需要量标准，供养殖户参考。

一、绵羊干物质需要量

干物质是绵羊对所有固形物质养分需要的总称，绵羊干物质采食量占绵羊体重的 3%～5%。其干物质采食量受绵羊个体特点、饲料、饲喂方式以及外界环境因素影响。

NRC（2007）饲养标准中，将绵羊按照年龄和生理阶段划分为成年母羊或周岁舍饲母羊妊娠前期、妊娠后期（怀单羔、双羔或三羔）、泌乳前期（单羔、双羔或三羔）、泌乳中期和泌乳后期。成年母羊妊娠期和泌乳期干物质需要量分别见表 4-1 和表 4-2；周岁舍饲母羊妊娠期和泌乳期干物质需要量分别见表 4-3 和表 4-4。

表4-1　成年母羊妊娠期干物质需要量

生理阶段	体重（千克）	日增重（克）	日粮能量浓度*	干物质采食量（千克）	占体重百分比（%）
维持需要	40	0	8.02	0.77	1.93
	50	0	8.02	0.91	1.83
	60	0	8.02	1.05	1.75
	70	0	8.02	1.18	1.68
妊娠早期（单羔）	40	18	8.02	0.99	2.47
	50	21	8.02	1.16	2.32
	60	24	8.02	1.31	2.19
妊娠早期（双羔）	40	30	8.02	1.15	2.87
	50	35	8.02	1.31	2.62
	60	40	8.02	1.51	2.52
	70	45	8.02	1.69	2.41
妊娠早期（三羔以上）	40	39	9.99	1.00	2.51
	50	46	8.02	1.46	2.92
	60	52	8.02	1.65	2.74
	70	59	8.02	1.82	2.61
妊娠后期（单羔）	40	71	9.99	1.00	2.49
	50	84	8.02	1.45	2.89
	60	97	8.02	1.63	2.71
妊娠后期（双羔）	40	119	11.99	1.06	2.66
	50	141	9.99	1.47	2.93
	60	161	9.99	1.83	2.61
	70	181	9.99	1.99	2.48
妊娠后期（三羔以上）	40	155	11.99	1.22	3.04
	50	183	11.99	1.41	2.81
	60	210	11.99	1.57	2.60
	70	235	9.99	2.07	2.96

　　*　日粮能量浓度：每千克日粮干物质的兆焦数。

表4-2　成年母羊泌乳期干物质需要量

生理阶段	体重（千克）	乳产量（千克）	日增重（克）	日粮能量浓度*	干物质采食量（千克）	占体重百分比（%）
泌乳早期（单羔）	40	0.71	−14	9.99	1.09	2.73
	50	0.79	−16	9.99	1.26	2.51
	60	0.87	−17	8.02	1.77	2.96
泌乳早期（双羔）	40	1.18	−24	9.99	1.40	3.51
	50	1.32	−26	9.99	1.61	3.22
	60	1.45	−29	9.99	1.80	3.01
	70	1.56	−31	9.99	1.98	2.83
泌乳早期（三羔以上）	40	1.53	−31	11.99	1.36	3.41
	50	1.72	−34	9.99	1.88	3.76
	60	1.88	−38	9.99	2.09	3.48
	70	2.03	−41	9.99	2.29	3.27
泌乳中期（单羔）	40	0.47	0	8.02	1.20	3.01
	50	0.53	0	8.02	1.40	2.80
	60	0.58	0	8.02	1.58	2.63
泌乳中期（双羔）	40	0.79	0	8.02	1.50	3.74
	50	0.88	0	8.02	1.72	3.44
	60	0.97	0	8.02	1.94	3.23
	70	1.05	0	8.02	2.14	3.05
泌乳中期（三羔以上）	40	1.03	0	9.99	1.37	3.43
	50	1.15	0	8.02	1.97	3.93
	60	1.26	0	8.02	2.20	3.67
	70	1.36	0	8.02	2.42	3.46
泌乳后期（单羔）	40	0.23	10	8.02	1.09	1.72
	50	0.25	11	8.02	1.26	2.52
	60	0.28	12	8.02	1.43	2.38

（续）

生理阶段	体重（千克）	乳产量（千克）	日增重（克）	日粮能量浓度*	干物质采食量（千克）	占体重百分比（%）
泌乳后期（双羔）	40	0.38	25	8.02	1.38	3.45
	50	0.43	28	8.02	1.60	3.20
	60	0.47	31	8.02	1.80	3.00
	70	0.51	34	8.02	2.00	2.85
泌乳后期（三羔以上）	50	0.55	40	8.02	1.83	3.67
	60	0.61	44	8.02	2.06	3.44
	70	0.67	48	8.02	2.29	3.27

* 日粮能量浓度：每千克日粮干物质的兆焦数。

表4-3　周岁母羊妊娠期干物质需要量

生理阶段	体重（千克）	日增重（克）	日粮能量浓度*	干物质采食量（千克）	占体重百分比（%）
维持需要	40	0	8.02	0.82	2.05
	50	0	8.02	0.97	1.94
	60	0	8.02	1.11	1.86
妊娠前期（单羔）	40	58	9.99	1.33	3.33
	50	71	9.99	1.60	3.20
	60	84	9.99	1.86	3.11
妊娠前期（双羔）	40	70	11.99	1.15	2.88
	50	85	9.99	1.73	3.46
	60	100	9.99	2.01	3.35
	70	146	9.99	2.28	3.25
妊娠前期（三羔以上）	40	76	11.99	1.21	3.02
	50	96	11.99	1.44	2.87
	60	112	9.99	2.10	3.50
	70	129	9.99	2.38	3.40

（续）

生理阶段	体重 （千克）	日增重 （克）	日粮能量 浓度*	干物质采食量 （千克）	占体重百 分比（%）
妊娠后期（单羔）	40	111	11.99	1.20	3.01
	50	134	11.99	1.43	2.86
	60	157	9.99	2.09	3.48
妊娠后期（双羔）	40	159	11.99	1.42	3.55
	50	191	11.99	1.66	3.23
	60	221	11.99	1.91	3.19
	70	251	11.99	2.15	3.07
妊娠后期 （三羔以上）	40	195	11.99	1.55	3.87
	50	233	11.99	1.81	3.63
	60	270	11.99	2.07	3.46
	70	305	11.99	2.33	3.33

* 日粮能量浓度：每千克日粮干物质的兆焦数。

表4-4 周岁母羊泌乳期干物质需要量

生理阶段	体重 （千克）	乳产量 （千克）	日增重 （克）	日粮能量 浓度*	干物质采食 量（千克）	占体重百 分比（%）
泌乳早期 （单羔）	40	0.71	−14	8.02	1.41	3.53
	50	0.79	−16	8.02	1.63	3.25
	60	0.87	−17	8.02	1.84	3.06
泌乳早期 （双羔）	40	1.18	−24	9.99	1.44	3.60
	50	1.32	−26	9.99	1.65	3.31
	60	1.45	−29	8.02	2.32	3.86
	70	1.56	−31	8.02	2.55	3.64
泌乳早期 （三羔以上）	40	1.53	−31	11.99	1.39	3.48
	50	1.72	−34	9.99	1.92	3.84
	60	1.88	−38	9.99	2.14	3.56
	70	2.03	−41	9.99	2.35	3.35

（续）

生理阶段	体重（千克）	乳产量（千克）	日增重（克）	日粮能量浓度*	干物质采食量（千克）	占体重百分比（%）
泌乳中期（单羔）	40	0.47	0	8.02	1.25	3.12
	50	0.53	0	8.02	1.45	2.90
	60	0.58	0	8.02	1.64	2.73
泌乳中期（双羔）	40	0.79	0	8.02	1.54	3.85
	50	0.88	0	8.02	1.78	3.56
	60	0.97	0	8.02	1.99	3.32
	70	1.05	0	8.02	2.20	3.15
泌乳中期（三羔以上）	40	1.03	0	9.99	1.41	3.52
	50	1.15	0	9.99	1.61	3.23
	60	1.26	0	8.02	2.26	3.77
	70	1.36	0	8.02	2.49	3.55
泌乳后期（单羔）	40	0.23	60		1.55	3.86
	50	0.25	61	8.02	1.83	3.65
	60	0.28	72	8.02	2.11	3.52
泌乳后期（双羔）	40	0.38	65	9.99	1.47	3.68
	50	0.43	78	9.99	1.73	3.47
	60	0.47	91	9.99	1.98	3.31
	70	0.51	104	8.02	2.79	3.98
泌乳后期（三羔以上）	50	0.55	90	9.99	1.92	3.84
	60	0.61	104	9.99	2.19	3.66
	70	0.67	118	9.99	2.46	3.52

* 日粮能量浓度：每千克日粮干物质的兆焦数。

NRC（2007）饲养标准中，早熟品种生长育肥羊、种公羊干物质需要量见表4-5。

表 4-5　生长育肥羊和种公羊的干物质需要量

种类	体重 （千克）	日增重 （克）	日粮能量 浓度*	干物质采食量 （千克）	占体重百 分比（%）
生长育肥羊	20	100	9.90	0.63	3.16
	20	150	11.99	0.65	3.25
	20	200	11.99	0.83	4.17
	20	300	11.99	1.20	6.00
	30	200	9.99	1.20	3.99
	30	250	11.99	1.06	3.54
	30	300	11.99	1.25	4.15
	30	400	11.99	1.62	5.38
	40	250	9.99	1.50	3.76
	40	300	11.99	1.29	3.22
	40	400	11.99	1.66	4.15
	50	250	9.99	1.55	3.10
	50	300	9.99	1.81	3.63
	50	400	11.99	1.70	3.40
种公羊	20	100	9.99	0.65	3.27
	20	150	11.99	0.67	3.34
	20	200	11.99	0.85	4.26
	20	300	11.99	1.22	6.10
	30	200	11.99	0.90	3.00
	30	250	11.99	1.09	3.62
	30	300	11.99	1.27	4.24
	30	400	11.99	1.64	5.48
	40	250	9.99	1.54	3.86
	40	300	11.99	1.32	3.30
	40	400	11.99	1.70	4.24
	50	250	9.99	1.60	3.20

（续）

种类	体重 （千克）	日增重 （克）	日粮能量 浓度*	干物质采食量 （千克）	占体重百 分比（%）
种 公 羊	50	300	9.99	1.86	3.72
	50	400	11.99	1.74	3.49
	60	250	9.99	1.65	2.75
	60	300	9.99	1.92	3.19
	70	150	9.99	1.88	2.69
	70	300	11.99	1.97	2..81
	80	150	9.99	1.94	2.43
	80	300	11.99	2.02	2.52

* 日粮能量浓度：每千克日粮干物质的兆焦数。

二、绵羊的营养需要量

NRC（2007）更新了肉用绵羊营养物质需要量标准。成年母羊妊娠期和泌乳期营养需要量分别见表 4-6 和表 4-7；周岁母羊舍饲母羊妊娠期和泌乳期营养需要量分别见表 4-8 和表 4-9。

表 4-6　成年母羊妊娠期每日营养需要量

妊娠 阶段	WT	ADG	ME	CP	DIP	Ca	P	V_A	V_E
维持 需要	40	0	6.19	59	53	1.8	1.3	1 256	202
	50	0	7.31	69	63	2.0	1.5	1 570	265
	60	0	8.40	79	72	2.2	1.8	1 884	318
前期 单羔	40	0	7.90	82	68	3.4	2.4	1 256	202
	50	18	9.24	96	80	3.8	2.8	1 570	265
	60	21	10.49	108	91	4.2	3.2	1 884	318
前期 双羔	40	24	9.20	100	79	4.8	3.2	1 256	202
	50	30	10.49	112	90	5.4	3.7	1 570	265
	60	35	12.08	129	104	5.9	4.2	1 884	318
	70	40	13.46	144	116	6.5	4.6	2 198	371

（续）

妊娠阶段	WT	ADG	ME	CP	DIP	Ca	P	V_A	V_E
前期三羔以上	40	45	10.03	103	86	5.4	3.3	1 256	202
	50	46	11.66	129	101	6.5	4.4	1 570	265
	60	52	13.17	144	113	7.1	4.9	1 884	318
	70	59	14.59	159	126	7.8	5.4	2 198	371
后期单羔	40	71	9.95	101	86	4.3	2.6	1 820	224
	50	84	11.54	126	100	5.1	3.5	2 275	280
	60	97	12.30	141	112	5.7	4.0	2 730	336
后期双羔	40	119	12.87	128	110	6.3	3.4	1 820	224
	50	141	14.63	155	126	7.3	4.3	2 275	280
	60	161	16.47	173	142	8.1	4.8	2 730	336
	70	181	18.27	192	158	8.8	5.3	3 185	392
后期三羔以上	40	155	14.59	150	126	7.7	4.1	1 820	224
	50	183	16.85	173	145	8.7	4.7	2 275	280
	60	210	18.81	192	162	9.5	5.2	2 730	336
	70	235	20.69	222	178	10.8	6.4	3 185	392

注：WT 为体重（千克）；ADG 为日增重（每天增重克数）；ME 为代谢能；CP 为含 20% 未降解采食蛋白（克）；DIP 为可降解采食蛋白量（克）；Ca 为钙（克）；P 为总磷（克）；V_A 为全反式维生素 A（微克）；V_E 为维生素 E（国际单位）。

表 4-7 成年母羊泌乳期每日营养需要量

泌乳阶段	WT	ADG	ME	CP	DIP	Ca	P	V_A	V_E
早期单羔	40	−14	10.91	156	94	4.1	3.4	1 820	224
	50	−16	12.54	177	108	4.6	3.9	2 275	280
	60	−17	14.17	210	122	5.4	5.0	2 730	336
早期双羔	40	−24	14.00	224	121	6.0	5.0	2 140	224
	50	−26	16.09	254	139	6.7	5.7	2 675	280
	60	−29	18.02	281	155	7.3	6.3	3 210	336
	70	−31	19.77	306	171	7.9	6.9	3 745	392

（续）

泌乳阶段	WT	ADG	ME	CP	DIP	Ca	P	V_A	V_E
早期三羔以上	40	−31	16.34	265	141	7.1	5.7	2 140	224
	50	−34	18.77	311	162	8.3	7.0	2 675	280
	60	−38	20.86	343	180	9.1	7.8	3 210	336
	70	−41	22.91	373	197	9.8	8.5	3 745	392
中期单羔	40	0	9.61	134	83	3.5	3.1	2 140	224
	50	0	11.20	154	96	3.9	3.6	2 675	280
	60	0	12.62	172	109	4.0	4.0	3 210	336
中期双羔	40	0	11.95	186	103	4.9	4.3	2 140	224
	50	0	13.75	210	119	5.4	4.9	2 675	280
	60	0	15.47	235	133	6.0	5.5	3 210	336
	70	0	17.10	257	147	6.5	6.1	3 745	392
中期三羔以上	40	0	13.71	213	118	5.5	4.6	2 140	224
	50	0	15.72	254	136	6.6	6.0	2 675	280
	60	0	15.60	281	152	7.2	6.6	3 210	336
	70	0	19.35	307	167	7.8	7.3	3 745	392
后期单羔	40	60	8.70	105	75	2.7	2.3	2 140	224
	50	61	10.03	119	87	3.0	2.7	2 675	280
	60	72	11.41	135	99	3.3	3.1	3 210	336
后期双羔	40	65	11.04	142	95	3.7	3.2	2 140	224
	50	78	12.79	163	110	4.2	3.7	2 675	280
	60	91	14.38	182	124	4.6	4.2	3 210	336
	70	104	15.97	201	138	5.0	4.6	3 745	392
后期三羔以上	50	90	14.67	193	126	5.0	4.4	2 675	280
	60	104	16.51	217	142	5.6	5.0	3 210	336
	70	118	18.31	239	158	6.1	5.5	3 745	392

　　注：WT为体重（千克）；ADG为日增重（每天增重克数）；ME为代谢能；CP为含20%未降解采食蛋白（克）；DIP为可降解采食蛋白量（克）；Ca为钙（克）；P为总磷（克）；V_A为全反式维生素A（微克）；V_E为维生素E（国际单位）。

表 4 - 8 周岁母羊妊娠期每日营养需要量

妊娠阶段	WT	ADG	ME	CP	DIP	Ca	P	V$_A$	V$_E$
维持需要	40	0	6.56	60	57	1.8	1.4	1 256	212
	50	0	7.77	71	67	2.1	1.6	1 570	265
	60	0	8.90	81	77	2.3	1.9	1 884	318
前期单羔	40	58	13.33	116	115	4.4	2.8	1 256	212
	50	71	16.01	138	138	5.1	3.3	1 570	265
	60	84	18.60	160	161	5.8	3.8	1 884	318
前期双羔	40	70	13.79	120	119	5.5	3.2	1 256	212
	50	85	17.26	155	149	6.7	4.1	1 570	265
	60	100	20.06	179	173	7.6	4.8	1 884	318
	70	146	22.74	202	196	8.9	5.7	2 198	371
前期三羔以上	40	76	14.50	128	125	6.4	3.6	1 256	212
	50	96	17.22	151	148	7.3	4.3	1 570	265
	60	112	20.94	190	181	8.8	5.4	1 884	318
	70	129	23.74	215	205	9.8	6.1	2 198	371
后期单羔	40	111	14.42	128	124	5.8	3.4	1 820	224
	50	134	17.14	150	148	6.7	4.0	2 275	280
	60	157	20.86	189	180	8.1	5.1	2 730	336
后期双羔	40	159	17.01	159	147	8.5	4.8	1 820	224
	50	191	19.90	183	172	9.7	5.6	2 275	280
	60	221	22.95	210	198	11.0	6.4	2 730	336
	70	251	25.75	235	222	12.1	7.1	3 185	392
后期三羔以上	40	195	18.56	177	160	10.3	5.7	1 820	224
	50	233	21.74	205	188	11.7	6.7	2 275	280
	60	270	24.87	233	215	13.2	7.6	2 730	336
	70	305	27.96	261	241	14.6	8.5	3 185	392

注：WT 为体重（千克）；ADG 为日增重（每天增重克数）；ME 为代谢能；CP 为含 20% 未降解采食蛋白（克）；DIP 为可降解采食蛋白量（克）；Ca 为钙（克）；P 为总磷（克）；V$_A$ 为全反式维生素 A（微克）；V$_E$ 为维生素 E（国际单位）。

表 4-9　周岁母羊泌乳期每日营养需要量

泌乳阶段	WT	ADG	ME	CP	DIP	Ca	P	V$_A$	V$_E$
早期单羔	40	−14	11. 29	167	97	4. 5	4. 0	2 140	224
	50	−16	13. 00	189	112	5. 0	4. 6	2 675	280
	60	−17	14. 67	211	127	5. 5	5. 1	3 210	336
早期双羔	40	−24	14. 38	224	124	6. 0	5. 1	2 140	224
	50	−26	16. 55	255	143	6. 7	5. 8	2 675	280
	60	−29	18. 52	298	160	8. 0	7. 3	3 210	336
	70	−31	20. 36	324	175	8. 6	7. 9	3 745	392
早期三羔以上	40	−31	16. 72	265	144	7. 1	5. 7	2 140	224
	50	−34	19. 19	312	166	8. 3	7. 1	2 675	280
	60	−38	21. 36	344	184	9. 1	7. 9	3 210	336
	70	−41	23. 45	374	202	9. 9	8. 6	3 745	392
中期单羔	40	0	9. 95	135	86	3. 5	3. 2	2 140	224
	50	0	11. 58	156	100	4. 0	3. 7	2 675	280
	60	0	13. 08	174	113	4. 4	4. 1	3 210	336
中期双羔	40	0	12. 29	187	106	4. 9	4. 4	2 140	224
	50	0	14. 21	213	123	5. 5	5. 0	2 675	280
	60	0	15. 93	236	137	6. 0	5. 6	3 210	336
	70	0	17. 60	259	152	6. 6	6. 2	3 745	392
中期三羔以上	40	0	14. 04	213	121	5. 5	4. 7	2 140	224
	50	0	16. 13	241	139	6. 1	5. 3	2 675	280
	60	0	18. 06	283	156	7. 3	6. 7	3 210	336
	70	0	19. 90	309	171	7. 9	7. 4	3 745	392
后期单羔	40	60	12. 33	142	107	3. 9	2. 5	2 140	224
	50	61	14. 59	165	126	4. 4	2. 9	2 675	280
	60	72	16. 85	190	145	5. 0	3. 4	3 210	336

（续）

泌乳阶段	WT	ADG	ME	CP	DIP	Ca	P	V_A	V_E
后期双羔	40	65	14.67	167	127	4.4	2.8	2 140	224
	50	78	17.31	195	149	5.0	3.3	2 675	280
	60	91	19.81	221	171	5.7	3.8	3 210	336
	70	104	22.28	265	192	7.0	4.8	3 745	392
后期三羔以上	50	90	19.19	223	166	5.8	3.9	2 675	280
	60	104	21.95	253	189	6.6	4.4	3 210	336
	70	118	24.62	282	212	7.2	4.9	3 745	392

注：WT 为体重（千克）；ADG 为日增重（每天增重克数）；ME 为代谢能；CP 为含 20%未降解采食蛋白（克）；DIP 为可降解采食蛋白量（克）；Ca 为钙（克）；P 为总磷（克）；V_A 为全反式维生素 A（微克）；V_E 为维生素 E（国际单位）。

NRC（2007）饲养标准中，早熟品种生长育肥羊、种公羊营养需要量见表 4-10。

表 4-10 生长育肥羊和种公羊的每日营养需要量

种类	WT	ADG	ME	CP	DIP	Ca	P	V_A	V_E
生长育肥羊	20	100	6.31	70	55	2.1	1.5	2 000	200
	20	150	7.82	84	67	2.6	2.0	2 000	200
	20	200	9.99	106	86	3.4	2.7	2 000	200
	20	300	14.38	149	124	4.9	4.0	2 000	200
	30	200	11.95	125	103	3.7	3.0	3 000	300
	30	250	12.71	133	110	4.2	3.4	3 000	300
	30	300	14.92	155	129	4.9	4.0	3 000	300
	30	400	18.22	198	167	6.4	5.4	3 000	300
	40	250	15.05	155	130	4.6	3.8	4 000	400
	40	300	15.42	160	133	5.0	4.1	4 000	400
	40	400	19.90	204	172	6.4	5.4	4 000	400
	50	250	15.51	161	134	4.6	3.8	5 000	500
	50	300	18.14	186	156	5.4	4.6	5 000	500
	50	400	20.40	209	176	6.5	5.4	5 000	500

（续）

种类	WT	ADG	ME	CP	DIP	Ca	P	V_A	V_E
	20	100	6.52	71	56	2.1	1.5	2 000	200
	20	150	8.03	85	69	2.7	2.0	2 000	200
	20	200	10.20	107	88	3.4	2.7	2 000	200
	20	300	14.63	150	126	4.9	4.0	2 000	200
	30	200	10.78	113	93	3.5	2.7	3 000	300
	30	250	13.04	135	112	4.2	3.4	3 000	300
	30	300	15.26	156	132	4.9	4.1	3 000	300
	30	400	19.69	200	170	6.4	5.4	3 000	300
种公羊	40	250	15.42	157	133	4.6	3.8	4 000	400
	40	300	15.84	162	137	5.0	4.1	4 000	400
	40	400	20.31	206	175	6.5	5.4	4 000	400
	50	250	15.97	164	138	4.7	3.9	5 000	500
	50	300	16.60	189	160	5.5	4.6	5 000	500
	50	400	20.9	212	180	6.5	5.5	5 000	500
	60	250	16.47	170	142	4.7	3.9	6 000	600
	60	300	19.14	195	165	5.5	4.7	6 000	600
	70	150	15.05	155	130	9.5	8.2	7 000	700
	70	300	19.65	201	170	5.6	4.7	7 000	700
	80	150	15.51	161	134	3.8	3.2	8 000	800
	80	300	20.15	206	174	5.6	4.8	8 000	800

注：WT 为体重（千克）；ADG 为日增重（每天增重克数）；ME 为代谢能；CP 为含 20% 未降解采食蛋白（克）；DIP 为可降解采食蛋白量（克）；Ca 为钙（克）；P 为总磷（克）；V_A 为全反式维生素 A（微克）；V_E 为维生素 E（国际单位）。

三、矿物质营养需要

绵羊需要多种矿物质，矿物质是组成绵羊机体不可缺少的部分，它参与绵羊的神经系统、肌肉系统、营养的消化、运输及代谢、体内酸碱平衡等活动，也是体内多种酶的重要组成部分和激活因子。矿物质营养缺乏或过量都会影响绵羊的生长发育、繁殖和生产性能，严重时导致死亡。现已证明，至少 15 种矿物质元素是绵羊体所必需的，其中常量元素 7 种，包括钠、钾、钙、镁、氯、磷和硫；微量元素 8 种，包括碘、铁、钼、铜、钴、锰、锌和硒。

（一）钠、钾、氯

钠、钾、氯是维持渗透压、调节酸碱平衡、控制水代谢的主要元素。此外，氯还参与胃液盐酸形成，以活化胃蛋白酶。植物性饲料中钠的含量最少，其次是氯，钾一般不缺乏。绵羊的饲料以植物性饲料为主，所以钠和氯不能满足其正常的生理需要。补饲食盐是对绵羊补充钠和氯最普遍有效的方法。一般在日粮干物质中添加 0.5％的食盐即可满足绵羊对钠和氯的需要。钾的主要功能是维持体内渗透压和酸碱平衡。绵羊对钾的需要量为饲料干物质的 0.5％～0.8％，植物饲料中钾含量足以满足绵羊需要，一般情况下，饲料中可不添加。

（二）钙和磷

钙和磷是形成骨骼和牙齿的主要成分，约有 99％的钙和 80％的磷存在于骨骼和牙齿中。其余少量钙存在于血清及软组织中，少量磷以核蛋白形式存在于细胞核中和以磷脂的形式存在于细胞膜中。钙和磷的消化与吸收关系极为密切，饲料中正常的钙磷比例应为（1～2）∶1。日粮中钙、镁的含量对磷的吸收率影响很大，高钙、高镁不利于磷的吸收。大量研究表明，在放牧条件下，羊很少发生钙、磷缺乏，这可能与羊喜欢采食含钙、磷较多的植物有关。在舍饲条件下，如以粗饲料为主，应注意补充磷；以精饲料为主则应注意补充钙。母羊泌乳期间，由于奶中的钙、磷含量较高，产奶量相对于体重的比例较大，所以应特别注意对母羊补充钙和磷，如长期供应不足，容易造成体内钙、磷贮存严重降低，最终导致溶骨症。羔羊缺乏钙、磷时生长缓慢，食欲减退，骨骼发育受阻，容易产生佝偻病。

钙、磷过量会抑制干物质采食量，抑制瘤胃微生物的生长繁殖，影响羊的生长，并会影响锌、锰、铜等矿物元素的吸收。

NRC（2007）推荐绵羊钙和磷需要量见表 4-6 至表 4-10。

（三）镁

镁是骨骼和牙齿的成分之一，也是体内许多酶的重要成分，具有维持神经系统正常功能的作用，约有 60%～70% 的镁存在于骨骼和牙齿中。在体内镁是磷酸酶、氧化酶、激酶、肽酶、精氨酸酶等多种酶的活化因子，参与蛋白质、脂肪和碳水化合物的代谢和遗传物质的合成等，调节神经肌肉兴奋性，维持神经肌肉的正常功能。反刍动物需镁量高，一般是非反刍动物的 4 倍左右，加之饲料中镁含量变化大，吸收率低，因此出现缺乏症的可能性大。

绵羊缺镁时出现生长受阻，兴奋，痉挛，厌食，肌肉抽搐等症状。缺镁是引起绵羊大量采食青草后患抽搐症的主要原因，常发生在产羔后第 1 个月泌乳高峰期或哺乳双羔的母羊，症状是走路蹒跚，伴随剧烈痉挛，几小时后死亡，但慢性症状不易察觉。在晚冬和初春放牧季节，因牧草含镁量少，羊只对嫩绿青草中镁的利用率较低，易发生镁缺乏。治疗羊缺镁病可皮下注射硫酸镁药剂，以放牧为主的绵羊可以对牧草施镁肥而预防缺镁。

镁过量可造成羊中毒，主要表现为昏睡，运动失调，腹泻，甚至死亡。NRC（2007）一般推荐 20～80 千克绵羊每天镁食入量为 0.6～2.1 克；20～50 千克育肥羊每天采食镁 0.6～1.6 克。

（四）硫

硫是合成含硫氨基酸不可缺少的原料，参与氨基酸、维生素和激素的代谢，并具有促进瘤胃微生物生长的作用。无论有机硫还是无机硫，被绵羊采食后均降解成硫化物，然后合成含硫氨基酸。羊毛中含硫氨基酸比例较高，因此，毛用羊硫需要量要较高；绵羊补饲非蛋白氮时必需补饲硫，一般情况下，补喂 1 克尿素需同时补喂 0.07 克硫（0.13 克无水硫酸钠），否则瘤胃中氮与硫的比例不当，而不能被瘤胃微生物有效利用。中国农业大学（2006）研究表明肉用绵羊日粮中氮硫比为 7.5 时，饲草中粗蛋白和中性洗涤纤维的降解率增加，日粮干物质、粗纤维、氮的表观消化率以及氮的沉积量增加，绵羊日增重显著增加，同时也降低了料重比，提高了经济效益。

常用的硫补充原料有无机硫和有机硫两种，无机硫补充料有硫酸钙、硫酸铵、硫酸钾等，有机硫补充料有蛋氨酸，有机硫的补充效果优于无机硫。NRC（2007）推荐 20～80 千克绵羊每天硫食入量为 1.1～5.1 克；20～50 千克育肥羊每天采食硫 1.1～3.7 克。舍饲绵羊日粮中注意补充硫，许多羊场因日粮缺硫引发绵羊食毛症，补充硫后，明显改善。

（五）碘

碘是甲状腺素的成分，主要参与体内物质代谢过程。碘缺乏表现为明显的地域性，如我国新疆南部、陕西南部和山西东南部等部分地区缺碘，其土壤、牧草和饮水中的碘含量较低。同其他家畜一样，绵羊缺碘时甲状腺肿大、生长缓慢、繁殖性能降低、新生羔羊衰弱。成年羊每 100 毫升血清中碘含量为 3～4 毫克，低于此数值是缺碘的标志。在缺碘地区，给羊舔食含碘的食盐可有效预防缺碘。NRC（2007）推荐 20～80 千克绵羊每天碘食入量为 0.3～3.4 毫克；20～50 千克育肥羊每天采食碘 0.3～1.0 毫克。

（六）铜和钼

铜有催化红细胞和血红素形成的作用，是黄嘌呤氧化酶及硝酸还原酶的组成成分。铜和钼的吸收及代谢密切相关。铜是绵羊正常生长繁殖所必需的微量元素。羔羊缺铜后病症是肌肉不协调，后肢瘫痪，神经纤维髓鞘退化。大羊缺铜时，羊毛变粗，弯曲消失，羊毛强度降低，黑色毛变成白色。我国以及世界许多地方均发生过羊的铜缺乏，世界上估计每年有上千万个可见临床症状的铜缺乏病例，并且呈上升趋势，给养羊生产带来严重损失。然而，值得注意的是，尽管对铜缺乏有过广泛的调查，但对铜缺乏产生和发病机制的研究，仅在近些年才开始。铜缺乏的产生与否不但依赖于饲料中铜的总含量，而且与影响铜吸收和利用的其他因素有重要关系。在这些因素中，饲料中钼和硫的含量最为重要。饲料中铜、钼及硫的含量随植物种类、土壤条件和施肥的变化而变化。饲料中钼和硫含量的微小变化，反刍动物铜的吸收、分布和排泄就有可能发生巨大改变，结果出现铜缺乏或铜中毒的综合性临床症状。绵羊钼过量症状与铜缺乏表现一致。

通过国内外的大量研究，认为铜—钼—硫三者相互作用的机制为：饲料中的硫酸盐或含硫氨基酸经过瘤胃微生物的作用均转化为硫化物，产生 S^{2-} 及 HS^- 离子，硫化物（S^{2-}）与铜有较强的亲和力，两者相互作用可使铜在消化道中的溶解度降低。此外，S^{2-} 离子可逐步取代钼酸根离子中的氧形成氧硫钼酸盐或硫代钼酸盐，氧硫钼酸盐或硫代钼酸盐与铜形成一些新的化合物，其中的铜已不能为机体所利用。郭宝林等（2005）研究表明肉用绵羊适宜的饲料铜源有碱式氯化铜、赖氨酸铜和铜蛋白盐；在低钼（每千克日粮干物质中含钼 2.55 毫克）条件下，除氧化铜外，其他四种铜源的性能相似，并且都优于氧化铜（$P<0.05$），而在高钼（每千克日粮干物质中含钼 12.55）条件下，碱式氯化铜、赖氨酸铜和铜蛋白盐中铜的消化吸收不受瘤胃中硫钼拮抗作用的影响，综合效果显著优于硫酸铜和氧化铜（$P<0.05$）。绵羊饲料中铜和钼的适宜比例应为（6～10）：1。

NRC（2007）推荐 20～80 千克绵羊每天铜食入量为 3.1～14.1 毫克；20～50 千克育肥羊每天采食铜 3.1～10.4 毫克。如本地区土壤钼含量较高，日粮中铜浓度可增加到每千克日粮干物质 20～30 毫克。

（七）钴

钴对于绵羊等反刍动物还有特别意义，可以促进瘤胃微生物的生长，增强瘤胃微生物对纤维素的分解，参与维生素 B_{12} 的合成，对瘤胃蛋白质的合成及尿素酶的活性有较大影响。

血液及肝脏中钴的含量可作为羊体是否缺钴的标志，每升血清中钴含量 0.25～0.30 微克为缺钴的界限；若低于 0.20 微克为严重缺钴。正常情况下，羊每千克鲜肝中钴的含量为 0.19 毫克。

绵羊缺钴时表现为食欲减退、生长受阻、饲料利用率低、成年羊体重下降，贫血，繁殖力、泌乳量降低。严重缺钴，会阻碍绵羊对饲料的正常消化，造成妊娠母羊流产，青年羊死亡。钴可通过口服或注射维生素 B_{12} 来补充，也可用氧化钴制成钴丸，使其在瘤胃中缓慢释放，达到补钴的目的。

绵羊对钴的耐受量比较高，每千克日粮中含量可以高达 10 毫克。日粮钴的含量超过需要量的 300 倍时动物会产生中毒反应。一般来说，生产中羊钴中毒的可能性较小，且钴的毒性较低。过量时会出现厌食、体重下降、贫血等症状，与缺乏症相似。

不同钴源的生物学效应不同。王润莲等（2007）研究表明硫酸钴、氯化钴和乙酸钴均为绵羊较好的钴源，而氧化钴不宜作为钴添加剂。绵羊日粮中钴的适宜添加水平为每千克日粮干物质 0.25～0.50 毫克。钴和铜合用及其不同的配比对血液维生素 B_{12} 含量没有协同效应，但其适宜配比可促进脂肪和纤维的消化并明显改善机体的造血机能。高剂量锌会干扰和抑制钴的利用，降低维生素 B_{12} 的营养状况，不利于改善机体的造血机能。

NRC（2007）推荐 20～80 千克绵羊每天钴食入量为 0.13～0.63 毫克；20～50 千克育肥羊每天采食钴 0.13～0.35 毫克。

（八）硒

硒是谷胱甘肽过氧化酶及多种微生物酶发挥作用的必需元素。硒还是体内一些脱碘酶的重要组成部分，缺硒时脱碘酶失去活性或活性降低。脱碘酶的作用是使三碘甲状腺原氨酸转化为甲状腺素，而甲状腺素是动物体内一种很重要的激素，它调节许多酶的活性，影响动物的生长发育。研究还表明硒也与绵羊冷应激状态下产热代谢有关，缺硒的动物在冷应激状态下产热能力降低，影响新生家畜抵御寒冷的能力，这对我国北方寒冷地区特别是牧区提高羔羊成活率有重要指导意义。

缺硒有明显的地域性，常和土壤中硒的含量有关，当每千克土壤含硒量在0.1毫克以下时，绵羊即表现为硒缺乏。世界上很多地方都有缺硒的报道。正常情况下，缺硒与维生素B的缺乏有关。缺硒对羔羊生长有严重影响，主要表现是白肌病，羔羊生长缓慢。此病多发生在羔羊出生后2～8周龄，死亡率很高。缺硒也影响母羊的繁殖能力。在缺硒地区，给母羊注射1%亚硒酸钠1毫升，羔羊出生后，注射0.5毫升亚硒酸钠可预防此病发生。硒过量引起硒中毒大多数情况下是慢性积累的结果，有报道绵羊长期采食硒含量超过每千克牧草4毫克，将严重危害绵羊的健康。一般情况下硒中毒会使羊出现脱毛、蹄溃烂、繁殖力下降等症状。但Juniper等给绵羊羔羊喂给欧盟允许日粮硒最大添加量10倍的酵母硒，羔羊每毫升全血硒浓度最高达724纳克，整个试验期内，各酵母硒组试验羔羊的生理表现和健康无差异，这一结果说明日粮中添加10倍于欧盟最大允许剂量的酵母硒对羊只健康、生长发育和采食量没有不利影响；山西农业大学绵羊课题组组最新研究结果表明，绵羊每千克日粮硒含量达到9毫克时，瘤胃发酵正常，生长发育正常，无任何中毒症状。

生产中常用的硒添加剂有亚硒酸钠和硒酸钠，前者的生物利用率较高。张春香等（2008）研究表明育肥绵羊日粮中亚硒酸钠为每千克日粮硒含量0.3毫克时，可以提高育肥羊的日增重，提高饲料利用率；目前生产中有机硒添加剂也有使用，主要是蛋氨酸硒和富硒酵母，Ward等比较硒源（富硒小麦和亚硒酸钠）和硒水平（每千克日粮干物质硒水平0、3毫克和15毫克），结果表明超营养剂量的硒通过促进腺窝细胞增殖而增加空肠黏膜细胞数量，促进胎儿发育。有机硒的添加效果优于无机硒，但是其价格较高。一种新型的硒源——纳米硒，它是以蛋白质为分散剂的一种纳米粒子硒，其毒性低、生物活性高，现已成为动物硒营养的研究热点。张春香等（2007）研究表明绵羊育肥中每千克日粮添加纳米硒0.3～1.0毫克，增强了绵羊机体的抗氧化能力，促进了生长激素和胰岛素的分泌，从而促进了羊的生长。

NRC（2007）推荐20～80千克绵羊每天硒食入量为0.18～1.54毫克；20～50千克育肥羊每天采食硒0.18～0.88毫克。

（九）锌

锌是体内多种酶（如碳酸酐酶、羧肽酶）和激素（胰岛素、胰高血糖素）的组成成分，对羊的睾丸发育、精子形成有重要作用。锌缺乏时绵羊表现为精子畸形、公羊睾丸萎缩、母羊繁殖力下降，缺锌也使生长羔羊的采食量下降，降低机体对营养物质的利用率，增加氮和硫的尿排出量。对于毛用绵羊来说，锌可维持羊毛正常生长，每生产1千克羊毛需要锌115毫克，每增重1千克需24毫克锌。一般情况下，羊可根据日粮含锌量的多少而调节锌的吸收。当日粮含锌少时，吸收率迅速增加并减少体内锌的排出。绵羊对锌的耐受力较强，但锌过量可使羔羊饲料转化率降低。NRC（2007）推荐20～80千克绵羊每天锌食入量为13～96毫克；20～50千克育肥羊每天采食锌13～67毫克。

（十）铁

铁主要参与血红蛋白的形成，铁也是多种氧化酶和细胞色素酶的成分。缺铁的典型症状是贫血。一般情况下，植物性饲料含有足够的铁，因而放牧羊不易发生缺铁；新生羔羊的肝脏中有较多的铁贮备，羔羊2～3周后又可从植物性饲料中摄取铁，因此，羔羊不会发生贫血；日粮铜不足或过量，钴不足时，也会发生贫血。铁过量易引起羔羊的屈腿综合征。舍饲的哺乳羔羊或饲养在漏缝地板的绵羊易发生缺铁症。NRC（2007）推荐20～80千克母羊每天铁食入量为32～91毫克；20～50千克育肥羊每天采食铁32～150毫克，育肥羊生长发育，对铁的需要量较高。

（十一）锰

锰主要影响动物骨骼的发育和繁殖力。缺锰导致羊繁殖力下降。长期饲喂每千克干物质锰含量低于 8 毫克的日粮，会导致青年母羊初情期推迟、受胎率降低、妊娠母羊流产率提高、羔羊性别比例不平衡等现象。饲料中钙和铁的含量影响羊对锰的需要量。NRC（2007）推荐 20～80 千克母羊每天锰食入量为 12～55 毫克；20～50 千克育肥羊每天采食锰 32～45 毫克。

矿物质营养的吸收、代谢以及在体内的作用很复杂，某些元素之间存在协同和拮抗作用，因此某些元素的缺乏或过量可导致另一些元素的缺乏或过量。此外，各种饲料原料中矿物质元素的有效性差别很大，目前大多数矿物质元素的确切需要量还不清楚，各种资料推荐的数据也很不一致，在实践中应结合当地饲料资源特点及羊的生产表现进行适当调整。

NRC（2007）育肥羊（母羊、公羊和羯羊）微量元素需要量见表 4 - 11。

表 4 - 11　育肥羊微量元素需要量（毫克/天）

WT	ADG	DMI	铜	铁	锰	锌	碘	硒	钴
20	100	0.63	3.1	32	12	13	0.3	0.09	0.13
20	150	0.74	4.0	46	15	17	0.4	0.13	0.15
20	200	0.82	4.9	61	18	21	0.4	0.18	0.16
20	300	1.09	6.6	90	24	29	0.5	0.26	0.22
30	200	1.10	5.5	62	21	24	0.5	0.18	0.22
30	250	1.05	6.4	77	24	28	0.5	0.22	0.21
30	300	1.22	7.3	91	27	32	0.6	0.26	0.24
30	400	1.55	9.1	120	33	40	0.8	0.35	0.31
40	250	1.44	7.1	78	26	45	0.7	0.23	0.29
40	300	1.54	8.0	92	29	51	0.8	0.27	0.31
40	400	1.62	9.7	121	36	63	0.8	0.35	0.32

（续）

WT	ADG	DMI	铜	铁	锰	锌	碘	硒	钴
40	500	1.96	11.5	150	42	75	1.0	0.43	0.39
50	250	1.51	7.8	79	29	49	0.8	0.23	0.30
50	300	1.73	8.6	94	32	55	0.9	0.27	0.35
50	400	1.75	10.4	123	38	67	0.9	0.35	0.35
50	500	2.03	12.2	152	45	79	1.0	0.44	0.35

注：WT 为体重（千克）；ADG 为日增重（每天增重克数）；DMI 为干物质采食量（每天采食量饲料的千克数）。表内需要量数值均为元素需要量，使用时折合为该元素化合物的量。

四、维生素需要

维生素是绵羊生长发育、繁殖后代和维持生命所必需的重要营养物质，主要以辅酶和催化剂的形式广泛参与体内生化反应。维生素缺乏可引起机体代谢紊乱，影响动物健康和生产性能。

到目前为止，至少有 15 种维生素为羊所必需。按照溶解性将其分为脂溶性维生素和水溶性维生素两大类。脂溶性维生素是指不溶于水，可溶于脂肪及其他脂溶性溶剂中的维生素。包括维生素 A（视黄醇）、维生素 D（麦角固醇 D_2 和胆钙化醇 D_3）、维生素 E（生育酚）和维生素 K（甲萘醌），在消化道随脂肪一同被吸收，吸收的机制与脂肪相同，有利于脂肪吸收的条件，也利于脂溶性维生素的吸收。水溶性维生素包括维生素 B 族及维生素 C。

（一）维生素 A

1. 维生素 A 的生理功能和缺乏症　维生素 A 仅存在于动物体内。植物性饲料中的胡萝卜素作为维生素 A 原，可在动物体内转化为维生素 A。维生素 A 是构成视紫质的组分，对维持黏膜上皮细胞的正常结构有重要作用，是暗视觉所必需的物质。维生素 A 参与性激素的合成，与动物免疫、骨骼生长发育有关。

缺乏维生素 A 时，绵羊食欲减退，采食量下降，生长缓慢，出现夜盲症。严重缺乏时，上皮组织增生、角质化，抗病力降低，羔羊生长停滞、消瘦。公羊性机能减退，精液品质下降；母羊受胎率下降，性周期紊乱，流产，胎衣不下。胡萝卜素或苜蓿是绵羊获得维生素 A 的主要来源，也可补饲人工合成制品。

2. 维生素 A 的中毒和过多症 维生素 A 不易从机体内迅速排出，摄入过量可引起动物中毒，绵羊的中毒剂量一般为需要量的 30 倍。维生素 A 中毒症状一般是器官变性，生长缓慢，特异性症状为骨折、胚胎畸形、痉挛、麻痹甚至死亡等。

3. 维生素 A 的来源 维生素 A 在动物性产品特别是鱼肝油中含量较高。胡萝卜、甘薯、南瓜以及豆科牧草和青绿饲料中胡萝卜素含量较多。NRC（2007）推荐维生素 A 需要量见表 4-6 至表 4-10。

（二）维生素 D

1. 维生素 D 的生理功能和缺乏症 维生素 D 可以促进小肠对钙和磷的吸收，维持血中钙、磷的正常水平，有利于钙、磷沉积于牙齿与骨骼中，增加肾小管对磷的重吸收，减少尿磷排出，保证骨的正常钙化过程。维生素 D 缺乏时，会造成羔羊的佝偻病和成年羊的软骨病。维生素 D 可影响动物的免疫功能，缺乏时，动物的免疫力下降。

2. 维生素 D 中毒和过多症 维生素 D 过多主要病理变化是软组织普遍钙化，长时间的摄入过量干扰软骨的生长，出现厌食、失重等症状。维生素 D 连续饲喂超过需要量 4~10 倍以上，60 天之后可出现中毒症状；短期使用时可耐受 100 倍的剂量。维生素 D_3 的毒性比维生素 D_2 大 10~20 倍。

3. 维生素 D 的来源 青干草中维生素 D_2 的含量主要决定于光照程度。牧草在收获季节通过太阳光照射，维生素 D_2 含量大大增加。经日光照射，羊的皮肤可以合成维生素 D，工厂化封闭饲养和舍饲条件下应该补加维生素 D。

（三）维生素 E

1. 维生素 E 的生理功能和缺乏症　维生素 E 是一种抗氧化剂，能防止易氧化物质的氧化，保护富于脂质的细胞膜不受破坏，维持细胞膜完整。维生素 E 不仅能增强羊的免疫能力，而且具有抗应激作用。在饲料中补充维生素 E 能提高羊肉贮藏期间的稳定性，延缓颜色的变化，减少异味，并且维生素 E 在加工后的产品中仍有活性，使产品的稳定性提高。羔羊时期日粮中缺乏维生素 E，可引起肌肉营养不良或白肌病，缺硒时又能促使症状加重。维生素 E 缺乏同缺硒一样，都影响羊的繁殖机能，公羊表现为睾丸发育不全，精子活力降低，性欲减退，繁殖能力明显下降；母羊性周期紊乱，受胎率降低。

2. 维生素 E 的中毒及过多症　维生素 E 相对于维生素 A 和维生素 D 是无毒的。羊能耐受 100 倍于需要量的剂量。

3. 维生素 E 的来源　植物能合成维生素 E，因此维生素 E 广泛分布于饲料中。谷物饲料含有丰富的维生素 E，特别是种子的胚芽中。绿色饲料，叶和优质干草也是维生素 E 很好的来源，尤其是苜蓿含量很丰富。青绿饲料（以干物质计）维生素 E 含量一般较谷类籽实高出 10 倍之多。在饲料的加工和贮存中，维生素 E 损失较大，半年可损失 30%～50%。NRC（2007）推荐维生素 E 需要量见表 4 - 6 至表 4 - 10。

（四）维生素 K

最主要生理功能就是催化肝脏中凝血酶原和凝血因子的形成。通过凝血因子的作用使血液凝固。当维生素 K 缺乏时，将显著降低血液凝固的正常速度，从而引起出血。羊的瘤胃能合成足够需要的维生素 K。

（五）B 族维生素

B 族维生素有维生素 B_1（硫胺素），维生素 B_2（核黄素），维生素 B_6（包括吡哆醇、吡哆胺）、维生素 B_{12}（钴胺素）、烟酸（尼克酸）、泛酸、叶酸、生物素和胆碱。B 族维生素主要作为辅酶，催化碳水化合物、脂肪和蛋白质代谢中的各种反应。长期缺乏和不足，可引起代谢紊乱和体内酶活力降低。

成年羊的瘤胃机能正常时，瘤胃微生物能合成足够其所需的 B 族维生素，一般不需日粮提供。但羔羊由于瘤胃发育不完善，机能不全，不能合成足够的 B 族维生素，硫胺素、核黄素、吡哆醇、泛酸、生物素、尼克酸和胆碱等是羔羊易缺乏的维生素，因此，在羔羊料中应注意添加。

绵羊瘤胃微生物能合成尼克酸。但饲喂高营养浓度日粮的绵羊，日粮中亮氨酸、精氨酸和甘氨酸过量，色氨酸不足，会增加羊对尼克酸的需要。另外，如果饲料中含有腐败的脂肪或某些降低尼克酸利用率的物质，也会增加绵羊对尼克酸的需要，因此在这两种情况下，需在日粮中补充尼克酸。

维生素 B_{12} 在绵羊体内丙酸代谢中特别重要。绵羊缺乏维生素 B_{12} 常由日粮中缺钴所致，瘤胃微生物没有足够的钴则不能合成最适量的维生素 B_{12}。

（六）维生素 C（抗坏血酸）

绵羊能在肝脏和肾中合成维生素 C，参与细胞间质中胶原的合成，维持结缔组织、细胞间质结构及功能的完整性，刺激肾上腺皮质激素的合成。维生素 C 具有抗氧化作用，保护其他物质免受氧化。缺乏维生素 C 时，全身出血，牙齿松动。并发生贫血，生长停滞，关节变软等。

在妊娠、泌乳和甲状腺功能亢进情况下，维生素 C 吸收减少和排泄增加，高温、寒冷、运输等逆境和应激状态下以及日粮能量、蛋白质、维生素 E、硒和铁等不足时，绵羊对维生素 C 的需要可大大增加。

五、水的需要

绵羊对水的需要比对其他营养物质的需要更重要。一个饥饿羊，可以失掉几乎全部脂肪、半数以上蛋白质和体重的 40% 仍能生存，但失掉体重 1%～2% 的水，即出现渴感，食欲减退。继续失水达体重 8%～10%，则引起代谢紊乱。失水达体重 20%，可使羊致死。

绵羊对水的利用率很高，但是还应该提供充足饮水。一般情况下，成年羊的需水量约为采食干物质的 2～3 倍，但受机体代谢水平、生理阶段、环境温度、体重、生产方向以及饲料组成等诸多因素的影响。绵羊的生产水平高时需水量大，环境温度升高需水量增加，采食量大时需水量也大。羊采食矿物质、蛋白质、粗纤维较多，需较多的饮水。一般气温高于 30℃，羊的需水量明显增加；当气温低于 10℃ 时，需水量明显减少。气温在 10℃，采食 1 千克干物质需供给 2.1 千克的水；当气温升高到 30℃ 以上时，采食 1 千克干物质需供给 2.8～5.1 千克水。

妊娠母羊随妊娠期的延长需水量增加，特别是在妊娠后期要保证充足干净的饮水，以保证顺利产羔和分娩后泌乳的需要。一般全天泌乳母羊需要 4.5～9.0 千克清洁饮水。绵羊饮水的水温不能超过 40℃，因为水温过高会造成瘤胃微生物的死亡，影响瘤胃的正常功能。在冬季，饮水温度不能低于 5℃，温度过低会抑制微生物活动，且为维持正常体温，动物必须消耗自身能量。

第三节 各类羊的营养调控技术

通过营养调控技术，合理有效利用自然资源，使绵羊遗传潜力充分发挥，提高养羊业的生产率和商品率，以尽可能少的资源消耗，获取最多的羊产品，发展低碳环保型羊产业。

一、母羊阶段性营养调控

随着全国退耕还林、退耕还草，天然草地封育等政策实施和工作深入，农区、半农半牧区和牧区可用来放牧的场地愈来愈少，占羊群数量 60% 以上的繁殖母羊舍饲半舍饲已经成为必然。

营养状况直接影响着母羊的繁殖潜力、发情、排卵、受胎以及羔羊成活率。母羊的营养缺乏或者不平衡会推迟母羊的发情、减少母羊的排卵数量、降低母羊受胎率、降低羔羊的初生重和生活力，甚至会出现死胎等。那么如何才能通过营养调控技术，降低繁殖母羊饲养成本，提高其繁殖效率，达到提高母羊生产的经济效益目的。首先了解一下母羊不同阶段营养对繁殖性能有何影响。

（一）母羊不同阶段营养对其繁殖性能的影响

1. 胚胎时期营养对其成年时繁殖潜能的影响 已有试验结果证实母羊妊娠期营养不足显著影响后代成年时的繁殖性能。有研究表明胎儿时期或出生早期营养不足可降低其到成年时的繁殖潜能（表 4-12），从表 4-12 可以看出，胚胎及出生后的低营养水平致使母羔到成年后第 1、2 和 3 胎时的多羔率显著降低。Rhind 等研究表明妊娠 0～95 天低营养水平组雪维特母羊后代中母羔排卵率（1.17 个）显著低于维持水平组（1.46 个）；Kelly 等采用三阶段的营养调控技术显著提高了后代羔羊体外胚胎生产的有效胚胎数，囊胚率显著提高，三阶段营养调控方案为：妊娠 0～70 天日粮营养水平为 0.7 倍维持需要，妊娠 71～100 天日粮营养水平为 1.5 倍维持需要，妊娠 101～126 天日粮营养水平为 1.5 倍维持需要，或日粮营养水平为 0.7 倍维持需要。

表 4-12 胎儿和出生早期营养对母羔生长和成年后繁殖性能的影响

营养水平	时期	体重（千克）			双羔率（%）		
		初生	2月龄	断奶	第1胎	第2胎	第3胎
低	胚胎及出生后	3.51	16.9	30.7	0.30	0.47	0.55
高	胚胎	4.00	17.8	31.9	0.42	0.55	0.68
高	出生后	3.48	17.7	31.4	0.44	0.60	0.67

注：数据来源于 munn 等（1995）。

胚胎发育期母羊能量水平在 0.5 倍维持需要时，对胚胎的体重影响差异不显著，但胚胎卵巢卵原细胞发育的时间模式被打乱。Rea 等通过母羊妊娠期间 0.5 倍维持需要的能量水平对胎儿早期卵巢发育和卵泡发育影响的研究发现：妊娠 50 天，0.5 倍维持需要组对胎儿体重无显著的影响，但是其卵巢重量显著低于维持需要组；在妊娠 65 天时，0.5 倍维持需要组处于静止期和双线期生殖细胞的数量显著少于维持需要组，这说明妊娠前期（0～65 天）母羊 0.5 倍维持需要能量水平延迟生殖细胞成熟和减数分裂开始的时间，相应的也推迟了卵巢卵泡的发育。

Grazul‐Bilska 等研究报道也证实了营养水平对胎儿卵巢发育有影响。妊娠 50～135 天日粮营养水平在 0.6 倍维持需要时胚胎卵巢的重量 66 毫克显著低于维持需要组 93 毫克；这一期间日粮高硒（每千克干物质 47.5 毫克，日喂量 100 克）显著降低了胎儿原始卵泡增殖的数量、原始卵泡增殖的百分比、次级卵泡百分比和囊状卵泡百分比，影响了卵巢基质细胞和血管的形成；妊娠 50～135 天日粮营养水平为维持需要、足硒（每千克干物质 0.3 毫克，日喂量 100 克）时，胚胎卵巢基质原始卵泡增殖的数量较多，次级卵泡百分比和囊状卵泡百分比也较高，也就是说妊娠期母羊营养水平和硒浓度会影响胎儿卵巢的发育和功能的发挥。有研究结果显示，妊娠 1～110 天或 65～110 天母羊 0.5 倍维持需要能量水平影响了胎儿卵巢颗粒细胞和原始卵泡细胞凋亡调节因子的表达。

据报道，母羊妊娠 135 天到产后 20 天胚胎或羔羊卵巢进入快速生长期，其重量由 80 毫克迅速增加到出生约 1 克，这一时期卵巢基质细胞快速增殖，血管网络系统形成，这期间日粮水平低于维持时也会影响到其成年时繁殖性能。

综上所述，胚胎时期的营养对后代性腺发育及其到成年时繁殖性能有显著影响，在养羊生产中妊娠期间营养调控是非常关键的技术。

2. 羔羊出生后早期营养对其成年时繁殖性能的影响 在绵

羊生产中，出生后早期营养受限可能源自于妊娠后期营养不足，目前关于出生后早期营养对成年母羊繁殖性能影响的研究还较少，能量水平长期不足，使后备母羊的初情期推迟。有研究表明从母羔6～14周这一期间营养水平为维持需要时，这些母羔到3岁时，排卵率显著降低；Rhind等研究报道雪维特羊母羔1～15周营养受限后严重影响了它成年后的繁殖利用年限。

3. 营养水平对母羊排卵数的影响　羊的卵泡成熟（从原始卵泡发育到成熟卵泡）需要6个月的时间，在从定向卵泡发育到促性腺激素依赖性卵泡过程中，大量的卵泡闭锁化。虽然良好的营养条件并不能阻止卵泡的闭锁化，但在关键时期良好的营养可以降低其闭锁卵泡的数量，从而提高了母羊的排卵率。母羊的实际排卵数很大程度上依赖于它长期的饲养制度，包括饲草料的供给量和质量。当然，在配种前的短期营养情况也会影响排卵率。

（1）限饲和补饲时间对母羊排卵数的影响　Nottle等研究结果显示：在排卵前6个月开始限饲8周，8周末限饲组母羊体重较对照组降低了9.3千克，到排卵前10天体况可基本恢复，两个组母羊体重差异仅为3千克，在排卵前10天日粮不添加羽扇豆情况下，限饲组排卵数为1.06个，对照组排卵数1.28个显著高于其限饲组；限饲组和对照组在排卵前10天日粮添加羽扇豆后，其排卵数分别是1.63个和1.57个，分别比未添加组高0.57个和0.29个，这也说明低营养水平组（或限饲组）母羊对排卵前羽扇豆的短期补饲反应较强，排卵数显著增加；在排卵前2个月开始限饲8周，在限饲6周后限饲组母羊体重较对照组降低了6.2千克，母羊的排卵率分别为1.22个（限饲不添加羽扇豆组）、1.38个（限饲添加羽扇豆组）、1.67个（对照不添加羽扇豆组）和1.64个（对照添加羽扇豆组），无论在排卵前10天是否添加500克羽扇豆，其排卵率都显著低于对照组；在限饲组排卵前10天添加羽扇豆后，排卵数增加接近显著，而在对照组排卵前10天添加羽扇豆对排卵数的影响差异不显著，也就是说在高营养水平下在排卵前 10 天短期的羽扇豆补饲对排卵数无影响。

表 4 - 13　营养对排卵数的影响

	8 周限饲期的开始时间							
	排卵前 6 个月（试验 1）				排卵前 2 个月（试验 2）			
	限饲组		对照组		限饲组		对照组	
羽扇豆添加	－	＋	－	＋	－	＋	－	＋
母羊数量（个）	50	49	50	49	70	64	72	69
排卵数（个）	1.06	1.63	1.28	1.57	1.22	1.38	1.67	1.64
排卵前体重	51		54		48		54	

注：数据来源于 Nottle 等；－：在排卵前 10 天日粮中不添加羽扇豆；＋：在排卵前 10 天添加 500 克羽扇豆。

　　该研究结论对指导养羊生产有重要作用，下一个配种季节前的 6 个月母羊正好处于泌乳早期的营养负平衡阶段，因此，可以通过配种前的短期优饲克服这一时期营养不足对排卵率的影响。但配种前 2 个的母羊营养受限不能仅依靠短期补饲来弥补，这就要求我们在养殖实践中注重配种前的营养水平，至少应保持在维持水平或稍高于维持水平。

　　（2）配种前短期优饲对母羊排卵数的影响　配种前短期内提高日粮的营养水平在一定程度上可提高母羊的排卵数。

　　①补饲的开始时间和补饲期的长短对排卵数的影响：以公羊放进母羊群日期即为 0 天，Molle 等在前 7 天至 0 天，前 14 天至后 2 天和前 14 天至 21 天给母羊补饲 270 克豆粕型精料，其排卵数分别是 1.70 个、1.80 个和 1.57 个，对照组不补饲排卵数是 1.29 个。美利奴绵羊在配种前 6～14 天，放牧在鲁梅克斯牧草地和菊苣牧草地中母羊的双羔率分别是 0.36 和 0.38，显著高于对照组的 0.27。考力代绵羊在配种前在豆科牧草草地上放牧 12 天或补喂玉米-豆粕型精料 7 天均可显著提高多胎性。目前认为在配种前 10～14 天开始补饲均可收到良好效果。

②补饲的饲草料类型和品质对母羊排卵数的影响：补饲日粮中蛋白质含量和品质影响着母羊排卵数。Molle 等在母羊配种前 3 周，给放牧羊每天补饲 250 克整粒玉米或 270 克豆粕型精料，豆粕补饲组的排卵数 1.67 个显著高于玉米组 1.11 个；Branca 等在配种前 14 天给母羊补喂豆粕（每天供给蛋白质 120 克，其中瘤胃非降解可消化蛋白 46 克）、整粒玉米（每天供给蛋白质 30 克，其中瘤胃非降解可消化蛋白 18 克）和玉米蛋白料（每天供给蛋白 120 克，其中瘤胃非降解可消化蛋白 85 克）后，豆粕组的排双卵的母羊数量显著高于其他组，玉米蛋白组有排卵数在 4 个的个体较多；妊娠率是豆粕组＞整粒玉米＞玉米蛋白组；这说明配种前短期补饲时，提供的蛋白量和品质影响着母羊排卵数。

补饲日粮中低浓度的可降解淀粉和添加长链脂肪酸钙盐可提高排卵数。Landau 等研究表明补饲整粒玉米组布鲁拉美利奴绵羊排卵数 3.29 个显著高于膨化玉米组的 2.46 个。EI - Shahat 等日粮中添加长链脂肪酸钙盐，母羊排卵数 2.5 显著高于对照组的 1.3 个。

补饲高浓度单宁植物可提高排卵率。Resterpo 等在配种前 3 周和配种期将母羊放牧在百脉根草地上，显著增加了排卵率、产羔率和断奶羔羊数量；Mcwillicm 等每天给放牧在干旱草场上的母羊每只补喂 1.5 千克和 0.75 千克新鲜的杨树枝叶，繁殖率分别提高了 30% 和 20%；每天每只母羊补喂新鲜柳树枝叶 1.4 千克时，连续三年的试验结果显示对产羔率无显著影响，但提高了出生后羔羊的成活率。杨树科植物、柳树科植物、百脉根等都属于含单宁较高的植物，其有类似雌激素作用的影响，另一方面单宁有过瘤胃保护作用，降低了瘤胃内蛋白质的降解率，提高了小肠氨基酸的供给量。在配种前补饲这类的植物有利于提高母羊的排卵率。

4. 营养水平对胚胎成活率的影响 母羊的产羔率不仅受排

卵数量及其受精卵数量的影响而且也受胚胎成活率的影响。卵子受精后的第一个月营养是影响胚胎存活率的关键因素。排卵前后的营养状况都会影响胚胎的存活。排卵前的营养状况影响着卵子的质量，排卵后的营养状况通过影响卵巢和子宫分泌物的形成而影响早期胚胎的细胞分裂。

早期胚胎对营养因素反应比较敏感，某些营养因子过量或不足都可能影响胚胎的存活率，尤其是 11～12 天胚胎。有研究表明配种后高营养水平（1.5～1.7 倍维持需要量）降低妊娠率和窝产仔数。Abecia 等从配种前 14 天到配种后 8 天母羊营养水平分别为 1.5 倍维持需要能量、0.5 倍维持需要能量和 0.5 倍维持需要能量＋蛋白质时，排卵数依次是 2.22 个、1.50 个和 1.88 个；高能量组收集的胚胎全部为扩张囊胚，其余两组均为桑葚胚或早期囊胚，这说明低能量水平延迟胚胎的发育。能量过度也会导致卵母细胞质量下降，早期胚胎死亡率增加，造成母羊繁殖率降低，母羊采食过高能量会增加机体对孕酮和雌激素的清除率，致使血清中的孕酮浓度低于维持妊娠的阈值，消除了母体识别胚胎的信号。

日粮中高含量可降解蛋白影响早期胚胎发育。在发情周期和交配后 5 天期间饲喂过高的可降解蛋白，可阻碍胚胎运输；在胚胎发育 4～11 天饲喂过高的可降解蛋白可影响胚胎的早期发育和存活率，从而降低母羊繁殖率。

在养羊生产中，胚胎发育早期日粮的蛋白质水平应保持在维持需要水平，且保证良好的蛋白质质量，体况中等的母羊在配种后 50 天内营养水平以维持需要或稍高于维持需要为佳。

5. 营养水平对胎盘及功能的影响　妊娠期第 50～90 天是胎盘快速生长期，因此，也是对营养改善最敏感的时期，高营养水平可以增加胎盘的重量和体积，低于维持水平会减少胎盘的体积。

妊娠期营养不平衡（维生素 E 和硒缺乏）或不足会影响胎

盘的生长。另外，妊娠中期的营养和母羊的成熟程度相互作用影响着胎盘和胎儿的生长，未成熟的小母羊妊娠期间日增重如超过300 克会降低胎盘的体积和胚胎的生长速度，且这种影响在妊娠后两个月比前三月更显著。表明日粮硒和营养受限时间对胎盘附属物数量和重量、子宫内膜和子叶重量影响不显著，但影响了循环中磷浓度，以及子叶的 VEGF、VEGF - A 受体 1、VEGF - A 受体 2 和 NO 合成酶 mRNA 丰度，高硒日粮组（每千克体重70.4 微克）子叶细胞增殖细胞数量和 DNA 浓度增加，说明硒和营养水平不仅影响了母羊内分泌和新陈代谢，而且影响了胎盘功能和胎儿的生长。

（二）母羊营养调控

从上面的论述可以看出营养对母羊繁殖潜力的发挥有重要作用。在一个完整的繁殖周期中，不同生理阶段营养需要量差异较大，因此，在生产实践中，可根据母羊所处的生理阶段，采用适当的营养调控方案，在降低饲养成本的基础上，提高母羊的繁殖率。图 4 - 1 是根据营养情况划分的母羊繁殖周期内的阶段。

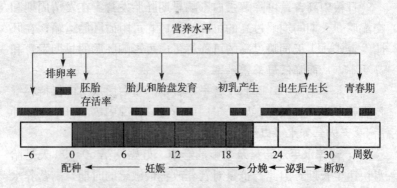

图 4 - 1　母羊阶段营养调控图

总结前人的研究结果，结合母羊一个繁殖周期各阶段制定营养调控方案见表 4 - 14。在绵羊生产实践中，按照营养调控方案及时调整日粮，即可增加排卵率和胚胎存活率，增加产羔率和初生重，达到提高母羊繁殖率目的；又可降低母羊饲养的成本，提高饲养的经济效益。母羊规模化饲养是实施该营养调控制度的前提条件。

表 4-14　母羔阶段及成年母羊阶段营养调控方案

阶　段	能量水平	蛋白质含量和品质
出生 0～14 周	根据日增重确定	蛋白质含量高且优质
配种前 6 个月	1.1～1.2 倍维持	维持
配种前 10～14 天	1.3～1.5 倍维持	蛋白质含量高且优质
妊娠 0～50 天	维持	维持优质
妊娠 50～100 天	1.1 倍维持	稍高于维持
妊娠 101～135 天	1.3～1.5 倍维持	优质
妊娠 136～150 天	稍高于维持且低钙	优质
泌乳 0～3 天	维持（优质青干草）	维持
泌乳 7～30 天	1.2～1.5 倍维持	优质

二、种公羊营养调控

种公羊营养调控的目标是青春期要塑造一个良好体型，成年后要保持良好体况，旺盛性欲，可提供高品质的精液。

公羊青春期的营养直接影响着种用体型的塑造。绵羊体躯各部位生长发育强度不一致，头部、四肢及皮肤属于早期发育的器官，胸腔、骨盘、腰部和肌肉生长时间较长，到晚期才能发育完全。营养供给不均衡直接影响着体型的塑造，哺乳期营养较好，断奶后营养不足，公羊将会四肢较长，胸腔窄浅，以后补偿生长也不能弥补公羊这种体型的缺陷。长期营养不足致使公羊生长发育受阻，体小瘦弱，睾丸等器官重量小，性成熟期推迟，种公羊的使用年限缩短；营养过丰，尤其是能量过高，造成脂肪沉积过多，体型过胖。日粮中粗饲料饲喂过多，公羊会形成"草腹"，影响配种。因此，青春期公羊保证均衡营养条件，才能把公羊培育成体大、胸深，宽广，各部位匀称的种用体型。从营养供给上，蛋白质供给不仅要求量高，而且品质优；骨骼生长迅速，日粮中钙磷要丰富；与雄性繁殖器官发育相关的微量元素，如硒和锌等，供给要充分。

成年种公羊的营养状况直接影响着其性欲、精液量和精液品质。精液中的白蛋白、球蛋白、核蛋白和硬蛋白等高质量蛋白质，大部分必须直接来源于饲料。通过营养调控使种公羊常年保持中上等膘情、健壮、精力充沛、性欲旺盛，精液量大、品质优，不仅需要供给足够的蛋白质，而且还必须供给一定量的优质蛋白。维生素 A 不足时，精液品质降低，性欲不强；维生素 E 不足时，生殖上皮和精子形成上皮发生病理变化；B 族维生素合成不足时，公羊睾丸萎缩，性欲降低，日粮中含有丰富维生素。硒蛋白磷脂氢谷胱甘肽二氧化酶不仅有抗氧化作用，而且是构成精子中段线粒体的鞘膜蛋白，微量元素硒缺乏，睾丸和附睾重降低，精子的浓度、活力和活精子的数量减少，同时畸形精子的数量增加，超显微结构改变，精子中段断裂，线粒体结构异常；微量元素锌不足，精液品质下降；因此，日粮中应含有充足的微量元素。

三、羔羊和青年羊营养调控

羔羊和青年羊的生长发育快，营养供给量要足，品质要好。绵羊在哺乳期 8 周的营养主要依赖于母乳来生长发育，适量补饲可促进生长和减少断奶应激，这期羔羊生长发育较快，要求提供丰富和品质优的蛋白质。断奶后，主要依靠饲料来生长发育，增重速度虽没有哺乳期迅速，但在 8 月龄以前，保证良好全面的营养，日增重仍可维持较高水平，羔羊育肥就是充分利用这一特点。

参 考 文 献

刘园园，张卉，王士长．2010. 反刍动物瘤胃产甲烷古菌的生物学研究〔J〕．家畜生态学报，3：84-87，104.

岳文斌，张春香，裴彩霞．2007. 绵羊生态养殖工程技术〔M〕．北京：中国农业出版社.

张春香，任有蛇，岳文斌．2011. 营养对母羊繁殖性能影响的研究进展〔J〕．中国草食动物，30（4）：62-64.

张春香，任有蛇，曹宁贤，等．2011. 提高母羊繁殖率的营养调控技术研究进展〔J〕．饲料研究，11：9-12.

张英杰．2003. 绵羊舍饲半舍饲养殖技术〔M〕．北京：中国农业科技出版社.

周亚文，张玉杰，林波，等．2011. 瘤胃甲烷生成过程中微生物之间的相互关系〔J〕．动物营养学报，23（4）：556-562.

Beraedinelli J G, Weng J, Burfening P J, et al. 2001. Effect of excess degradable intake protein on early embryo development, ovarian steroids and blood urea nitrogen on days 2, 3, 4 and 5 of the estrous cycle in mature ewes 〔J〕．Journal of Animal Science. 79 (1)：193-199.

Blache D, Maloney S K, Revell D K. 2008. Use and limitations of alternative feed resources to sustain and improve reproductive performance in sheep and goats. Animal Feed Science and Technology 〔J〕．147：140-157.

Blair H T, Jenkinson CM, Peterson S W, et al. 2010. Dam and granddam feeding during pregnancy in sheep affects milk supply in offspring and reproductive performance in grand-offspring. J Anim Sci 〔J〕．88 (13)：E 40-50.

Borwick S C, Rhind S M, McMillan S R, et al. 1997. Effect of undernutrition of ewes from the time of mating on fetel ovarian development in midgestation 〔J〕．Reproduction, Fertility and development. 9：711-715.

Brancaa A, Mollea G, Sitziaa M, et al. 2000. Short-term dietary effects on reproductive wastage after induced ovulation and artificial insemination in primiparous lactating Sarda ewes [J]. Animal Reproduction Science. 58: 59 - 71.

Cristiana R S, Jauhiainen L. 2002. Effect of nutritional flushing on the productivity of Finnish Landrace ewes [J]. Small Ruminant Research. 43: 75 -83.

El-Shahata K H, Amal M. 2010. The effect of dietary supplementation with calcium salts of long chain fatty acids and/or l-carnitine on ovarian activity of Rahmani ewes [J]. Animal Reproduction Science 117: 78 - 82.

Grazul-Bilska A T, Caton JS, Arndt W, et al. 2009. Cellular proliferation and vascularization in ovine fetal ovaries: effects of undernutrition and selenium in maternal diet [J]. Reproduction. 137 (4): 699 - 707.

Gunn R G, Sim D A, Hunter. 1995. Effect of nutrition in utero and in early life on the subsequent lifetime reproductive performance of Scottish Blackface ewes in two management systems [J]. Animal Science. 60: 223 - 230.

Kotsampasi B, Chadio S, Papadomichelakis G, et al. 2009. Effects of maternal undernutrition on the hypothalamic-pituitary-gonadal axis function in female sheep offspring [J]. Reprod. Domest. Anim. 44 (4): 677 - 684.

Lassoued N, Rekik M, Mahouachi M, et al. 2004. The effect of nutrition prior to and during mating on ovulation rate reproductive wastage, and lambing rate in three sheep breeds [J]. Small Ruminant Research 52: 117 -125.

Lea R G, Andrade L P, Rae M T, et al. 2006. Effects of maternal undernutrition during early pregnancy on apoptosis regulators in the ovine fetal ovary [J]. Reproduction. 131 (1): 113 - 124.

Long N M, Nijland M J, Nathanielsz P W, et al. 2010. The effect of early to mid-gestational nutrient restriction on female offspring fertility and hypothalamic-pituitary-adrenal axis response to stress [J]. J Anim Sci. 88 (6): 2029 - 2037.

Jennifer M K, David O K, Simon K. 2005. The effect of nutrition during pregnancy on the in vitro production of embryos from resulting lambs [J]. Theriogenology. 63: 2020 - 2031.

King B J, Robertsona S M, Wilkinsa J F, et al. 2010. Short-term grazing of lucerne and chicory increases ovulation rate insynchronised Merino ewes [J]. Animal Reproduction Science. 121: 242-248.

McEvoy T G, Robinson J J, Ashworth C J, et al. 2001. Feed and forage toxicants affecting embryo survival and fetal development [J]. Theriogenology. 55 (1): 113-129.

McWilliam L, Barry T N, Lopez-Villalobos N. 2004. The effect of different levels of poplar (*Populus*) supplementation on the reproductive performance of ewes grazing low quality drought pasture during mating [J]. Animal Feed Science and Technology. 115: 1-18.

Michels H, Decuypere E, Onagbesan O. 2000. Litter size, ovulation rate and prenatal survival in relation to ewe body weight: genetics review [J]. Small Ruminant Research 38 : 199-209.

Molle G, Branca A, Ligios S. 1995. Effect of grazing background and flushing supplementation on reproductive performance in Sarda ewes [J]. Small Ruminant Research 17: 245-254.

Molle G, Landau S, Branca A, et al. 1997. Flushing with soybean meal can improve reproductive performances in lactating Sarda ewes on a mature pasture [J]. Small Ruminant Research. 24: 157-165.

Nottle M B, Kleemann D O, Grosser T I, et al. 1997. Effect of previous undernutrition on the ovulation rate of Merino ewes supplemented with lupin grain [J]. Animal Reprodution Science. 49 (1): 29-36.

NRC. 2007. Nutrient requirements of small ruminants [M]. Washington DC: The National Academies Press.

Ocak N, Cam M A, Kuran M. 2006. The influence of pre- and post-mating protein supplementation on reproductive performance in ewes maintained on rangeland [J]. Small Ruminant Research. 64: 16-21.

Rae M T, Kyle C E, Miller D W, et al. 2002. The effects of undernutrition, in utero, on reproductive function in adult male and female sheep [J]. Animal Reproduction Science. 72: 63-71.

Ramirez-Restrepo C A, Barry T N, L'opez-Villalobos N. 2005Use of *Lotus corniculatus* containing condensed tannins to increase reproductive efficiency in ewes under commercial dryland farming conditions [J]. Animal Feed

Science and Technology. 121: 23 - 43.

Rae M T, Palassio S, Kyle C E, et al. 2001. Effect of maternal undernutrion during pregnancy on early ovarian development and subsequent follicular development in sheep fetuses [J] . Reproduction. 122: 915 - 922.

Rekik M, Lassoued N, Ben Salem H, et al. 2008. Effects of incorporating wasted dates in the diet on reproductive traits and digestion of prolific D' Man ewes [J] . Animal Feed Science and Technology. 147: 193 - 205.

Rhinda S M, Elstonb D A, Jonesc J R, et al. 1998. Effects of restriction of growth and development of Brecon Cheviot ewe lambs on subsequent lifetime reproductive performance [J] . Small Ruminant Research. 30 (2): 121 - 126.

Sosa C, Abecia J A, Carriquiry M, et al. 2009. Effect of undernutrition on the uterine environment during maternal recognition of pregnancy in sheep [J] . Reprod Fertil Dev. 21 (7): 869 - 81.

Vinolesa B, Meikleb A, MartinG B. 2009. Short-term nutritional treatments grazing legumes orfeeding concentrates increase prolificacy in Corriedale ewes [J] . Animal Reproduction Science. 113: 82 - 92.

第五章

绵羊日粮调制技术

绵羊等反刍动物由嗳气排出的甲烷热效应是二氧化碳的 23 倍，每年畜牧生产排放的甲烷对全球温室效应的贡献率约 37%。研究发现粗饲料类型、加工方式、日粮营养平衡状况等对反刍动物甲烷排放产生影响，饲料品质差或日粮配制不合理可增加甲烷产生量，那么如何提高羊群对饲草料转化效率同时降低其碳排放是低碳养羊业发展迫切需要解决的问题。现代规模养殖场在舍饲情况下，饲草料的每年投入占总投入的 70%，只有广泛开辟饲料资源、合理加工调制，充分调动瘤胃微生物能动性，提高饲草料利用效率，才能降低甲烷排放，降低饲养成本，发展低碳型养羊业。充足饲草料资源是发展绵羊生产的物质基础，合理加工调制是低碳养羊业的技术关键。

第一节　绵羊常用饲草料的营养特性

一、常用饲草料的分类

根据国际分类原则，按照饲料的营养特性，将绵羊的饲料分成八大类：青绿多汁饲料、青贮饲料、粗饲料、能量饲料、蛋白质饲料、矿物质饲料、维生素饲料、添加剂饲料。

二、绵羊常用饲草料

（一）粗饲料

粗饲料是干物质中粗纤维含量大于或等于 18%，天然水分

137

含量小于45％的饲料。其粗纤维和木质素含量高，消化利用率低；总能含量高，但消化能低，可消化养分含量较少；粗蛋白质含量仅为3％～10％；维生素含量很少，矿物质含量较多，但缺少钙、磷，妨碍其他养分消化与利用的硅酸盐较多，营养价值较低。包括农副产品中的秸秆、秕壳、藤蔓、荚壳或干制的牧草。在饼粕类中的低档向日葵饼、菜籽饼均属此类。粗饲料是绵羊的重要饲料资源，经加工调制后，营养价值可提高。

1. 干草　干草是未结子实前刈割的青草经自然干燥或人工干燥而成，制备良好的干草仍然保持青绿颜色，所以也称为青干草。豆科干草中含有丰富的蛋白质和钙，因而一般豆科干草的营养价值都优于禾本科干草。人工干燥的优质豆科干草其营养价值接近于精料，而品质低劣的豆科干草营养价值却与秸秆类似。

2. 秸秆　秸秆是指农作物收获子实后残余的茎秆和叶片。秸秆可分为禾本科秸秆和豆科秸秆两大类。秸秆饲料中含有30％～40％粗纤维和大量木质素，可消化性很差；蛋白质、脂肪和无氮浸出物的含量均较少；维生素（除维生素D外）含量极为贫乏，所以秸秆饲料的营养价值很低。禾本科秸秆中以粟秆的营养价值最高，其次是燕麦秸、稻草、大麦秸、小麦秸和枯老玉米秸秆；豆科秸秆中蛋白质、钙和磷的含量比禾本科秸秆稍高。

（二）青绿多汁饲料

指天然水分含量45％以上的青绿植物性饲料。其水分含量高，柔嫩多汁，具有良好的适口性，而且含有丰富品质优良的蛋白质，特别是含有赖氨酸、蛋氨酸和色氨酸，钙磷比例合适，维生素含量丰富（除维生素D外），粗纤维少。绵羊对青饲料中有机物的消化率可达70％。

青绿多汁饲料主要包括：天然草地牧草、青饲作物、栽培牧草、叶菜类及非淀粉质根茎类饲料和树叶类饲料。其中青饲作物主要有青刈玉米、高粱、大麦、大豆苗、豌豆苗和蚕豆苗等；栽培牧草分豆科和禾本科两大类：黑麦草、无芒雀麦草和高丹草等禾本科牧草和苜蓿等豆科牧草；叶菜类作为饲料栽培的除苦荬菜、聚合草、甘蓝、牛皮菜等外，还包括蔬菜及甜菜茎叶、萝卜缨等。非淀粉根茎类、瓜类及树叶，主要包括胡萝卜、菊芋、蕉藕等；供作饲料的树叶较多，例如：苹果叶、杏树叶、桃树叶、桑叶、梨树叶、榆树叶、柳树叶、紫穗槐叶、刺槐叶、泡桐叶和松针叶等。树叶等资源的来源广泛，在生产实践中，充分加以利用，以降低养殖成本。注意不要使用生长期的高粱和苏丹草幼苗，其中含有氢氰酸，大量采食可引起绵羊中毒。

（三）青贮饲料

青贮是指通过控制高水分饲料原料的发酵过程，以改变饲料性质的加工调制过程。其优点是可以保存青绿饲料的固有营养特性，减少营养物质的损失，便于常年供应，解决枯草期绵羊青饲料供应不足的问题，是绵羊生产中重要饲料来源。

（四）能量饲料

能量饲料是指饲料干物质中粗纤维含量小于 18%，粗蛋白质含量小于 20% 的饲料，消化能在每千克 10.46 兆焦以上的饲料。其无氮浸出物含量特别高，一般都在 70% 以上；粗纤维含量较低，一般在 5% 以内，只有带颖壳的大麦、燕麦、稻和粟等可达 10% 左右；谷实类的消化率很高，有效能值也高；谷实饲料的氨基酸不够平衡，特别是赖氨酸、蛋氨酸和色氨酸含量较少；维生素 E 和维生素 B_1 含量丰富。钙含量低。主要包括谷实类、谷实类加工副产品（糠麸类）、块根、块茎类和瓜果类及其他。

1. 玉米 玉米在谷实类饲料中有效能值最高，含脂肪 4%，其中含亚油酸 59%；无氮浸出物含量丰富，粗纤维含量很低，适口性好，消化率高；玉米中维生素 B_1 含量相当丰富；黄色玉米还含有较多的胡萝卜素。玉米是绵羊生产中，尤其是羔羊育肥中，最重要的大宗能量饲料。根据能量饲料的特点，以玉米为主育肥日粮中，除应补充优质蛋白质饲料外，还必须补加钙、磷和维生素。目前，玉米的价格较高造成绵羊精饲料的成本增加，可寻找替代玉米的廉价饲料，在日粮营养水平不降低的情况下，降低精饲料成本。

2. 麦麸　麦麸是生产面粉的副产品，其组成中主要是小麦种皮、胚及少量面粉。麦麸属于粗蛋白质和粗纤维含量较高的中低档能量饲料，B族维生素、维生素E含量高，维生素A和维生素D含量低。小麦麸中磷多钙少，因此，在绵羊日粮中麦麸的比例不宜太高，饲喂量过高，可引发尿结石等代谢病；此外，小麦麸质地疏松且具有轻泻作用，在分娩前后母羊日粮中可适量增加，有助于胎衣和恶露的排出。

3. 米糠　米糠是稻谷加工的副产品，其中除种皮、果皮外，还含有少量碎米和颖壳。米糠是一种蛋白质较高的糠麸类能量饲料，但其蛋白质品质较差，氨基酸消化率次于小麦麸，米糠中钙高磷低；脂肪含量 $10\% \sim 18\%$，大多为不饱和脂肪酸，育肥绵羊日粮中过量饲喂易肉脂软化；母羊日粮中过高会出现分娩困难，子宫脱落等现象。

（五）蛋白质饲料

饲料干物质中粗蛋白质含量大于或等于 20%，粗纤维小于 18% 的饲料，称作蛋白质饲料。蛋白质饲料主要包括植物性蛋白饲料、动物性蛋白饲料、微生物蛋白饲料及工业合成产品等。动物性蛋白饲料已被禁止在绵羊等反刍动物日粮中使用。

1. 大豆饼粕　大豆饼粕是饼粕类饲料中营养价值最高的饲料，蛋白质含量为 $42\% \sim 46\%$，而且是赖氨酸、色氨酸、甘氨酸和维生素 B_4 的良好来源。矿物质中钙多磷少，磷主要是植酸磷。维生素A、维生素D和维生素 B_{12} 含量少，其他B族维生素含量较高。由于大豆饼粕中含有抗胰蛋白酶，使用前必须高温熟化。饼粕类饲料中，大豆饼粕的价格最高，在保证蛋白质足量供给下尽可能降低在日粮中的使用量。

2. 棉籽饼粕　棉籽饼粕蛋白质含量较高，一般在 35% 左右，但赖氨酸含量只有豆粕含量的 50%，蛋氨酸含量也较低，精氨酸含量很高。矿物质中含硒量很少，磷较多，主要以植酸磷的形式存在。维生素 B_1 丰富，胡萝卜素和维生素 D 贫乏。棉籽饼粕由于含有棉酚毒素，过量饲喂易引起动物中毒。但绵羊瘤胃微生物可以分解部分棉酚，所以毒性相对小；另外，新疆畜牧科学院研究者用热带假丝酵母菌株发酵棉籽饼粕后，其棉酚含量显著降低；种用绵羊不可长期过量使用，影响其种用性能；在使用棉籽饼粕的日粮中注意维生素 A 的添加，在一定程度上，可缓解棉酚中毒。在育肥羊日粮中，可以考虑使用发酵棉籽饼粕代替豆粕，以降低成本。

3. 葵花饼粕　葵花饼粕粗蛋白质含量为 28%～30%，蛋氨酸含量为 0.46%～0.66%，比豆粕高，而赖氨酸含量比豆粕低。维生素 B 的含量比大豆粕高，尤其是维生素 B_5 含量约相当于一般谷物的 10 倍；其钙、磷的含量也比一般油粕类高。葵花饼粕适口性好，是绵羊优良的蛋白质饲料，其价格相对较便宜。

4. 菜籽饼粕　菜籽饼粕是一种高蛋白饲料，蛋白质含量一般为 35%；在氨基酸组成中，蛋氨酸、赖氨酸含量高，精氨酸含量低，可供氨基酸平衡使用。矿物质中钙、磷含量均高；含硒丰富，约为大豆粕的 10 倍。菜籽饼粕中含有芥子甙毒素，妊娠母羊、种公羊和羔羊日粮中最好不用；可在育肥羊日粮中少量使用。

5. 玉米蛋白粉　玉米蛋白粉是生产玉米淀粉和玉米油的副产品，含粗蛋白质 40%～60%；氨基酸组成中蛋氨酸、胱氨酸和亮氨酸丰富，但赖氨酸和色氨酸明显不足；粗纤维含量低；缺乏矿物质和 B 族维生素，但类胡萝卜素含量高。可少量代替豆粕，提高日粮中过瘤胃蛋白的量。

6. 酒糟蛋白饲料　酒糟蛋白饲料是含有可溶固形物的干酒糟，又称 DDGS 饲料，已成为国内外饲料生产企业广泛应用的一种新型蛋白质饲料原料。在以玉米为原料发酵制取乙醇过程中，其中的淀粉被转化成乙醇和二氧化碳，其他营养成分如蛋白质、脂肪、纤维等均留在酒糟中。同时由于微生物的作用，酒糟中蛋白质、B族维生素及氨基酸含量均比玉米有所增加，并含有发酵中生成的未知促生长因子。玉米酒糟蛋白饲料产品有两种：一种为DDG，是将玉米酒精糟作简单过滤，滤渣干燥，滤清液排放掉，只对滤渣单独干燥而获得的饲料，蛋白质含量在20%左右；另一种为DDGS，是将滤清液干燥浓缩后再与滤渣混合干燥而获得的饲料，蛋白质含量在26%以上，后者的能量和营养物质总量均明显高于前者。在绵羊日粮中可部分代替豆粕，添加量以15%～20%较好。

（六）矿物质饲料

矿物质饲料一般指为绵羊提供食盐、钙源、磷源和微量元素的饲料。绵羊饲料中注意补充铁、铜、锌、锰、钴、碘、硒等微量元素。

（七）维生素饲料

羊的瘤胃微生物可以合成维生素K和B族维生素，肝脏、肾脏中可合成维生素C，一般除羔羊外，不需额外添加，当青饲料不足时应考虑添加维生素A、维生素D和维生素E。

第二节　青贮技术

青贮饲料是绵羊生产中常年供应的营养价值较高、廉价的饲草资源。其有效保存青绿饲料的原有浆汁和养分，且气味芳香，质地柔软，适口性好。可提高绵羊对饲料消化利用率，增加瘤胃挥发性脂肪酸中丙酸浓度，降低甲烷排放量，有利于实现绵羊低碳养殖目的。各种规模的绵羊养殖场都可制作，另外其制作不受天气影响。在雨水较多、气候潮湿、干草不易晒制的地区，制作青贮或半干青贮是解决饲草料来源的重要途径，尤其解决了冬春季节饲料不足问题。

一、青贮原理

常规青贮的基本原理是饲用作物刈割后切碎，装在青贮窖里，在厌氧条件下，利用饲用作物植物体上附着的乳酸菌发酵产生乳酸，使青贮原料的 pH 下降到 4.2 以下，所有微生物过程都处于被抑制状态，而达到保存青饲料营养价值的目的。因此，青贮是利用乳酸菌发酵活动而抑制其他微生物活动的发酵过程。

根据微生物活动的特点，青贮的发酵过程可分为三个时期：

1. 预备发酵期 当青贮原料装满青贮窖压实密封后，其间仍然存在着少量的空气。这时，青贮原料的细胞还没有死亡，呼吸代谢过程仍然进行，各种需氧性和兼性厌氧性微生物均在生长，那么青贮原料间残余的氧气很快被消耗，产生了大量的二氧化碳、氢及部分醇类和一些有机酸，使饲料变为酸性。

2. 酸化成熟期 由于厌氧和酸性的环境，腐败菌和丁酸菌等微生物的生长被抑制，而有利于乳酸菌的生长繁殖。乳酸菌的生长繁殖，使乳酸进一步积累，pH 不断下降，青贮原料的酸化逐渐成熟。当 pH 降到 4.5 以下时，乳酸菌的活动逐渐缓慢下来，这一阶段为酸化成熟期。

3. 完成保存期 在乳酸发酵过程中，由于大量的乳酸及少量的醋酸等挥发性酸的形成，使青贮的 pH 下降到 4.0 左右时，其他各种杂菌都被抑制。当 pH 下降到 3.8，乳酸菌本身也被抑制，则青贮中所有微生物的化学过程都停止，也就达到了长期保存的目的。只要厌氧条件不改变，青贮可以长期保存下去，有的可以保存 10 年左右。

二、青贮设施

青贮设施是指装填青贮饲料的容器，主要有青贮窖、青贮壕、地面青贮、青贮袋青贮以及拉伸膜裹包青贮等。青贮设施场址要选择在地势高燥、地下水位较低、距畜舍较近、而又远离水源和粪坑的地方。青贮设施要求：不透空气，不透水，能防冻，墙壁光滑，墙角圆滑等。不同类型的建筑设施具体要求如下。

（一）青贮窖

青贮窖是我国应用最普遍的青贮设施。可以根据地势和地下水位高低，建造半地下、半地上式或地上式。在地势低平、地下水位较高的地方，建造地下式窖易积水，可建造半地下、半地上式。绵羊生产中以长方形窖居多，适合中小型规模养殖场。长方形窖开窖从一端启用，便于管理，但占地面积较大。青贮窖应用砖、石、水泥建造，窖壁最好采用水泥挂面，以减少青贮饲料水分被窖壁吸收。窖底最好能留有水道，以利于多余水分渗漏，或者只用砖铺地面，不抹水泥。窖大小和容积，根据每年青贮使用量来设计，长方形宽度保持在 1.5～3 米，深 2.5～4 米。如果暂时没有条件建造砖、石结构的永久窖，使用土窖青贮时，四周要铺垫塑料薄膜。第二年再使用时，要清除上年残留的饲料及泥土，铲去窖壁旧土层，以防杂菌污染。

（二）青贮壕

青贮壕是指大型的壕沟式青贮设施，适用于大规模饲养场使用。此类建筑最好选择在地方宽敞、地势高燥或有斜坡的地方，开口在低处，以便夏季排出雨水。青贮壕一般宽 4～6 米，便于链轨拖拉机压实。深 5～7 米，地上至少 2～3 米，长 20～40 米，必须用砖、石、水泥建筑永久窖。青贮壕是三面砌墙，地势低的一端敞开，以便车辆运取饲料。

（三）地面青贮

在地下水位较高的地方，可采用地面青贮。常用砖壁结构的地上青贮窖，其壁高约 2～3 米，顶部呈隆起状，以免受季节性降水（雪）的影响。通常是将饲草逐层堆积在窖内，装满压实后，顶部用塑料薄膜密封，并在其上压以重物。大型和特大型饲养场，为便于机械化装填和取用饲料，采用地面青贮方法。在宽敞的水泥地面上，用砖、石、水泥砌成长方形三面墙壁，一端开口。宽 8～10 米，高 7～12 米，长 40～50 米。可以同时多台机械作业，用链轨拖拉机压实。国外有的用硬质厚（2～3 厘米）塑料板作墙壁，可以组装拆卸，多次使用。

另一种形式是堆贮。将青贮原料按照青贮操作程序堆积于地面。压实后，垛及四周用塑料薄膜封严。国外利用此法不仅能调制一般青贮饲料，而且可以通过抽气的方式调制低水分青贮饲料。堆贮应选择地势较高而平坦的地块，先铺一层破旧的塑料薄膜，再将一块完整的稍大于堆底面积的塑料薄膜铺好，然后将青贮原料堆放其上，逐层压紧，垛顶和四周用一块完整的塑料薄膜盖严，四周与垛底的塑料薄膜重叠封闭好，然后用真空泵抽出空气呈厌氧状态。塑料外面可用草帘等物覆盖保护。在贮放期都应注意防鼠害，防塑料破裂，以免引起二次发酵。

（四）塑料袋青贮

近年来，随着塑料工业的发展，采用质量较好的塑料薄膜制成袋，装填青贮饲料，袋口扎紧，堆放在畜舍内，使用很方便。小型袋宽一般为 50 厘米，长 80～120 厘米，每袋装 40～50千克。

（五）拉伸膜裹包青贮

拉伸膜裹包青贮技术是国外使用较多的一种青贮方式，它是将收割好的新鲜牧草、玉米秸秆、稻草等各种青绿植物揉碎后，用打捆机高密度压实打捆，然后用裹包机把打好的草捆用青贮塑料拉伸膜裹包起来，创造一个最佳的密封、厌氧发酵环境，最终完成乳酸型自然发酵的生物化学过程。国内现也有拉伸膜裹包青贮的小型机械，使用方便。

塑料袋青贮和拉伸膜裹包青贮，这两项新技术较传统窖贮技术有如下优点：青贮饲料质量好、粗蛋白质含量高，消化率高，适口性好。损失浪费极少，霉变损失、流液损失和饲喂损失可减少 20%～30%。保存期可长达 1～2 年。不受季节，日晒，降雨和地下水位的影响，可在露天堆放。储存，取饲方便。节省了建窑、维修费用、建窑占用的土地和劳力。

三、青贮原料

常用的青贮原料有玉米、高粱、栽培牧草或野生牧草，其实可用于青贮的原料还较多，在绵羊生产中，应加以开发和利用。一般情况下青贮原料应具备以下两个条件。

（一）适宜水分

青贮原料中最适宜乳酸菌繁殖的水分含量是 68%～75%。水分不足，青贮料不易压实，空气不易排出，青贮窑内温度容易上升，乳酸菌不能充分繁殖，使植物细胞呼吸和其他好气微生物活动持续时间长，并易产生霉菌，造成损失；水分过多，青贮料中的糖分和汁液由于压紧而流失，不能保证发酵后形成的足够乳酸来抑制腐败菌的生长繁殖，导致青贮料的腐烂。因此，在调制青贮料时应当根据青贮原料适当调整，水分过大，应适当晾晒，或掺入适量干饲料；水分低，可加入适量水或与含水量大的原料混贮。

（二）充足的糖分

青贮原料中有充足的糖分，以保证乳酸菌繁殖产生足够的乳酸，使 pH 降低，抑制有害微生物的生长繁殖。相反，如果青贮原料糖分不足，产生的乳酸就少，有害微生物就会活跃起来，导致饲料变质。一般青贮原料的含糖量不应低于鲜重 1%。适时收割的玉米植株、高粱植株、饲用甘蓝、菊芋植株、大麦植株、黑麦草、胡萝卜茎叶、向日葵植株，其含糖量足够，而豆科牧草的苜蓿、沙打旺等，由于含糖较少而蛋白质较多，应搭配含糖量高的原料进行混合青贮。

四、青贮方法

（一）常规青贮

青贮是一项突击性工作。一定要集中人力、机械，一次性连续完成。贮前要把青贮设备清理干净，窖底部可铺一层 10～15 厘米切短的秸秆，以便吸收青贮汁液，还应准备好青贮切碎机，并组织好劳力，以便在尽可能短的时间内突击完成。青贮时要做到随割、随运、随切、一边装一边压实，装满即封。原料要切碎，装填要踩实，顶部要封严。

1. 刈割　优质的青贮原料是调制出优良青贮饲料的物质基础，适宜时间的刈割可保证青贮原料产量和保持较高的营养成分。禾本科牧草一般在抽穗期刈割，青贮玉米一般在蜡熟期刈割。另外收获玉米穗后秸秆也可及时刈割黄贮。

2. 切碎　切碎便于压实、排除空气，有利于原料中的汁液渗出，易于乳酸菌摄取糖分和乳酸菌繁殖。切碎也便于绵羊采食。牧草和叶菜类，青贮切割长度以 2～3 厘米为宜。玉米和向日葵等粗茎植物切成 1.5～2 厘米为宜。见图 5-1。

图5-1　玉米青秆粉碎

图5-2　压　实

3. 压实　压实可为乳酸菌创造厌氧环境，这是青贮制作成功的关键。原料要随切随贮，装填时要逐层平摊，逐层压实，压得越紧，空气排出越彻底。大的青贮窖（壕）一般用链轨拖拉机碾压，且整个装贮过程要尽可能连续完成。图 5-2。

4. 封盖　原料装满压实后，要及时进行封盖。封盖的目的是为了把青贮原料压紧、封严，使空气和水不能进入。封盖一般用塑料薄膜覆盖，薄膜上面再压上 20～50 厘米沙土。封盖后如出现下沉或裂缝要及时加土，防止透气漏水。

（二）半干青贮

半干青贮又称低水分青贮，收割的牧草可先进行晒制，使水分降到45％～50％左右呈半干状态后，然后牧草切碎，装在青贮窖内，造成高度密封和压紧压实的厌氧条件。在这种情况下，某些细菌如腐败菌、酪酸菌，甚至乳酸菌活动，接近于生理干燥状态，它们因受水分限制而被抑制，便可在有机酸形成较少和pH较高条件下获得品质优良的青贮饲料。任何一种牧草或饲料作物，不论其含糖量高低，都可制作半干青贮，就是难以青贮的豆科牧草，也可调制成半干青贮。半干青贮由于水分降低，体积减小，便于运输，可以代替绵羊日粮中的青贮、干草，简化了饲喂手续。半干青贮和干草相比较，减少了晒制过程损失。

（三）添加剂青贮

添加剂青贮目的分别是促进乳酸发酵、抑制不良发酵、控制好气性变质和改善青贮饲料的营养价值。在青贮原料装填入青贮设施时加入适当的添加剂。目前青贮饲料添加剂种类繁多，根据使用目的、效果可分为发酵促进剂、发酵抑制剂、好气性腐败菌抑制剂及营养性添加剂等四类。

1. 发酵促进剂

（1）乳酸菌制剂　在青贮原料中添加乳酸菌培养物或乳酸菌和酵母菌培养成的混合发酵剂，可促进乳酸菌迅速增殖，产生更多的乳酸，加速pH下降，从而可以提高青贮料的品质。目前主要使用的菌种有植物乳杆菌、肠道球菌、戊糖片球菌及干酪乳杆菌。一般每100千克青贮原料中加入乳酸菌培养物0.5升或乳酸菌制剂450克。

（2）酶制剂　酶制剂的作用是分解原料中的淀粉、纤维素和半纤维素等，产生可以被乳酸菌利用的可溶性糖类。大部分商品酶制剂是包含多种酶活性的粗制剂，主要是淀粉酶、纤维素酶、半纤维素酶和糊精酶，可使乳酸菌的发酵底物增加，乳酸发酵速度加快。

目前酶制剂与乳酸菌制剂作为生物添加剂引起关注。酶制剂的研究开发也取得了很大进展，酶活性高的纤维素分解酶产品已经上市。

（3）糖类和富含糖分的饲料 当原料可溶性糖分不足时，添加糖和富含糖分的饲料可明显改善发酵效果。这类添加剂有糖蜜、葡萄糖、糖蜜饲料和谷实类等。糖蜜是制糖工业的副产品，禾本科和豆科牧草中加入量分别为 4% 和 6%。一般葡萄糖、谷类和米糠类等的添加量依次为 1%～2%、5%～10% 和 5%～10%。此外糖蜜饲料、谷类和糠类也可以调节含水量，其所含的养分也是绵羊营养源。

2. 发酵抑制剂

（1）甲酸 甲酸是一种青贮保存剂，添加后可快速降低 pH，抑制原料呼吸作用和不良细菌的活动，使营养物质的分解限制在最低水平，从而保证饲料品质。添加甲酸降低了乳酸的生成量，同时更明显降低了丁酸和氨态氮生成量从而改善发酵品质。另外，添加甲酸也能减少青贮发酵过程中的蛋白质分解，所以蛋白质利用率高。禾本科牧草添加量甲酸（85%）为湿重的 0.3%，豆科牧草为 0.5%，混播牧草为 0.4%。水分含量在 65%～75% 原料的添加量要比高水分（75% 以上）原料增加 0.2% 左右。此外对早期刈割的牧草，因其蛋白质含量和缓冲能较高，为了达到理想 pH，有必要增加 0.1% 的添加量。

甲酸对羊无害，但在羊的瘤胃消化过程中可被分解成二氧化碳和甲烷，因此，能增加养羊过程中甲烷的排放，而甲烷是温室气体。如要使用，应与甲醛等混合使用既可以减少温室气体甲烷的排放，又比单独使用对青贮发酵的制效果要好。

（2）甲醛 甲醛不仅具有抑制微生物生长繁殖的特性，还可阻止或减弱瘤胃微生物对食入蛋白质的分解。因为甲醛能与蛋白质结合形成复杂的络合物，很难被瘤胃微生物分解，却在真胃液的作用下分解，使大部分蛋白质为羊吸收利用。因此甲醛可起保护蛋白质完整地通过瘤胃的作用。一般可按青贮原料中蛋白质的含量来计算甲醛添加量，有学者建议甲醛的安全和有效用量为每千克粗蛋白质用 30～50 克。

3. 营养性添加剂　在禾本科青贮原料中添加尿素、硫化铵、氯化铵等含氮化合物，主要用于改善青贮饲料营养价值，而对青贮发酵一般不起作用，属于营养性添加剂。目前应用最广的是尿素，将尿素加入青贮饲料中，可通过微生物合成菌体蛋白，从而提高青贮饲料的营养价值。在玉米青贮饲料中添加 0.5％的尿素，粗蛋白质提高 8％～14％，所以在绵羊育肥中广泛使用。

五、青贮饲料的品质鉴定

青贮饲料发酵品质的好坏，直接与贮藏过程中的养分损失和青贮产品的饲料价值有关，并且大大影响绵羊的采食量、适口性、生理功能和生产性能，因此正确评价青贮饲料品质，为确定饲料等级和制定饲养计划提供科学依据。

（一）感官鉴定法

在农牧场或其他现场情况下，可采用感官鉴定法来鉴定青贮饲料的品质，多采用气味、颜色和质地等指标进行评定。此方法简便易行，不需仪器设备，在实践中广泛采用。青贮饲料感官鉴定标准见表 5-1。

表 5-1　青贮饲料感官鉴定标准

等级	色	香	味	质　地
优良	接近原料的颜色，一般呈黄绿或青绿	芳香、酒酸味给人以舒适感	酸味浓	湿润松散，保持茎叶花原状
中等	黄褐、暗褐	芳香味弱，并稍有酒精或醋酸味	酸味中	柔软，水分稍多，基本保持茎叶花原状

（续）

等级	色	香	味	质　地
低劣	黑色、墨绿	刺鼻臭味、霉味	酸味淡，味苦	腐烂成块无结构，发黏、滴水

1. 气味　品质优良的青贮饲料，具较浓的酸味、果实味或芳香味，气味柔和，不刺鼻，给人以舒适感，这样的青贮饲料pH低于4.0，乳酸含量高；品质中等的，稍有酒精味或醋味，芳香味较弱。如果青贮饲料带有刺鼻臭味如堆肥味、腐败味、氨臭味，那么该饲料已变质，不能饲用。好的青贮饲料含在嘴里给人以舒适感；如酸味中有涩味、苦味，表明氨态氮含量高，为品质不良的青贮饲料。

2. 颜色　品质良好的青贮饲料呈青绿色或黄绿色（说明青贮原料收割适时）；中等品质的青贮饲料呈黄褐色或暗褐色（说明青贮原料收割时已有黄色）；品质低劣的青贮饲料多为暗色、褐色、墨绿色或黑色，与青贮原料的原来颜色有显著的差异，这种青贮饲料不宜喂饲绵羊。

3. 质地　品质良好的青贮饲料压得非常紧密，拿在手中却较松散，质地柔软，略带湿润。叶、小茎、花瓣能保持原来的状态，能够清楚地看出茎、叶上的叶脉和绒毛。相反，如果青贮饲料粘成一团，好像一块污泥，或者质地松散干燥粗硬，这表示水分过多或过少，不是良好青贮饲料。发粘、腐烂的青贮饲料是不适于饲喂绵羊的。

（二）实验室鉴定法

实验室鉴定主要通过化学分析来判断发酵情况，包括测定pH以及有机酸（乙酸、丙酸、丁酸、乳酸）的总量和构成。其中测定游离的氨（氨态氮与总氮的比例），是评价蛋白质分解程度最有效的指标。

1. pH　可用pH测定仪测定。乳酸发酵良好，pH低；酪酸发酵则使 pH 升高；pH 越低，品质越好。一般对常规青贮来说，pH4.2 以下为优；4.2～4.5 为良；4.6～4.8 为可利用；4.8 以上不能利用。

但半干青贮饲料不以 pH 为标准，而根据感官鉴定结果来判断。

2. 乳酸及其他挥发性脂肪酸　一般乳酸的测定用常规法，而挥发性脂肪酸用气相色谱仪来测定。可利用弗氏评分法来评价，详见表 5-2。

表 5-2　Flieg 氏青贮评分方案

项目	总酸中比例（%）	评分	总酸中比例（%）	评分	总酸中比例（%）	评分	总酸中比例（%）	评分	评　价	
乳酸	0.0~25.0	0	40.1~42.0	8	56.1~58.0	16	68.1~69.0	23	总评分	等级
	25.1~27.5	1	42.1~44.0	9	58.1~60.0	17	69.1~70.0	24	81~100	优
	27.6~30.0	2	44.1~46.0	10	60.1~62.0	18	70.1~71.2	25	61~80	良
	30.1~32.0	3	46.1~48.0	11	62.1~64.0	19	71.3~72.4	26	41~60	可
	32.1~34.0	4	48.1~50.0	12	64.1~66.0	20	72.5~73.7	27	21~40	中
	34.1~36.0	5	50.1~52.0	13	66.1~67.0	21	73.8~75.0	28	0~20	劣
	36.1~38.0	6	52.1~54.0	14	67.1~68.0	22	>75.0	30	<0	劣
	38.1~40.0	7	54.1~56.0	15						
醋酸	0.0~15.0	20	24.1~25.4	15	30.8~32.0	10	37.5~38.7	5		
	15.1~17.5	19	25.5~26.7	14	32.1~33.4	9	38.8~40.0	4		
	17.6~20.0	18	26.8~28.0	13	33.5~34.7	8	40.1~42.5	3		
	20.1~22.0	17	28.1~29.4	12	34.8~36.0	7	42.6~45.0	2		
	22.1~24.0	16	29.5~30.7	11	36.1~37.4	6	>45.0			
丁酸	0.0~1.5	50	8.1~10.0	9	17.1~18.0	4	32.1~34.0	-2		
	1.6~3.0	30	10.1~12.0	8	18.1~19.0	3	34.1~36.0	-3		
	3.1~4.0	20	12.1~14.0	7	19.1~20.0	2	36.1~38.0	-4		
	4.1~6.0	15	14.1~16.0	6	20.1~30.0	1	38.1~40.0	-5		
	6.1~8.0	10	16.1~17.0	5	30.1~32.0	-1	>40.0	-10		

3. 氨态氮　利用蒸馏法或其他方法来测定。根据氨态氮与总氮的比例（NH_3-N/TN％）进行评价，数值越大，品质越差。标准为：10％以下为优；10％～15％良；15％～20％一般；20％以上劣。

为了使测定结果能充分说明青贮饲料品质，取样一定要有代表性。无论是何种青贮容器，都应遵循通用的对角线和上、中、下设点取样的原则。取样点距青贮容器边缘不少于 30 厘米，以减少外部环境的影响。

六、青贮饲料的利用

在青贮过程中，特别是在青贮开始阶段碳水化合物等营养物质有一些损失，调制好的青贮可保存原料中 90％左右的养分。

青贮饲料经过 6 周左右的时间便能完成发酵过程，需用时即可开窖使用。饲喂时应注意从窖一头开始，垂直逐段利用，每天用多少取多少，取后立即盖好。开窖后，要连续取用，如果停止取用，需重新盖好，防止二次发酵或霉坏。

青贮饲料富含有机酸，可刺激羊食欲，有助于消化，是绵羊都喜食的饲料。开始时不习惯采食，应先从少量青贮料拌精料喂起，由少到多逐渐增加。一般开始饲喂到添加至正常量需 10～15 天。一般每只羊每天饲喂 0.5～2 千克。妊娠母羊在产前产后 15 天左右不喂青贮饲料，防止引起流产和腹泻。

第三节　青干草和秸秆等加工技术

许多地区，绵羊日粮主要以干草或秸秆等粗饲料为主，而当绵羊喂给大量粗饲料时，瘤胃内纤维分解菌的数量增加，瘤胃以乙酸发酵为主，产生的大量氢致使瘤胃氢分压增高，刺激甲烷菌大量增殖，导致甲烷排放量增加。另外，粗饲料在瘤胃中滞留的时间也较长，也可能增加甲烷排放量。因此，绵羊日粮以粗饲料为主时，采取有效的加工技术，改变其形状、改善其纤维组织结构，平衡其营养，充分调动瘤胃微生物积极性，提高干草、秸秆等粗饲料利用效率，降低甲烷排放量，发展低碳型养羊业。

一、青干草加工技术

青干草是指新鲜牧草或青绿饲料作物进行适时收割，经过自然或人工干燥调制而成的能够长期贮存的青绿干草。在牧草生长季节，放牧是饲草最好的利用方式。但在牧草的非生长期，由于气候条件制约，牧草的地上部分枯萎，营养价值大大降低。因此在生长期刈割营养价值较高的牧草，通过晒制干草和青贮来最大限度保存牧草营养价值，为冬春季节的绵羊生产提供饲草。

（一）牧草的刈割

1. 牧草收割时间 牧草的刈割时期是影响草地单位面积产量和干草品质的一项重要因素，为了增加干草收获量和提高其品质，必须适时刈割。在确定牧草收割时期时，首先要根据牧草生育期内，地上部产量增长和牧草营养物质积累的动态规律，确定在单位面积营养物质总收获量最高时期进行收割。另外，在确定适宜的收割时期时，除考虑当年的草地产量和干草营养价值外，还应考虑收割时期对下一茬或下年草地产量的影响。

许多实验证明，草地产量的最高时期一般都在开花期。综合考虑当年的牧草产量和干草的营养价值，尤其可消化营养物质含量，豆科牧草的最适刈割时期应为现蕾盛期至初花期；禾本科应在抽穗至开花期，这时是营养物质的最多积累时期，另外此时刈割的牧草，下一茬或下一年能得到最高产量。

2. 刈割高度 刈割高度即离地面的留茬高度。留茬高度影响干草的产量和质量，也关系到当年牧草的再生和来年牧草的生长。多数牧草的基部都聚集着大量的茎叶，禾本科、豆科牧草常有根出叶和发育不全的茎。禾本科牧草一般靠近地面的基部叶片

154

较多，当刈割留茬太高时，往往造成产量的损失。如留茬高度为
10厘米时，禾本科牧草和豆科牧草的残茬占牧草地上部分的
25%～30%。刈割高度如果太低，虽然当茬或当年可得较多的干
草，但是由于牧草基部的叶大部分被割掉，降低了剩余牧草生活
力，连年低茬刈割会引起牧草的急剧衰退。

适宜的刈割高度，既能获得高的产草量，又能得到优质的牧
草。同时，对于牧草的再生、越冬和以后各年份牧草产量都有益
处。一般认为，人工草地牧草的收割高度为4～5厘米时，当年
可获得较高的产量，且不会影响越冬和来年再生草的生长；而对
1年收割2茬以上的多年生牧草，每次的刈割高度应保持在6～7
厘米；粗大牧草、高大的杂类草，刈割高度可提高到离地面10～
15厘米。

（二）牧草的干燥

在草地上生长着的牧草含水50%～80%，而能够贮藏的干
草一般含水15%～18%，因此，牧草的干燥是收获牧草工作中
一项重要的生产环节。

1. 牧草干燥过程中养分的损失 在干草调制过程中，水分
散发的同时，牧草内部发生一系列的生理生化变化，加上牧草外
部各种因素的作用和影响，使牧草所含营养物质发生变化，并且
有一些损失。牧草在干燥过程中总营养价值损失20%～30%，
可消化粗蛋白质损失30%。其中以机械作用造成的损失最大，
其次是呼吸消耗、酶的作用以及雨露雨淋造成的损失。由于干燥
时期不同，营养物质损失量不同。

（1）牧草凋萎期 牧草刈割后各部位的细胞并未立即死亡，
它们仍然利用本身贮存的营养物质进行呼吸作用，继续进行体内
代谢。但由于得不到营养物质的供应，只能依靠分解牧草体内的
营养物质，此时分解大于合成。呼吸作用使淀粉转化为单糖和蔗
糖，同时各种蛋白质在水解酶作用下形成氨基酸。由于呼吸作用
不同，被消耗的干物质为2%～16%。

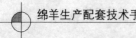

（2）牧草干燥后期　此时期牧草的细胞已死亡，体内发生的生理过程逐渐被有酶参与作用的生化过程代替。在此期间，可溶性糖发生比较大的变化，含氮物质也不发生显著变化，但淀粉等大分子的碳水化合物不发生变化或变化很小。但是如果干燥缓慢，酶的活动使蛋白质分解为氨基酸，氨基酸分解为氨化物和有机酸，甚至形成氨。当牧草含有比较高的水分（如50％～55％），则干燥时间延长，蛋白质的损失也较大。在牧草干燥后期，胡萝卜素的损失占整个干燥过程中总损失量的50％，没有完全干燥的牧草，当被雨淋或露水淋湿时，氧化作用加强，胡萝卜素的损失也随之增大。

在牧草干燥过程中，微生物的活动也影响牧草质量。空气相对湿度高于85％时，微生物才能发育。霉菌和腐败菌生长旺盛，不但营养物质损失多，而且蛋白质被分解成氨、硫化氢等气体和一些有机酸，甚至是毒素。因此，发霉的干草不能饲喂，否则易使羊只得病（肠、胃病、流产等），甚至死亡。

调制干草时，最忌雨露的淋湿。当干草水分降至50％以下时，细胞死亡，此时牧草受到雨露淋湿，那些易溶于水的碳水化合物和矿物质以及粗蛋白质，能够自由地通过死亡细胞的原生质膜而流失。雨淋主要是淋洗叶中的营养物质，而且雨淋后加强了水解和氧化的发酵过程，同时也促进了腐生微生物的繁殖。

另外，干草调制过程中，阳光的直射能引起胡萝卜素和各种维生素的破坏。

2. 牧草的干燥方法　干草调制的方法可分为自然干燥和人工干燥两大类。

（1）自然干燥法　这种方法不需要特殊设备，尽管在很大程度上受天气条件的限制，但仍为我国目前采用的主要干燥方法。自然干燥又可分为地面干燥法和草架干燥法。

①地面干燥法：牧草在刈割以后，先就地干燥4～6小时，使含水量降为40％～50％时，用搂草机搂成草条继续干燥4～5

小时，当水分降到 35%～40%，此时牧草的叶片尚未脱落，用集草器集成 0.5～1 米高的草堆，经 1.5～2 天就可调制成（含水15%～18%）干草。豆科牧草在叶子含水量为 26%～28%，禾本科牧草在叶子含水量为 22%～23%，即全株牧草的总含水量在 35%～40%以下时，牧草的叶片开始脱落。为了保存营养价值较高的叶片，搂草和集草作业应该在牧草水分不低于 35%～40%时进行。

②草架干燥法：多雨或潮湿天气，可以在专门制造的干草架上进行干草调制。将刈割后的牧草在地面干燥半天或一天然后将草上架，但遇雨时也可以立即上架。干燥时将牧草自上而下地置于干草架上，并有一定的斜度以利采光、通风和排水。最低一层牧草应高出地面，以利通风。草架干燥虽花费一定物力，但制成的干草品质较好，养分损失比地面干燥减少 5%～10%。草架干燥见图 5-3。

图 5-3 草架干燥法

（2）人工干燥法 利用人工干燥可以减少牧草自然干燥过程中营养物质的损失，加快干燥速度，使牧草保持较高的营养价值。人工干燥主要有常温鼓风干燥法和高温快速干燥法。此外，利用压裂草茎和施用干燥剂都可加速牧草的干燥，降低牧草干燥过程中营养物质的损失。常用牧草压扁机，有圆筒型和波齿型。

化学干燥剂如碳酸钾、氢氧化钾、长链脂肪酸甲基酯等。通过喷洒豆科牧草，破坏茎表面的蜡质层，促进牧草体内水分散失，缩短干燥时间，提高蛋白质含量和干物质产量。

3. 牧草的打捆　牧草干燥到一定程度后，其含水量达15%～20%时，可用打捆机进行打捆，减少牧草所占的体积和运输过程中的损失，便于运输和贮存，并能保持干草的芳香气味和色泽。如果人工喷防腐剂丙酸，打捆时牧草的含水量可高达30%，这样有效地防止了叶和花序等柔嫩部分折断造成的机械损失。

（三）干草的贮藏

干燥适度的干草，必须尽快采取正确而可靠的方法进行贮藏，才能减少营养物质的损失和其他浪费。如果贮存不当，会造成干草的发霉变质，降低干草的饲用价值，完全失去干草调制的目的。而且贮藏不当还会引起火灾。

1. 散干草的堆藏　当调制的干草水分含量达15%～18%时即可贮藏。干草体积大，多采用露天堆垛的贮藏方法，垛成圆形或长方形草垛，草垛大小视产草量的多少而定。堆垛时应选择干燥地方，以免干草与地面接触而变质。草垛下层用树干、秸秆等作底，厚度不少于25厘米，适当增加草垛高度可减少干草堆藏中的损失。并在草垛周围挖排水沟。垛草时要一层一层地进行，并要压紧各层，特别是草垛的中部和顶部。干草露天堆放，营养物质损失有时达20%～30%，胡萝卜素损失可达30%以上。干草垛贮藏1年后，草垛周围变质损失的干草侧面厚为10厘米，垛顶厚25厘米，基部为50厘米。

2. 干草捆的贮藏　干草捆体积小，重量大，便于运输，也便于贮藏。干草捆的贮藏可以露天堆垛或贮存在草棚中。调制完成的干草，除在露天堆垛贮存外，还可以贮藏在专用的仓库或干草棚内。简单的干草棚只设支柱和顶棚，四周无墙，成本低，干草在草棚中贮存损失小，营养物质损失在1%～2%，胡萝卜素损失在 18%～19%。干草应贮存在畜舍附近，这样取运方便。规模较大的贮草场应设在交通方便，平坦干燥，离居民区较远的地方。贮草场周围应设置围栏或围墙。

（四）干草的品质鉴定

干草品质的好坏，一般认为应根据干草的营养成分来评定，即通过化学分析方法，测定干草中水分、干物质、粗蛋白质、粗脂肪、粗纤维、无氮浸出物、粗灰分、维生素和矿物质含量，以及各种营养物质消化率的测定来评价干草的品质。但在生产实践中由于条件的限制，不可能根据干草的消化率和化学成分含量来进行评定，而往往采用感官判断的方法，一般情况下是根据干草的主要物理性质和含水量对干草进行品质鉴定和分级工作。

1. 颜色气味　干草的颜色是反映品质优劣最明显的标志。优质干草呈绿色，绿色越深，其营养物质损失就越小，所含可溶性营养物质、胡萝卜素及其他维生素越多，品质就越好。优质的干草都具有浓厚的芳香气味。如果干草有霉味或焦灼的气味，说明其品质不佳。

2. 叶片含量　干草中叶片的营养价值较高，所含的矿物质、蛋白质比茎秆中多 1～1.5 倍，胡萝卜素多 10～15 倍，纤维素少1～2 倍，消化率高 40%。干草中的叶量多，品质就好，鉴定时，取一束干草，看叶量的多少，就可确定干草品质的好坏。禾本科牧草的叶片不易脱落，优质豆科牧草的干草中叶量应占干草总重量的 50% 以上。

3. 牧草发育时期　适时刈割调制是影响干草品质的重要因素，初花期或初花以前刈割，干草中含有花蕾，未结实花序的枝条较多，叶量也多，茎秆质地柔软，适口性好，品质也佳。若刈割过迟，干草中叶量少，带有成熟或未成熟的枝条量多，茎秆坚硬，适口性、消化率都下降，品质变劣。

4. 含水量　干草的含水量应为 15%～18%。如含水量较高时不宜贮藏。将干草束握紧或搓揉时无干裂声，干草拧成草辫松开时干草束散开缓慢，并且不完全散开，用手指弯曲茎上部不易折断为适宜含水量。干草束紧握时发出破裂声，草辫松手后迅速散开，茎易折断说明太干燥，易造成机械损伤，草质较差。草质柔软，草辫松开后不散开，说明含水量太高，易造成草垛发热或发霉，草质较差。

二、秸秆饲料加工调制技术

据统计，我国年产秸秆类饲料约 7 亿吨，且种类多，来源广泛，价格低廉，这些饲料资源为农区养羊业提供了基本饲草条件，作物秸秆作为饲料具有重要的潜在应用价值。秸秆作为饲料的主要问题是有效能低或消化率低，对于羊消化率一般只有 40%～50%，每千克秸秆（以干物质计算）约含代谢能 6 兆焦；粗蛋白质含量一般只有 3%～6%，蛋白质含量只能满足维持需要的 65% 左右；矿物质含量低，最突出的是磷不足，磷的含量为 0.02%～0.16%，而日粮配制所需含磷量在 0.2% 以上；缺乏羊所必需的维生素 A、维生素 D、维生素 E 等限制因素，使得秸秆用作饲料的数量还较小，即使用作饲料也因加工利用不当，使得秸秆的利用率和饲料报酬都低。从理论上讲，秸秆的纤维素和半纤维素，连同细胞内容物都可以通过瘤胃微生物作用被羊消化利用，这部分约占作物秸秆干物质中 80% 以上，但实际消化率只有百分之四十几。这主要是由于纤维素、半纤维素在细胞壁中是和木质素、硅等以"复合体"的形式存在，影响了消化率。因此需要对秸秆进行适当的加工调制。

（一）物理加工技术

1. 切碎　切碎是加工调制秸秆最简便而又重要的方法，是进行其他加工的前处理。有谚语"寸草铡三刀，无料也长膘"，秸秆切短或揉丝后，可减少咀嚼秸秆时能量的消耗，如绵羊咀嚼 1 千克小麦秸，切碎前需消耗热能 21.56 兆焦，切碎后则降为

7.16兆焦；又可减少20%～30%的饲料浪费，而且羊的采食量可提高10%～20%，这样绵羊摄入的能量增加。绵羊用秸秆饲料，切短长度一般为1.5～2.5厘米。

2. 粉碎 粉碎使秸秆在横向和纵向都遭到破坏，瘤胃液与秸秆内营养底物的作用面积扩大，从而增加采食量，减少咀嚼秸秆时能量消耗，减少浪费，提高秸秆的消化率。对羊粉碎细度宜7毫米左右。如果粉碎过细，则羊咀嚼不全，唾液不能充分混匀，秸秆粉在羊胃内形成食团，羊易引起反刍停滞，同时加快了秸秆通过瘤胃的速度，秸秆发酵不全，反而降低了秸秆的消化率。

3. 揉丝 与切碎相比，秸秆经过揉丝机处理后成细丝状，完全破坏了其节间结构，因而可使秸秆饲料的适口性改善，利用率提高。与粉碎处理相比，揉丝后秸秆揉碎处理后，其纤维性状仍较长，更有利于绵羊的消化。

4. 碾青 将秸秆和豆科鲜牧草分层铺在晒场上，厚度约为40厘米，然后上覆一层秸秆，用碌子或拖拉机在上面碾压。这样，牧草流出的汁液由秸秆吸收，既可提高秸秆的适口性和营养价值，又可较快的制成干草，减少豆科牧草叶片、嫩枝、花序的脱落而造成的损失。

5. 压粒 压粒即将秸秆晒干后粉碎，随后加入添加剂拌匀，在颗粒饲料机中由磨板与压轮挤压加工成颗粒饲料。由于在加工过程中摩擦加温，秸秆内部熟化程度深透，加工的饲料颗粒表面光洁，硬度适中，大小一致，其粒体直径可以根据需要在3～12毫米间调整。压粒后的秸秆颗粒便于运输贮存，并且加工可以添加适量尿素等非蛋白氮，提高其粗蛋白质含量和消化率。

6. 压块 压块是将秸秆或牧草先经切短或揉碎后，经特定机械压制而成的高密度块状饲料。豆科牧草、禾本科牧草、各类秸秆、甚至灌木的枝叶都可用来加工块状饲料。块状饲料能较好保留秸秆或牧草的物理形态，不至于使饲料颗粒变过细、过短，符合羊消化生理特点，适口性和消化率均提高，更有利于羊只的健康。另外，秸秆或牧草压块后体积缩小，方便贮存，方便使用；在加工过程中，还可添加一些营养补充料，平衡营养，提高营养价值，可成为农区和牧区冬春季节优质饲草料资源的重要来源。

7. 热喷处理 热喷处理就是将秸秆装入热喷机内，向其中通入 $140 \sim 250℃$ 过热饱和蒸汽，经过 $3 \sim 5$ 分钟热、压处理后，骤然降压，物料由机内喷出而膨胀，使含水量为 $25\% \sim 40\%$ 的物料的纤维细胞间及细胞壁内各层间木质素熔化，氢键断裂降低纤维素的结晶度；再通过全压喷放的机械效应，使细胞游离，胞壁疏松，物料颗粒变小，总面积增加。膨化秸秆有香味，羊非常喜食，所以，膨化秸秆可直接用于饲喂羊，也可与其他饲料混合饲喂，从而提高羊对秸秆的采食量和消化率。

（二）化学处理技术

秸秆氨化处理是在秸秆中加入一定比例的氨水、无水氨、尿素溶液等的处理方法，它可以提高秸秆消化率和营养价值。这是迄今为止最经济、最简单的秸秆的处理方法，又不污染环境。氨化秸秆的适口性有一定的改善，秸秆的脆性增强，细胞壁变得疏松柔软，渗透作用增强。采食量增加 $10\% \sim 20\%$。而且，氨化秸秆中粗蛋白质含量提高 $0.8\% \sim 1.5\%$，干物质消化率提高 $8\% \sim 25\%$。大量试验证明，氨化秸秆不仅具有碱化法的优点，还可增加秸秆的氮素营养，是最受欢迎、最有前途的处理方法。氨化处理秸秆类粗饲料常用的氨化剂有氨水、液态氨、尿素、硫酸铵、碳酸氢铵、氯化铵、磷酸氢二铵、双缩脲、磷酸脲、异丁叉二脲等。

1. 氨化的原理 氨化可提高秸秆消化率、营养价值和适口性是由于氨化中的三种作用：碱化、氨化和中和作用。

（1）碱化作用 氨水是 NH_3、水和 NH_4OH 的混合体，此混合体中 NH_4OH 和 NH_3 处于一个动态平衡中。因此氨水是碱性溶液，对秸秆能够起到一定程度的碱化作用，使木质素与纤维素、半纤维素分离，纤维素及半纤维素部分分解，细胞膨胀，结构疏松。同时少部分木质素被溶解形成羟基木质素，使消化率提高。

（2）氨化作用　当 NH_3 遇到秸秆，就同秸秆中的有机物质发生化学反应，形成铵盐及其复合物，前者是一种非蛋白氮化合物，是羊瘤胃微生物的氮素营养源。在瘤胃中，在脲酶的作用下，铵盐被分解成 NH_3，同碳、氧、硫等元素合成氨基酸，可进一步合成菌体蛋白。每千克氨化秸秆可形成 40 克铵盐，在瘤胃中可形成同等数量的菌体蛋白。

（3）中和作用　NH_3 与秸秆中的有机酸发生中和反应，消除乙酸根，中和秸秆中的潜在酸度。由于瘤胃最适的内环境应是呈中性，pH 为 7 左右，中和作用更有利于瘤胃微生物的发酵，故可提高消化率；同时铵盐改善了秸秆的适口性，可促使乳脂与体脂的合成。

2. 氨化方法

（1）塑料袋氨化法

秸秆 $\longrightarrow$ 装袋 $\xrightarrow{\text{按 4 : 100 加入无水氨}}$ 密封 1 个月后 $\longrightarrow$ 取出通风干燥 $\longrightarrow$ 饲喂

（2）窖贮氨化法　将秸秆填充到窖内。用塑料薄膜密封后注入氨化剂氨化的方法。一般情况下，每 6 千克秸秆加入 1 千克溶度为 18% 的氨水。

（3）尿素氨化法　秸秆上存在脲酶，当用尿素溶液喷洒秸秆封存一段时间后，尿素就会在脲酶作用下分解出 NH_3，对秸秆产生氨化作用。1 摩尔尿素可水解 2 摩尔 NH_3 和 1 摩尔 CO_2。

（三）生物处理技术

1. 粗饲料的发酵　粗饲料的发酵就是把酵母、曲种等有益微生物接种在秸秆中进行发酵，产生有机酸、酶、维生素和菌体蛋白，使秸秆变得软熟香甜，略带酒味，还可分解其中部分难以消化的物质，从而提高了粗饲料的适口性和利用效率。秸秆发酵处理具有以下优点：不受季节限制，可避开农忙季节进行；简单易行，可就地取材；成本低，是氨化处理成本的 18%，原料广，玉米秸、稻草、麦秸、花生壳、干苜蓿梗均可；适口性好，有酸甜酒香味。秸秆饲料发酵的好坏与曲种的质量有直接关系，因此发酵曲种应具备活力强、生长快、生产率高、杂质少、有益微生物多等特点。连续发酵时由于次数越多，发酵质量越差，应适时更新曲种。

曲种的制法：取麦麸 5 千克，稻糠 5 千克，瓜干面、大麦面、豆饼面各 1 千克（料不全时，可全用麦麸），曲种 300 克，水约 13 千克，混合后放在曲盆中或地面上培养，料厚 2 厘米，12 小时左右即增温，要控制温度不超过 45℃。经一天半，曲料可初步成饼，进行翻曲 1 次，3 天成曲。曲种应放在阴凉通风、干燥处存放，避免受潮和阳光照射。

发酵饲料的制法：把秸秆切成 2～4 厘米长，取其 50 千克，加曲适量，加水 50 千克左右，拌匀后，以手紧握，指缝有水珠而不滴落为宜。冬天可加温水以利升温发酵，将拌好的秸秆松散堆成 30～60 厘米的方形堆或装缸，冬季盖席片，封闭 1～3 天即可。

2. 秸秆微生物发酵

（1）菌种复活　先将秸秆发酵活杆菌（每袋 3 克）倒入 200 毫升水中充分溶解，然后在常温下放置 1～2 小时，使菌种复活；然后将复活好的菌液倒入充分溶解的 0.8%～1.0% 食盐水中拌匀。可处理麦秸秆、稻秸秆、玉米秸秆 1 吨或青绿秸秆 2 吨。

（2）秸秆揉丝和入窖　用于微贮秸秆粉碎或揉丝，长度以 3 厘米为佳。入窖前先在窖底放 20～30 厘米厚的秸秆，均匀喷洒菌液水，压实后再铺 20～30 厘米，再喷再压实直到离窖口 40 厘米再封口。如果当天装不完，可盖上塑料膜第二天继续。

（3）**封窖** 分层装，压实，直到高出窖口 30～40 厘米，再充分压实后在最上面一层均匀洒上食盐粉，再压实后盖上塑料膜。每平方米食盐用量为 250 克确保微贮上部不发生霉变。盖上膜后在上面撒 20～30 厘米稻秸粉、玉米粉、麦秸秆，覆土 15～20 厘米密封，保持微贮窖内呈厌氧状态。

（4）**注意事项** 在制作时可加入 0.5％大麦粉、麦麸、玉米粉，为菌种繁殖提供营养。微贮要求水分在 60％～70％为好。贮后一般在 21～30 天后才能取喂，取喂先从一角开始从上到下逐段取。每天取后须立即将口封好封严，避免雨水浸入变质。体重 50 千克的绵羊日喂量 1～1.5 千克；微贮饲料由于制作时加入食盐，这部分食盐应在饲喂绵羊的日粮中扣除。特别要注意窖最上面一层撒的食盐比较多。制作完后，要及时检查，贮料下沉时要及时培土或挖排水沟。

3. 柠条生物发酵技术 柠条粗蛋白质含量高，但因其含有鞣酸及一些挥发性化学物质，鲜草有特别重的苦味，适口性差，且柠条复叶尖、叶基部有小刺，茎秆木质素含量高，比较粗硬，绵羊不愿采食，柠条中含有单宁等有害成分也不宜直接喂羊。内蒙古农牧业科学院国家绵羊产业体系岗位专家课题组，以柠条为原料利用物理加工技术和生物发酵技术相结合制作成适口性好、消化率高的新型绿色生物粗饲料。

（1）**柠条收割** 按照林业部门的规定，选择种植 5 年以上的，便于机械化操作的柠条地进行平茬，留茬高度 8 厘米。

（2）**柠条揉丝** 柠条枝条原料收回后，适当晾干，用专用机械进行揉丝或粉碎，备用。

（3）**生物处理** 取生产量千分之一的柠条专用菌剂放入 200 升以上容器内，按 1％的量加入玉米面，然后加入 35～40℃温水 150 升，搅拌均匀，放置 1 小时备用。再将粉碎好的原料与菌液、清水搅拌混匀，最终含水量 55％～60％。

（4）**发酵贮存** 可装入发酵专用袋中密封发酵，也可用窖发酵，粉碎后原料逐层装入，边加菌液，边加水，加到 20～30 厘米厚时，压实，再装。直到填满，密封窖顶，7～10 天后发酵完成，即可进行饲喂。

（5）饲喂方法及效果　绵羊用 0.5～1 千克柠条发酵饲料代替同量的粗饲料或玉米青贮。饲喂育肥羊，提高日增重和饲料转化率，经济效益显著。牧区及农牧交错区柠条生态林种植面积大，开发柠条生物发酵饲料，既保护了环境又为绵羊业发展提供了饲料。

第四节　非常规饲料开发与利用

我国酿造业、酿造业和副食加工业发达，糖制品、酒类及果汁类产量很大。据国家统计局公布的数据显示，2009 年我国白酒产量 706.93 万吨，啤酒产量超过 4 236.38 万吨，葡萄酒产量 96 万吨，据有关资料报道，每生产 1 千克白酒或曲酒、啤酒、葡萄酒，可分别产生 3.75 千克、0.78 千克、0.42 千克酒糟，各种酒糟的产量近 5 996 万吨。再加上果汁、醋、酱油、糖等产品生产的副产品近千万吨，这是一笔反刍动物可以利用的丰富饲料资源。2009 年调研发现，养殖户都是利用新鲜酒糟、醋糟和果渣，但新鲜糟渣饲料含水量大、酸度高、易腐败、不利于贮存，长期和过量使用育肥羊导致腹泻、消化不良；母羊酸中毒、流产；造成一定经济损失。在绵羊生产中，需要采用不同加工调制技术，合理利用酒糟、醋糟、果渣等食品加工业副产品，提高酒糟、醋糟和果渣的营养价值和延长保存时间，使之变废为宝，既减少了其发酵的碳排放，保护环境，又可降低养殖成本，增加经济效益。

一、制糖工业副产品饲料

制糖工业副产品饲料主要有甜菜渣、甘蔗渣和糖蜜等。

（一）甜菜渣

甜菜的出渣率是其产量的 45%，因而可推测全国甜菜渣资源量 650 万～730 万吨，主要分布在我国北方省区，黑龙江省多达 243 万吨，其次是新疆 148 万吨，内蒙古 117 万吨，还有甘肃、吉林、山西、辽宁、宁夏、河北等省区均有分布，综合利用甜菜渣将会提高糖厂的经济效益和社会效益，也有利于畜牧业发展。

1. 饲用价值　鲜甜菜渣的水分含量为 90% 左右，干物质的主要成分为无氮浸出物和粗纤维；粗蛋白质含量相对高于甜菜；烟酸含量多，而脂溶性维生素少；矿物质中钙多，磷少。甜菜渣的粗纤维较易消化，适口性好，是绵羊良好的多汁饲料，对母羊有催乳作用。甜菜渣作尿素载体，可以降低饲喂后的血氨浓度，改善适口性和饲料转化率等。

2. 加工利用与贮藏

（1）鲜甜菜渣可直接饲喂绵羊　甜菜制糖季节正是冬季，多汁青绿饲料缺乏，甜菜鲜渣是最理想的多汁饲料，不仅价格低廉，而且饲喂效果好。甜菜渣中含有较多的游离酸，喂量过多易引起绵羊腹泻。绵羊平均日喂量 2 千克左右，饲喂前 1 天，可将新鲜甜菜渣与揉丝或切碎的干草混合，即可降低甜菜渣的水分含量，又可软化秸秆，提高秸秆的适口性和消化率；同时需要补饲精料，以补充磷、B 族维生素、胡萝卜素、维生素 D 等不足的营养成分；羔羊和种公羊不适宜饲喂甜菜渣。

（2）干制甜菜渣　将鲜甜菜渣晒干或自然风干后得到干甜菜渣，利于贮存，但营养成分损失较大，晒干的甜菜渣比新鲜甜菜渣粗蛋白质减少 42.6%。干甜菜渣按一定比例加入绵羊精料混合料中，也可在浸泡后，直接饲喂。

（3）厌气鲜贮　鲜甜菜渣贮藏可采用厌气贮藏的方法，贮藏窖大小依甜菜渣的数量而定。一般可按每立方米贮存 800～900 千克计算。厌气贮藏前应将含水量 90% 左右的鲜甜菜渣降

70％～75％，有条件的地区，可添加蛋白质含量较高的豆科牧草进行混合贮藏，效果会更好。经厌气贮藏的甜菜渣比贮藏前的营养价值高，具有酸香味。在饲喂绵羊时，应与碱性饲料混合饲喂，以保证瘤胃的微碱性环境。

（4）青贮 甜菜渣生产期集中，产量大，易腐败变质。可将甜菜渣脱水至65％～75％青贮，或将甜菜渣与其他青干饲料糖蜜等混合，使含水量降至45％～75％青贮。

（二）糖蜜

糖蜜是制糖工业副产品之一，有甜菜糖蜜、甘蔗糖蜜、柑橘糖蜜和水糖蜜等。

1. 饲用价值 糖蜜主要成分是糖，占50％～60％，粗蛋白质含量较低，为3％～6％，能量高，矿物质元素丰富，为8％～10％，除钠、磷、锌含量略少外，其他常量元素与微量元素都超过了绵羊的需要量，而且易消化，有甜味，适口性好。

2. 加工利用与贮藏

（1）饲料中直接添加 添加到配、混合饲料中可改善饲料的味道，提高适口性；减少饲料粉尘，防止饲料厂的污染；为绵羊提供部分能源和可利用的碳，有利于提高绵羊瘤胃微生物的活性。糖蜜对畜禽有滑肠作用，所以糖蜜的喂量不宜过多，否则会引起绵羊腹泻。其适宜添加量为约为4％，也可在糖蜜中添加尿素，制成氨化糖蜜，改进饲喂效果。

（2）加工颗粒饲料 作为颗粒饲料的黏合剂，可提高颗粒饲料的质量。

（3）添加青贮 添加2％～5％糖蜜到青贮料中能为乳酸菌提供可利用的碳水化合物，可调制出品质好的青贮料，对难于青贮的原料（如豆科牧草）创造了有利的青贮条件。

（4）贮存 糖蜜贮藏的最佳温度为32～38℃，超过40℃会使糖分解，降低营养价值。贮存过程中应防止进水，否则会引起发酵，生成二氧化碳和乙醇蒸气，使糖蜜品质下降。

二、酿造工业副产品饲料

酿造工业副产品饲料主要有麦芽根、啤酒酵母、啤酒糟、白酒糟、酒精糟、酱油糟、醋糟等。

（一）啤酒糟

1. 饲用价值　啤酒糟乃酿酒谷类除去可溶性碳水化合物之残渣，其蛋白质、粗纤维、脂肪、维生素及矿物质含量，与酿酒谷类相似。其粗蛋白质含量占干重的 22％～27％，粗脂肪 6％～8％，亚油酸 3.4％，无氮浸出物 39％～48％（主要是戊糖），钙多磷少，粗纤维含量较高。

2. 加工利用与贮藏　啤酒糟具有大麦芽的芳香味，含有大麦芽碱。是绵羊的一种安全饲料。但是它体积大，能量含量低，难于运输，所以，用作饲料时又受到许多限制。目前，啤酒糟主要用于酒厂周围的养殖场。湿啤酒糟是用于绵羊的日粮中，在补充精料的前提下，绵羊喂量每天 1～2 千克湿啤酒糟，为保持瘤胃酸碱平衡，应添加适量小苏打。

鲜啤酒糟含水 80％左右，易自行发酵而腐败变质，最好直接就近饲喂，或采用厌气贮藏法贮藏一段时间后，再进行饲喂。生产中常将鲜啤酒糟进行脱水处理，制成干啤酒糟再作为饲料。湿啤酒糟在有排水条件的青贮窖中制作啤酒糟青贮料。为了确保适宜的发酵，可补加 2％～3％的糖蜜，发酵 4～6 周后，就能制成一种非常好的青贮料。也可分层沉淀贮藏，将鲜糟置于池中，过 2～3 天表层渗出清液，将清液除去后，再加新鲜糟。这样层层添加，最后一次清液不要排干，用以隔绝空气，然后用木板等盖好。这种方法保藏的糟呈糊状，气味好，营养价值比鲜糟高。

（二）白酒糟

用谷物酿造的白酒或曲酒，同时得到副产物——酒糟。酒糟的化学成分随谷物的类型和加工方法而异。最常用的谷类是玉米、甘薯、高粱、黍等。

1. 饲用价值 酒糟在酿造过程中，经过高温蒸煮、微生物糖化、发酵等过程，产品质地柔软，清洁卫生，适口性好。其营养价值因原料和酿造方法不同而有很大差异。酒糟中可溶性碳水化合物发酵被提取，其他营养成分如粗蛋白质、粗脂肪、粗纤维与灰分等含量相应提高，而无氮浸出物则相应降低，营养物质的消化率与原料相比没有差异，属于蛋白质饲料。但酿造酒的过程中，常在原料中加入一定比例的麦壳或稻壳作为疏松通气物质，以便多出酒，而使酒糟的营养价值大为降低，只相当粗饲料的水平，而未掺谷壳的酒糟和湿法分离去除谷壳的酒糟，其蛋白质含量可达 20% 以上。

2. 加工利用与贮藏

（1）直接饲喂 在绵羊生产中，酒糟不要单一饲喂，要按一定比例与揉丝秸秆和精料混合后饲喂，一方面利用绵羊反刍，另一方面补充蛋白质不足；鲜糟最好经过加工或贮藏一个月以上再用，以免由于乙醇未挥发完全而造成乙醇中毒；鲜糟使用时需添加 0.5%～1.0% 的生石灰，以降低酸味，增加适口性。主要用于育肥羊。

（2）制成干酒糟 将酒糟晒干或自然风干后得到干酒糟，利于贮存。

（3）湿糟青贮 鲜酒糟用缸、窖、堆等方法贮藏，使酒糟在适宜的温度，适宜的含水（60%～70%）条件下，加上酒糟本身所含游离乳酸、醋酸（pH4～5）等控制，再踏实、封闭，与外界条件隔绝，这样鲜酒糟便可长期贮藏，营养价值可得以保持。或者与其他干草原料一起青贮。

（4）微生物发酵 赵华等（2004）以 25% 秸秆粉、75% 酒糟、2% 的硫酸铵为原料，用白腐真菌和热带假丝酵母混合发酵，纤维素含量显著降低，蛋白质含量显著提高。改善酒糟和秸秆的品质，提高了其总的消化利用率。目前应加快混合菌种产品的开发，简化使用程序，以便充分而有效的利用酒糟。

（三）酱油糟和醋糟

酱油和醋是东方人特有调味品，属发酵产品。制造酱油和醋过程中所产的残粕，即酱糟和醋糟。其营养价值因原料和加工工艺不同而有差异，粗蛋白质、粗脂肪和粗纤维含量较高，而无氮浸出物则较低。

1. 酱油糟　酱油的原料主要是大豆、豌豆、蚕豆、豆饼、麦麸及食盐等，这些原料按一定比例配合，加水浸泡后，经曲霉菌发酵使蛋白质和淀粉分解等一系列工艺而酿制成酱油，剩余残渣就是酱油糟。

（1）饲用价值　酱油糟一般含水量约50%左右，风干酱糟含水量约10%，粗蛋白质19.7%～31.7%，粗纤维12.7%～19.3%，含盐量5%～7%，含丰富的B族维生素和微量元素铁、锌、硒、锰等。

（2）利用　酱油糟含盐量高，一般为7%左右，也不宜单喂，应与含盐量较低的饲料相混合，以防食入过多的盐，引起家畜中毒。

2. 醋糟　麦麸、高粱及少量碎米等原料经发酵酿造，提取醋后剩余残渣就是醋糟。我国年生产醋糟近200万吨，大部分都闲置，给环境造成有机污染。

（1）饲用价值　醋糟含水量65%～70%。风干醋糟含水量约10%，粗蛋白质9.6%～20.4%，粗纤维15.1%～28%，能值较低，钙高磷低，含丰富的B族维生素和微量元素铁、锌、硒、锰等，含有未发酵淀粉、糊精、氨基酸、有机酸等。

（2）加工利用与贮存　醋糟中含有醋酸，有酸香味，在山西太原、晋中等酿醋集中的地区，有的养殖户直接用新鲜醋糟直接喂育肥羊，补充部分精饲料；有的养殖户将醋糟与秸秆粉混合后饲养，由于醋糟水分较大，酸度高，时常有酸中毒发生，育肥羊增重受限；有些养殖户将醋糟风干后，与按一定比例与精饲料混合使用，育肥效果良好；还可以将醋糟与秸秆混合贮存；为增加醋糟的利用率和提高醋糟营养价值，山西农业大学绵羊课题组开展了醋糟生物发酵技术研究，以 89％醋糟、10％玉米粉、1％硫酸铵为原料，用米曲霉菌和热带假丝酵母菌联合发酵醋糟，发酵后醋糟纤维素含量降低，蛋白质显著提高，而且操作简单，方便使用。一般母羊日粮中醋糟比例不宜超过 15％。

三、豆腐、淀粉的副产品饲料

（一）豆腐渣

我国是豆腐发源国，全国各地都生产豆腐，年生产约 3 500万吨豆腐渣。

1. 饲用价值　豆腐渣饲用价值高，干物质中粗蛋白质含量21％～33％，粗脂肪含量 10％～12％，由于维生素则大部分转移到豆浆中，维生素含量极低。与豆类籽实一样也含有抗胰蛋白酶等有害因子。

2. 利用与贮藏　在我国许多地区，鲜豆腐渣直接用来饲喂绵羊，对绵羊的正常生长和增重都有好处。干燥后的豆腐渣可作为配合饲料原料。新鲜豆腐渣含水量高，必须尽快利用，否则会腐败变质。豆腐渣可采用单贮或与秸秆、干草混贮。与酒糟混贮时，窖底先铺 30 厘米左右的酒糟，再装豆腐渣，装满后再盖一层 60 厘米厚的酒糟，顶部搭个屋脊形的棚子，严防漏雨，发酵后适口性好。

（二）粉渣

淀粉生产过程中产生的副产品是粉渣和粉浆。每年约可产300 多万吨。

1. 饲用价值　粉渣含水量约 90％，无氮浸出物含量 50％～77％，水溶性维生素含量较高，但体积大、能值低、易腐败。粉渣营养成分随原料变化而不同，玉米粉渣的营养较高，干物质中粗蛋白质含量 22％左右，粗纤维 6.5％；而马铃薯和甘薯粉渣的蛋白质含量分别为 1.4％和 4.9％；钙、磷含量都较低。

2. 利用与贮藏　鲜粉渣含可溶性糖，经发酵产生有机酸，

pH 4.3左右，存放时间愈长，酸度越大，易被腐败菌和霉菌污染而变质，甚至丧失饲用价值。粉渣饲喂绵羊时，可以与尿素、糖蜜等饲料搭配，以满足家畜的营养需要。粉渣一般是晒干贮存，也可以采用单贮或混贮，方法与豆腐渣一样。

四、果渣

我国是世界上生产水果的主要国家之一，水果产量达2 500万吨，仅次于粮食、油料和糖料，居我国主要农产品产量的第四位。水果罐头厂、饮料厂、果品加工厂加工后，其剩余物主要有果浆、果核、果皮等，尤以苹果渣、葡萄渣、柑橘渣、山楂渣、番茄渣等居多。每加工1吨水果，可产果渣400～500千克，全国水果加工量是其产量的40％左右，约有果渣资源量800万吨，这是极可观的资源。果渣含有丰富的营养物质，还含丰富的糖类、果胶等物质，为微生物的滋生繁殖创造了适宜条件，废弃的苹果渣极易腐败发臭。不仅造成了资源的浪费，而且污染环境。国外有的国家已将果渣作为猪、鸡、牛的标准饲料成分列入国家颁发的饲料成分表中，饲喂效果良好，经济效益显著提高。

（一）苹果渣

我国每年产苹果渣约200万吨。苹果渣由果皮、果核和残余果肉组成，含有可溶性糖、维生素、矿物质、纤维素等多种营养物质，是良好的多汁饲料资源。

1. 饲用价值 苹果渣营养含水量70％～80％，干物质中粗蛋白质含量低，仅为6.2％，粗脂肪含量6.8％，粗纤维16.9％；钙磷含量低，微量元素铜、铁、锰含量较高，干果渣的铁含量是玉米的4.9倍；赖氨酸、蛋氨酸和精氨酸的含量分别是玉米的1.7倍、1.2倍和2.75倍；维生素B_2是玉米的3.5倍。果渣还含糖类6％～8％、果胶0.9％～1.9％，另外还有大量的酸性物质（苹果酸）、酚类物质（单宁）等，是绵羊良好的多汁饲料来源。

2. 加工利用与贮藏 苹果渣的生产有明显的季节性，且鲜渣水分高、酸度大 pH3.5～4.8，易酸败，不易贮存。可鲜喂，也可加工贮存，供绵羊常年使用。

（1）鲜喂　在果汁场附近的养殖户，可用鲜喂，但由于酸度大，适口性较差，需要 7～14 天过渡期，饲喂量不宜超过日粮的30％，最好与秸秆粉、精饲料混合后饲喂，如酸度过大，可用0.5％～1.0％的食用碱或小苏打处理后再喂。

（2）自然窖贮　在苹果渣生产季节，将鲜苹果渣运回、填窖、压实、封口，自然发酵贮存。在山西晋中地区，采用自然窖贮，可保存 1 年。

（3）青贮　用 1～2 天内加工的无污染的新鲜果渣，可与青贮玉米或秸秆、野青草、糠麸和铡短的干草混合青贮，随运随贮。如添加适量的尿素，还可提高蛋白质含量。混合青贮与少量精料混合后直接喂羊，效果良好。

（4）生物发酵处理　由于苹果渣的无氮浸出物含量较高，只需添加尿素、尿酸或硫酸铵作为氮源，经微生物发酵可将其转化为蛋白饲料，平衡改善和苹果渣的营养价值。中国农业科学院饲料所以酵母菌为主的益生菌接种到果渣中进行发酵培养，获得富含酵母活菌、益生菌代谢产物的发酵产物，饲喂奶牛效果良好，这可能是发酵产物中的益生菌和益生菌发酵培养物等活性物质进入瘤胃之后，与瘤胃微生物发生协同作用，调整瘤胃微生物区系，可提高瘤胃微生物对饲料的利用，同时提高瘤胃微生物蛋白质的产量。还可以用混菌进行发酵，优良菌种组合有黑曲霉＋酵母菌，白地霉＋康宁木霉或白地霉＋米根霉，苹果渣发酵产物蛋白质含量可提高 9％～20％，显著改善和平衡了苹果渣营养。

（5）干燥　苹果渣经自然风干或人工干燥后的干苹果渣，适口性好、容易贮存、便于包装和远程运输，而且还可作为各种畜禽的配合饲料、颗粒饲料的原料。自然干燥不需要特殊设备，只要有个晾晒的水泥地面或砖地面场地就行，投资少、成本低，但需要有连续几天的晴天方能晒干，制成水分含量 10％～15％的干苹果渣。干苹果渣粉可用作配（混）合饲料的原料，并能取代部分玉米和麸皮，绵羊精料补充料中比例 10%～25%。

（6）先青贮再自然干燥　在生产旺季鲜苹果渣先青贮起来，到来年夏季再将青贮好的果渣晾晒干燥。这时自然干燥只需 2～3 天，晚间不用收，省劳力、省时间，干燥的效果好，质量高。

（二）番茄渣

我国番茄皮渣年产约 30 万吨。是番茄酱加工厂的副产物，含有 42%～45%番茄果皮和 55%～58%番茄籽，番茄籽中蛋白质含量高达 37%，其油脂和钙等成分含量丰富，是非常好的绵羊饲料来源。由于番茄皮渣的季节性强，产量大，含水量高，极容易腐败，处理不及时会造成环境污染。

1. 饲用价值　番茄渣营养含水量约 80%，干物质中粗蛋白质含量 14%～22%，粗脂肪含量 24.5%，粗纤维 34.3%；钙含量丰富，每 100 克番茄果皮和种籽分别含 336 毫克和 247 毫克，镁、磷和钾含量较高；其氨基酸种类齐全，富含赖氨酸、精氨酸、谷氨酸、亮氨酸等。

2. 加工利用与贮藏　番茄渣水分含量高、营养丰富、易酸败霉变，保存时间很短，严重影响了其利用率。

（1）鲜喂　将新鲜番茄与丝状秸秆粉混合使用，番茄渣的水分也显著降低，而秸秆吸收番茄渣水分而软化，这样即可防止番茄渣腐败，也可提高秸秆的营养价值。

（2）干燥　新鲜番茄皮渣水分含量大，自然干燥需时长，经常翻动，否则也已发霉变质，产生霉菌毒素；较好的方法是先将新鲜番茄离心至半干，然后自然干燥；或直接人工干燥。

（3）混合青贮　将番茄渣与秸秆粉、干草或玉米芯粉等粗饲料混合发酵后使用。有研究结果表明番茄渣与玉米秸秆混合比例为 60∶40 和 70∶30，发酵时间 45 天后青贮效果最好。

（4）生物发酵技术　新鲜番茄渣可利用乳酸菌发酵，产生大量乳酸、细菌素等物质抑制或杀死有害菌，使其得以长期保存，经过微生物保存技术处理后的番茄皮渣颜色鲜艳，保留新鲜番茄的味道，而且在晾晒的过程中不容易发霉变质。目前，有关新鲜番茄渣混菌发酵方面研究还在进行中，其研究成果将可进一步加大新鲜番茄渣的利用率。

（三）葡萄渣、籽和皮梗

我国是葡萄生产大国，葡萄加工方式也较多，葡萄酿酒或加工果汁后，会产生大量葡萄渣、葡萄籽或葡萄皮梗。其营养含量也较丰富，但也含有一些抗营养因子，适当加工处理后，是绵羊很好粗饲料资源。

1. 饲用价值　葡萄渣含水量52.7%，粗蛋白质11.5%，粗脂肪10.5%；葡萄籽含水量36.3%，粗蛋白质9.3%，粗脂肪16.5%，两者钙和磷含量丰富；微量元素和维生素含量丰富；赖氨酸含量较高，但限制性氨基酸如色氨酸和含硫氨基酸含量较低，而且葡萄籽中含有单宁等抗营养因子。

2. 加工利用与贮藏　葡萄皮、籽渣用途比较广泛，可用来提取色素、酒石酸和葡萄籽油等，也可以用作饲料。葡萄皮、籽渣可以干燥后直接饲喂，李会菊等研究结果显示在小尾寒羊母羊日粮中添加8%的干葡萄渣，可提高母羊体重，粗蛋白质和能量的表观消化率明显提高。许多在葡萄酒厂附近的养殖户，直接用鲜渣来喂羊，效果也较好，但是添加比例不宜过高。

五、菌糠

菌糠是指栽培各种菌类以后剩下的废料。我国每年各类菌糠总量80万～100万吨，其主要基质棉籽壳、锯木屑、稻草、玉米芯、甘蔗渣及多种农业秸秆等，这些基质经过多种微生物的发酵后，粗纤维素和木质素含量约50%和30%，其含有大量菌丝体和蛋白质，粗脂肪含量增加。菌糠中所含氨基酸、菌类多糖及铁、钙、锌、镁等微量元素都较丰富，完全可以替代绵羊日粮一部分饲料用粮。

（一）饲用价值

不同培养基组成菌糠其营养价值不同，以稻草、麦秸和干牛粪组成培养基，采菇 5 批后晒干后菌糠的粗蛋白质为 10.2%、粗纤维 9.3%、粗脂肪 0.12%、无氮浸出物 48%、钙 3.2% 和磷 2.1%；以棉籽壳为培养基的菌糠中含粗蛋白质 13.1%、粗纤维 31.6%、粗脂肪 4.2%、无氮浸出物 33.0%、钙 0.21% 和磷 0.07%；以木屑为主要原料的香菇菌糠的粗蛋白质 8.7%、粗脂肪 6.2%、粗纤维 30.6%、矿物质 7.93% 和无氮浸出物 42%；以砻糠为主要原料的香菇菌糠的粗蛋白质 7.2%、粗脂肪 8.9%、粗纤维 25.6%、矿物质 2.8%、无氮浸出物 33.3%；以玉米芯为原料的香菇菌糠的粗蛋白质含量 9.5%，粗纤维 24.4%，木质素 9.5%，与原材料相比，营养大大改善。

（二）加工利用与贮藏

新鲜菌棒有浓重的蘑菇气味，绵羊采食积极性不高。需加工调制后饲喂。

1. 自然干燥　菌棒自然干燥后，蘑菇气味下降，按 10%～15% 比例与精饲料混合后饲喂，育肥羊增重效果好。

2. 生物发酵菌糠　山西农业大学绵羊课题组开展了不同酵母菌发酵菌糠饲喂绵羊效果的研究，将产朊假丝酵母、热带假丝酵母、酿酒酵母接种到 89% 菌糠、10% 玉米粉和 1% 尿素混合基质上，发酵 3 天后，3 种酵母菌发酵的菌糠为酒香味，已无菇味，自然发酵组菇味仍较浓；饲喂半饱腹状态下绵羊，酿酒酵母和热带假丝酵母的采食性较高；发酵 7 天后，均为酒香味，饥饿状态下绵羊均采食，根据采食的积极性：酿酒酵母≥热带假丝酵母＝产朊假丝酵母＞自然发酵；酿酒酵母和热带假丝酵母组菌糠的中性洗涤纤维和酸性洗涤纤维含量均降低，真蛋白含量增加。该技术操作程序简单、方便绵羊养殖户使用。

我国非常规饲料资源非常丰富，在绵羊生产中注意开发与利用，以降低养殖成本，提高经济效益。

第五节　绵羊日粮的低碳调制技术

绵羊日粮合理调制，可平衡各种饲料营养，发挥饲草料组合正效应，提高其利用效率，在降低饲养成本同时减少甲烷排放量。

一、饲料组合效应

饲料组合效应主要发生在反刍动物，因此，在绵羊日粮调制过程中，尽可能发挥利用正饲料组合效应，提高饲料消化利用率或采食量，降低甲烷排放量。

（一）正饲料组合效应

正饲料组合效应是指混合饲料的消化利用率或采食量高于各个饲料加权值之和。日粮中如用易消化的纤维性饲料如苜蓿、甜菜渣等作为能量补充料，可很大程度上提高了纤维素的消化利用率，发生正的组合效应；Silva 试验研究表明，在大麦秸秆日粮中补充甜菜渣和少量的鱼粉，能显著提高秸秆的消化率和采食量。另有研究表明劣质的牧草补加少量易发酵碳水化合物可促进纤维物质的消化，两者产生了消化率上正的组合效应。Liu 等研究证明在正的组合效应下，100 天的育肥期，每只羊可节省饲料费用 9～12 元。因此，在配制日粮时，要考虑日粮原料的选择，尽可能选择有正向效应的饲料组合。

（二）负饲料组合效应

负饲料组合效应是指混合饲料的各组分营养相互抑制或拮抗，以至于消化率或采食量低于各个饲料加权值之和。严冰等发现混合补饲菜籽饼和桑叶的湖羊的日增重分别比单独补饲菜籽饼的低 19%～31%，比单独补饲桑叶的低 15%～27%。体外发酵也发现桑叶与菜籽饼之间存在负组合效应，这种负效应是导致湖羊日增重慢的主要原因之一。Flachowsky 等发现当日粮含 70%

的压扁大麦时，氨化秸秆的消化率只有 22%，而饲喂同一水平的整粒大麦，秸秆消化率则是少量降低；当日粮中含有高水平的易发酵的碳水化合物，则不利于纤维的消化，出现了负的组合效应；另外，玉米青贮和碎玉米组成日粮喂羊，也会发生饲料组合负效应。从上面例证可以看出，绵羊饲料组合负效应主要表现在日粮纤维或淀粉等的消化被抑制。

瘤胃内微生态环境的变化是饲料组合效应发生的主要诱因。所有影响瘤胃内环境的因素都可能影响饲料组合效应，因此，在日粮调制时，各种饲草料适量配比，营养互补，改善和优化瘤胃内环境，保证瘤胃微生物最佳状态，提高粗饲料或淀粉等营养物质的消化利用率，避免发生饲料组合负效应。

二、绵羊低碳营养调控技术

甲烷是饲料中碳水化合物在瘤胃内发酵的一种副产物，不能被绵羊机体利用，通过嗳气排出到大气中，既造成了能量损失，又污染了环境。甲烷菌存在有利于消耗瘤胃内氢，降低了氢分压，给瘤胃产氢的原虫和纤维降解细菌等提供良好生存状态，提高其他微生物特别是分解纤维素微生物的发酵能，有益于瘤胃微生态的平衡。甲烷菌存在对绵羊来说是必需的，但其数量是可调控的，因此，采取有效技术措施，限制甲烷菌数量，达到碳低排放的目的。据研究，饲料营养成分不同，甲烷排放量也不同，饲料的各养分中，粗纤维对甲烷排放的贡献率最高，约占 60%，无氮浸出物占 30%，粗蛋白质占 10%。因此，在绵羊可利用的饲料中，粗纤维含量高的饲料甲烷排放量就高；饲料物理形态、化学和微生物处理也可降低甲烷排放量；另外，日粮采食量也影响甲烷总产量。这样，从日粮营养调控角度，创造适宜的瘤胃内环境，合理调整日粮结构、改善饲料加工方式、利用甲烷菌抑制剂，最大限度降低绵羊瘤胃甲烷菌数量，降低甲烷排放量，发展低碳型养羊业。

（一）优化瘤胃内环境

1. 瘤胃 pH 调控　日粮营养成分种粗纤维对甲烷排放的贡献率最高，那么就应给绵羊瘤胃创造一个适宜发酵瘤胃内环境，提高粗纤维的利用效率，降低甲烷产生量。研究表明瘤胃 pH 处于中性时，分解纤维的微生物最活跃，纤维素的降解率最高；随着 pH 的降低，纤维素降解率显著降低，当 pH5.9～6 时，只有极少数瘤胃原虫存活，纤维素降解停止。为保持瘤胃纤维素高效降解和利用，在配制日粮时，可采取以下措施使之处于中性环境。

（1）合理饲料搭配　可以通过酸性饲料和碱性饲料搭配，保持瘤胃 pH 中性。

（2）添加缓冲剂　当日粮以精饲料为主、精饲料比例较高时，应在日粮添加 0.5%～1.0%碳酸氢钠；当日粮以青贮为主时，应在日粮添加 0.2%氧化镁或 0.5%膨润土，调整瘤胃 pH 使之处于中性环境。

（3）改变饲喂制度　增加每日饲喂次数，促进瘤胃内容物的流通，保持 pH 稳定。

2. 流通速度的控制　饲料在瘤胃中流通速度快，降解率就相应较低；饲料颗粒大小直接影响着饲料的流通速度，颗粒细小饲料，通过瘤胃速度快，饲料干物质消化率降低；因此，配制的日粮要有一定的粒度，不能过细。

3. 瘤胃微生物区系优化　日粮中添加维生素、微量元素、酵母培养物等。

（1）添加微生物　日粮中适量添加维生素，可刺激瘤胃微生物的生长，进而促进瘤胃微生物合成蛋白质，增加了微生物蛋白产量。

（2）添加益生菌　日粮中添加酵母培养物能选择性刺激瘤胃特定微生物的生长，改变微生物区系，使瘤胃内有益微生物浓度升高及活性增强，有利于粗纤维及其他营养物质的消化，并破坏、降解能导致瘤胃失衡的代谢中间产物。

(二)改善饲草料加工技术

当粗饲料木质化程度高时，消化率就低，甲烷排放量增加；高质量的牧草或未成熟的粗饲料，纤维素的消化率可达90%，甲烷排放量相对小；秸秆经化学或生物处理后，纤维素类物质的分解程度增加，秸秆细胞壁膨胀，便于微生物纤维素酶渗入而易于消化，纤维素消化率提高，可有效降低甲烷排放。在绵羊生产实践中，通过粗纤维加工调制技术，改变粗纤维的形态，提高粗纤维品质，降低甲烷排放量。饲草料加工调制的具体技术措施见本章的第二至第五节。

(三)添加有机酸

延胡索酸作为丙酸生成的中间体，可以增加绵羊瘤胃丙酸产量。Lopezs等研究发现延胡索酸可减少6%的甲烷生成量。此外，Itashi的试验表明，在特定日粮条件下添加延胡索酸可使甲烷和二氧化碳释放量减少20%。

(四)添加甲烷抑制剂

瘤胃内90%产甲烷菌附着在原虫上，因此通过驱除原虫而降低甲烷菌数量。

1. 添加中链饱和脂肪酸或长链不饱和脂肪酸 瘤胃原虫添加中链饱和脂肪酸或长链不饱和脂肪酸特别敏感，添加富含这些成分的物质可使甲烷产量减少10%~15%。

(1) 添加适量的植物油 有研究表明添加亚麻油和豆油显著降低了甲烷菌和原虫数量，降低了甲烷生成量；另有报道在绵羊日粮中添加椰子油、葵花油、亚麻籽均可显著降低甲烷产量。油脂添加量一定要适度，若添加量大于5%，则易引起瘤胃有机质和粗纤维降解率的下降，导致饲料消化利用率降低。

(2) 添加富含脂肪酸的植物籽实 闫伟杰等研究表明，用每千克日粮中添加250克全棉籽的基础日粮饲喂绵羊，甲烷的产气量减少了 12%～14%。Machmuller 等报道日粮中添加葵花籽（富含亚油酸）和亚麻籽（富含亚油酸和亚麻酸）均可显著降低甲烷产量和原虫数量。

（3）添加脂肪酸　日粮添加亚麻酸降低了甲烷菌和原虫数量，与添加亚麻油相比，亚麻酸效果更佳。Odongo 的研究表明日粮中添加肉豆蔻酸可以抑制反刍动物产甲烷菌的活性，降低甲烷产量。李玉珠等研究指出日粮中添加未酯化月桂酸可分别减少甲烷产量 22.2%。饲料中添加油酸或亚油酸钙时，可减少约 7% 的甲烷排放量。

2. 饲喂天然原虫抑制剂　葱属植物、皂苷类植物或单宁类植物可有效降低甲烷排放量。

（1）葱属植物　研究成果表明，将大蒜作为反刍动物的饲料添加剂，可使其消化过程中排放的甲烷气体减少 50%。葱属植物在草原上具有广泛的分布，如野葱、野韭等植物都含有此类物质。

（2）皂苷类植物　从茶科植物中提取茶皂素或从丝兰属植物提取的丝兰皂甙可降低瘤胃原虫数量，增加丙酸含量，抑制甲烷的产生。

（3）单宁类植物　单宁有明显的降低甲烷效果，日粮中适量添加含有单宁的植物，降低绵羊甲烷产量。

（五）添加微量元素

矿物质元素大多对原虫起抑制作用，并且为某些瘤胃细菌所必需；其中瘤胃微生物能将硒结合进自身的蛋白质中，从而促进瘤胃微生物的繁殖。微量元素铜是瘤胃微生物所必需的，可通过改变瘤胃内环境状态而影响微生物的生长状态，从而影响瘤胃纤维降解菌群和纤维物质的降解。

（六）调整日粮结构，适当提高精粗比

甲烷排放量与瘤胃发酵类型密切相关，当绵羊饲喂以粗饲料为主日粮时，瘤胃以乙酸发酵为主，甲烷排放量就多；当饲喂以

精饲料为主日粮时，瘤胃发酵以丙酸发酵为主，甲烷排放量就少；在兼顾日粮成本的情况下，适当增加日粮中的精料比例，可增加其瘤胃的丙酸产量，降低乙酸/丁酸的比例，提高饲料利用率和动物的生产性能，降低甲烷排放量。日粮以粗饲料为主时，可添加适宜的蛋白质、可溶性糖类和矿物质元素，提高粗饲料的消化率，降低甲烷排放量。

三、日粮配合原则

绵羊的日粮配合应按照绵羊的不同生理阶段、不同育肥类型的营养需要为依据，根据绵羊的消化特点，合理选择多种饲草料原料进行搭配，采取多种营养调控措施，日粮的优化设计，为绵羊瘤胃微生物创造一个适宜内环境，使其充分发挥生长潜能和繁殖潜能，并达到低碳排放目的。

日粮配合原则：

（1）绵羊日粮配合以饲养标准依据，否则就无法确定各种养分的需要量。

（2）饲料的来源应本着就地取材的原则，应选当地最为常用、营养丰富而又相对最为便宜的饲料，充分利用农副产品饲料资源，开发新的饲料资源，降低饲料成本。

（3）饲料选择应多样化，充分利用饲料间正的组合效应，提高日粮的营养价值和利用效率。一般至少需 4～5 种饲料，使营养全面且改善日粮的适口性和保持羊只的食欲。

（4）日粮配比要有一定的质量。日粮体积过大，难以吃进所需的营养物质；体积过小，即使营养得到满足，由于瘤胃充盈度不够，难免有饥饿感。

（5）配制的日粮应保持相对稳定。突然改变日粮构成，影响瘤胃发酵，降低饲料消化率，甚至引起消化不良或下痢等疾病。变换饲粮要逐步进行，使绵羊瘤胃内微生物有一个适应过程，正常过渡期为 7～10 天。

绵羊生产配套技术手册

四、日粮配合方法及示例

(一)配制日粮的方法与步骤

第一步,根据绵羊的种类、性别、年龄、体重和预期的日增重等情况,查阅本书第四章第二节绵羊营养需要量(2007年NRC饲养标准),找出每只每天所需的各种营养需要量。

第二步,先选用几种主要的青粗饲料,如青干草或青贮料,根据现有饲料原料的营养成分及营养价值表(参见附录1),或进行实测原料营养成分。

第三步,根据日粮精粗比首先确定绵羊每日的青粗饲料喂量,并计算出该数量粗饲料满足营养需要的余缺量。

第四步,确定剩余应由精料补充料提供的干物质量和营养成分含量,配制精料补充料。应先考虑能量满足,再考虑蛋白质满足。

第五步,调整钙和磷含量,先计算出青粗饲料和精饲料中钙和磷含量,若不足,根据选用原料的钙、磷含量,确定其补充量。按饲养标准添加食盐、微量元素和维生素等。其余的一些添加剂(如甲烷抑制剂)可参考试验研究结果来添加。

(二)日粮配方示例

根据育肥羊的体重,参考饲养标准确定营养需要。目前可供参考的营养标准有美国的 NRC 饲养标准,中国的绵羊饲养标准,中国美利奴羊饲养标准等。如 40 千克体重的羊需风干饲料1.5 千克,可消化能 15.9 兆焦,可消化蛋白质 100 克。结合当地情况选用饲料,为满足 1.5 千克的干物质采食量,可选用野干草、青贮饲料等粗饲料,若供给 1.0 千克野干草,其可消化蛋白质为 22 克,可消化能为 7.49 兆焦,供给 0.2 千克青贮饲料,分别为 0.2 千克,2.2 克,0.47 兆焦,与营养标准相比较,可消化蛋白质缺 75.8 克,可消化能缺 7.94 兆焦。通过营养比较,发现日粮营养缺口较大,需增加蛋白质、能量饲料。暂时以 0.2 千克

184

玉米，0.15 千克豆饼补充，前者可提供 10.4 克可消化蛋白质，3.01 兆焦可消化能，后者分别为 58.1 克，2.30 兆焦。将上述原料的营养物质总和起来，与饲养标准比较，尚差可消化蛋白质 7.3 克和可消化能 2.63 兆焦。对缺少的部分原料，用玉米、豆饼的数量来调整。玉米由 0.2 千克增加到 0.33 千克，豆饼由 0.15 千克提高到 0.16 千克，配方中可消化蛋白质总数为 103.47 克才为标准的 112.7%，可消化能量为 15.38 兆焦，为标准的 96.7%，基本符合饲养标准。

（三）日粮配方范例

1. 育肥羊饲料配方

（1）羔羊育肥精饲料配方 3～4 月龄羔羊三阶段育肥精饲料配方见表 5-2。1～3 天为羔羊的适应期，一般不喂精料，仅为干草。当干草等粗饲料换为精饲料时，替换速度要慢，10～14 天换完；三阶段日粮变换时，约有 1 周替换期。该育肥配方来源于河北农业大学国家绵羊产业技术体系岗位专家的技术成果。

表 5-2 羔羊三阶段育肥精饲料配方

原　　料	4～20 天	21～40 天	41～60 天
玉米（%）	53.5	58	65
麸皮（%）	20	18	15
豆粕（%）	24	21.5	17.5
石粉（%）	1	1	1
磷酸氢钙（%）	0.5	0.5	0.5
添加剂（%）	1	1	1
食盐（克）	5～10	5～10	10

（2）羔羊育肥全价饲料配方羔羊育肥全价饲料配方见表 5-3。配方来源于山西农业大学国家绵羊产业技术体系岗位专家的技术成果。

表 5 - 3 羔羊育肥全价饲料配方（%）

原　料	配方 1	配方 2	配方 3	配方 4	配方 5
玉米	15	33.5	16	15	31
麸皮	3	2.5	3.5	—	2
豆粕	11	3.25	4	6	2.5
DDGS	—	—	—	3.5	6.5
棕榈粕	10	—	11	15	—
胡麻粕	—	9	—	—	5
棉籽粕	—	—	—	5	1.5
磷酸氢钙	0.3	0.5	0.35	0.25	0.45
添加剂＋食盐	0.4＋0.3	0.5＋0.5	0.5＋0.5	0.6＋0.5	0.4＋0.4
碳酸氢钠	—	0.25	0.15	0.15	0.25
豆腐渣	—	—	9（鲜 56.2）	—	—
玉米黄贮	—	20	—	—	25
秕葵花籽壳	—	5	—	—	6
玉米秸秆粉	25	15	35	14	6.5
花生秧粉	35	—	20	30	—
干草	—	10	—	10	12.5

2. 成年羊育肥饲料配方　成年羊育肥全价饲料配方见表 5 - 4。配方来源于内蒙古农牧业科学院国家绵羊产业技术体系岗位专家的技术成果。

表 5 - 4 成年羊育肥全价饲料配方

	原　料	配方 1	配方 2	配方 3	配方 4
精料配方组成（%）	玉米	57.8	57.8	59.9	59.9
	麸皮	14.9	14.9	9.0	9.0
	葵花粕	15.4	15.4	17.7	17.7
	苦豆渣	—	—	8.4	8.4

（续）

	原 料	配方 1	配方 2	配方 3	配方 4
精料配方组成（%）	尿素	0.6	0.6	1	1
	棉籽粕	7.2	7.2	—	—
	石粉	1.8	1.8	1.1	1.1
	食盐	1.1	1.1	1.8	1.8
	添加剂 5%	1.2	1.2	1.2	1.2
精料日喂量（千克）		0.84	0.84	0.84	0.84
粗 料	青贮	0.8	0.35	0.8	—
日喂量	玉米秸秆	0.3	—	0.35	0.35
（千克）	发酵柠条	—	0.35	—	0.35

3. 成年繁殖母羊饲料配方 成年繁殖母羊精饲料配方见表 5-5。

表 5-5 成年繁殖母羊精饲料配方（%）

原 料	配方 1	配方 2	配方 3
玉米	45	56	47
麸皮	9	15	20.5
豆粕	8	9	30
DDGS	13	2	
棕榈粕	10		
葵花粕	12	15	
磷酸氢钙	1	1	0.5
添加剂	1	1	1
食盐	1	1	1

五、TMR 日粮的配制

TMR 日粮是根据绵羊不同生理阶段营养需要的粗蛋白质、

能量、粗纤维、矿物质和维生素等,用特制的搅拌机(专用TMR搅拌机)将揉碎的粗饲料、精料和各种添加剂进行充分混合而得到的营养平衡的全价日粮。有研究表明,TMR日粮可显著降低甲烷排放量。目前,新疆西部牧业股份有限公司的绵羊养殖场已采用TMR饲喂技术,效果良好。也有一些小的养殖场,用粉碎混合搅拌机或卧式混合搅拌机将已揉丝粗饲料、混合精料和玉米青贮按一定比例全部混合后再喂羊,这种方法与TMR饲喂技术类似,营养全面而平衡,饲料浪费少,绵羊采食积极性高,饲喂效果良好,且投入少,值得在一些小型养殖场推广。

(一) 全混合日粮的优势

(1) 有利于开发各种饲料资源。将玉米秸、尿素、各种饼粕类等廉价的原料同青贮饲料,糟渣饲料及精料充分混合后,掩盖不良气味,提高适口性,而且可有效防止绵羊挑食。

(2) 全混合日粮使用可保证日粮营养全价,提高粗饲料利用率。对于个体大、增重快的动物增加喂量便可保证其营养需要。

(二) 全混合日粮加工调制

1. 饲料原料与日粮检测 饲料原料的营养成分是科学配制TMR基础,要定期抽检;原料水分是决定TMR成败的重要因素,一般TMR含水量35%~45%,过干或过湿都会影响采食量,因此,须经常检测TMR水分含量。

2. 饲料配方选择 饲料配方可参照日粮配制的方法。将养殖场的绵羊根据年龄阶段、性别等合理分群,每个羊群可以各自的TMR。

3. 科学搅拌 首先投料量准确。合理控制搅拌时间,时间太长造成TMR过细,有效纤维不足;时间太短,原料混合不均匀;一般是边填料边混合,最后一批料添加完成后,再搅拌6分钟。

参 考 文 献

曹珉，刁其玉，宋慧亭，等．2002.苹果粕生物活性饲料的研制及饲喂奶牛试验［J］．乳业科学与技术，2：23-26.

陈志强，李爱华，罗晓瑜，等．2010.苹果渣与玉米秸秆混贮饲料应用于肉牛育肥的研究［J］．安徽农业科学.26：14465-14467.

董玉珍，岳文斌.1997.非粮型饲料高效生产技术［M］.北京：中国农业出版社.

李玉珠，刘发央，龙瑞军.2007.中链脂肪酸对体外发酵甲烷产量的影响［J］.家畜生态学报，28（1）：52-54.

绵羊技术体系营养与饲料功能研究室.2009.绵羊饲养实用技术［M］.北京：中国农业科技出版社.

石明生，焦镭，李鹏伟，等.2004.平菇菌糠喂羊增重试验［J］.食用菌，3：45-46.

苏醒，董国忠.2010.反刍动物甲烷生成机制及调控［J］.中国草食动物，30（2）：66-69.

唐淑珍，敬红文，桑断疾.2009.苹果渣畜禽饲料的应用研究进展［J］.饲料博览，8：23-25.

汪水平，王文娟.2003.菌糠饲料的开发和利用［J］.粮食与饲料工业，111（6）：37-39.

王家林，王煜.2009.啤酒糟的综合应用［J］.酿酒科技，181（7）：99-102.

吴健豪，曲永利，王丹.2008.反刍动物甲烷排放量营养调控技术的研究进展［J］.中国牛业科学，34（4）：52-54.

于苏甫·热西提，艾尼瓦尔·艾山，张想峰.2009.不同混合比例及时间对番茄渣与玉米秸秆混贮效果的影响［J］.新疆农业大学学报，32（2）：49-53.

张春梅，施传信，易贤武，等.2010.添加亚麻酸及植物油对体外瘤胃发酵和甲烷生成的影响［J］.华中农业大学学报，29（2）：193-198.

张书信，潘晓亮，王振国，等.2011.番茄酱渣饲用价值的研究进展［J］.

家畜生态学报，32（1）：94-97.

张晓庆，金艳梅，那日苏.2006.反刍动物甲烷生成量的调控［J］.家畜生态学报，27（6）：1-4.

赵华，齐刚，代彦.2004.酒糟和秸秆混合发酵生产蛋白饲料的研究［J］.粮食与饲料工业，8：36-37.

赵一广，刁其玉，邓凯东，等.2011.反刍动物甲烷排放的测定及调控技术研究进展［J］.动物营养学报，23（5）：726-734.

赵玉华，杨瑞红，王加启.2005.反刍动物甲烷生成的调控［J］.中国饲料，3：18-20.

Angela R，Moss D，Givens I，et al.1995.The effect of supplementing grass silage with barley on digestibility, in sacco degradability, rumen fermentation and methane production in sheep at two levels of intake［J］.Animal Feed Science and Technology.55：9-33.

Cao Y，Takahashia T，Horiguchia K.2010Methane emissions from sheep fed fermented or non-fermented total mixed ration containing whole-crop rice and rice bran［J］.Animal Feed Science and Technology.157：72-78.

Grainger C，Williams R，Clarke T.2010.Supplementation with whole cottonseed causes long-term reduction of methane emissions from lactating dairy cows offered a forage and cereal grain diet［J］.Journal of Dairy Science.93（6）：2612-2619.

MachmuÈller A，Ossowski D A，Kreuzer M.2000.Comparative evaluation of the effects of coconut oil, oilseeds and crystalline fat on methane release, digestion and energy balance in lambs［J］.Animal Feed Science and Technology.85：41-60.

Mao H L，Wang J K，Zhou YY，et al.2010.Effects of addition of tea saponins and soybean oil on methane production, fermentation and microbial population in the rumen of growing lambs［J］.Livestock Science.129：56-62.

Pen B，Takaura K，Yamaguchi S，R.et al.2007.Effects of *Yucca schidigera* and *Quillaja saponaria* with or without β-4 galacto-oligosaccharides on ruminal fermentation, methane production and nitrogen utilization in sheep［J］.Animal Feed Science and Technology.138：75-88.

Sahoo B, Saraswat M L, Haque N, et al. 2000. Energy balance and methane production in sheep fed hemically treated wheat straw [J]. Small Ruminant Research 35: 13‑19.

Wang C J, Wang S P, Zhou H. 2009. Influences of flavomycin, ropadiar, and saponin on nutrient digestibility, rumen fermentation, and methane emission from sheep [J]. Animal Feed Science and Technology. 148: 157‑166.

第六章

绵羊的饲养管理技术

第一节 绵羊的生物学特性

绵羊是人类最早驯化和饲养的家畜种类之一，在长期自然选择和人工选择下，逐渐形成了许多具有不同特点的现代品种。但是，同其他家畜相比，由于绵羊从驯养以来得到的营养和管理条件不佳，使绵羊的一些原始特性在一定程度上得以保留和延续。这种特殊的演化历史，形成了绵羊独特的生活习性及对自然环境的适应能力。养殖实践证明只有熟悉绵羊生物学特性，才能更好地科学饲养管理，利用其获得最佳的经济效益。

一、采食能力强，饲料范围广

(一)采食习性

绵羊嘴尖，唇薄灵活，下颌门齿前倾，便于采食低矮的牧草，在牛放牧过的草场或牛不能利用的草地，绵羊仍可正常放牧吃草，采食能力强；放牧的绵羊喜蛋白质含量高、粗纤维含量低的牧草；喜食阔叶杂草，不喜食有刺毛和带蜡脂的牧草；一般情况下拒食粪尿污染的牧草；日出前后及日落后喜采食，尤其早晨采食的时间最长。一般在青草能吃饱的季节或有较好青干草补饲的情况下，绵羊可不补给精料就可以保证正常的生理活动。另外，绵羊喜欢边走边吃，在放牧的情况下，绵羊的逍遥运动里程可达5~10千米，放牧绵羊的发病率明显低于舍饲绵羊。因此，舍饲绵羊要设置足够的运动场，必要时做驱赶运动。

（二）可利用植物种类多

可喂饲给绵羊的植物有 655 种，绵羊自由采食的植物有 522 种，天然牧草、灌木、农副产品、食品工业副产品都可以作为绵羊的饲料。

二、合群性强

绵羊具有较强的合群性。如放牧，虽很分散但不离群，一有惊吓或驱赶便马上集中，这种特性为大群放牧育肥提供了有利条件。妊娠后期出入圈门时，要进行必要的阻挡控制，防止拥挤造成流产，利用此特性一人可管理几百只羊。粗毛羊合群性最强，细毛羊次之，半细毛羊和肉用羊最差。

三、忍耐性强

绵羊对劳苦、饥饿和疾病都比其他家畜有较大的忍耐性。在自然状态下，羊只为了增强对春乏的抵抗力，夏秋季节大量屯肥，以贮存营养物质。在饥饿或疾病状态下，羊只仍能跟群前进。对疾病的反应不敏感，往往病严重时，才能表现出来。因此，在饲养管理中，饲养员必须细心观察羊只行为，对采食不积极、不饮水、不反刍的羊，应及时发现治疗，以免造成损失。

四、其他生物学特性

（一）喜干厌湿，耐寒怕热

1. 喜干厌湿　绵羊圈舍、牧地要求干燥，绵羊喜欢在干燥、通风的地方采食和休息。在湿热、湿冷的棚圈和低湿草地，容易感染各种疾病，如寄生虫病、腐蹄症等。所以民间有"水马旱羊"之说，绵羊耐湿的能力与品种类型有关，肉毛兼用型比毛用型耐湿性强。

2. 耐寒怕热　绵羊对湿热适应性最差，绵羊全身被毛密生，不怕冷，但严寒地区的冬季应有暖棚、暖圈和接羔室，绵羊对风比较敏感，俗话说"不怕雪花飘，就怕北风吹"，棚圈要保持干燥、挡风。在夏季炎热天气，绵羊应在阴凉通风处休息。如在阳光暴晒下，会出现"扎窝子"现象。舍饲的羊，一般运动场要有遮荫篷。

（二）性情温顺，胆小懦弱

绵羊性情温顺，胆小懦弱，受到惊吓四处乱跑，容易炸群，不安心采草。一受到惊吓，就不易上膘，所以在饲养管理中对羊只要和气，不应高声吆喝或暴打。绵羊在驱赶时，由暗处向明处好赶，由明处向暗处难赶，这时如在暗处挂个灯就好赶些。

（三）嗅觉灵敏

母羊要靠嗅觉识别自己的羔羊，羔羊一出生，母羊通过舔干羔羊身体上黏液，建立气味联系，之后每次羔羊吮乳前，母羊都会先嗅一嗅，确认是自己羔羊后，才让吃乳，利用这一点，在生产中可以通过混同气味方式为缺奶羔羊找保姆羊，即在被寄养的孤羔或多胎羔羊身上涂抹保姆羊的羊水或尿液。其他绵羊个体之间也主要靠嗅觉来识别，羊体具有趾腺、目腺和鼻溪腺，这是与其他羊属动物相区别的特征，一般认为趾腺分泌物有特殊臭味，绵羊离群后按羊臭味找到羊群。羔羊稍大时，母子之间听觉也很灵敏，如在放牧时相距很远，母子彼此能闻声而去。

（四）喜清洁

绵羊在采食各种草料之前，先用鼻子嗅一嗅然后再吃，对于被污染的草料宁愿饿着肚子也不吃。因此，在放牧过程中必须经常轮换草场。选择清洁的水源，使其吃饱饮足。舍饲时，草要放在草架上或草筐中，对于掉在地上被践踏过的饲草就不愿意再吃，造成饲草的浪费，舍中必须设有水槽，每日给予数次清洁的饮水。

（五）绵羊交配的习性

研究表明绵羊在中午、傍晚和夜间很少有性活动，在早晨6：30～7：30的交配比例最高，下午和黄昏时次之。因此，在人工授精时，为获得较好的受胎率，输精的时间最好选择在早晨或黄昏。

第二节　季节性放牧绵羊的管理技术

我国牧区、半牧区的草地面积广阔，草地生态环境退化较严重，为改善草地生态环境，全国约有 20％的草原实施了禁牧、休牧和划区轮牧。有些地区绵羊生产也从完全依赖天然草场放牧转变为舍饲半舍饲养殖，有效保护了草原生态环境。在牧区、半牧区等有条件放牧的地区，绵羊放牧饲养仍是一种成本低廉、绿色安全羊肉的生产方式。半舍饲绵羊可选择夏秋青草旺盛、牧草营养丰富的季节放牧，在冬春枯草季节，进行舍饲饲养；对于全年放牧的羊只可采用放牧加补饲的方式，利用夏秋青草好的时节育肥羊只，冬季全部出栏，加快羊群周转，降低冬春季节草场压力，保护生态，提高经济效益。

一、绵羊放牧方式

1. 自由放牧　自由放牧是一种传统的放牧制度，载畜量低，容易造成放牧过度，不利于草场的持久利用，现在这种形式已经不多见。

2. 围栏放牧　是在草场承包给牧民后，用柱桩和铁丝网把草场围起来，在一定范围内放牧采食的方式，这种方式能减少羊群的运动量，比自由放牧草地利用率高 10％～15％，且绵羊增重快。较完备的围栏放牧，在草场上有饮水的湖泊或专门设有饮水的设备，夏季有遮阴凉棚等设施。

3. 划区轮牧　把草场划分成若干小区，按草地产草量、羊群大小、年龄、出栏要求，供羊群轮回放牧，经常保持有一个或几个小区的牧草休养生息。是一种先进的放牧制度。与自由放牧相比，可减少牧草浪费，提高载畜量，有利于改善牧草的产量和质量，可防止家畜寄生性蠕虫的传播。轮牧周期一般为 $25\sim40$ 天，不同类型草地差异较大，草甸为 $25\sim30$ 天，草原为 $30\sim35$ 天，荒漠草原为 $40\sim50$ 天。一般分区内的放牧天数不超过 6 天。轮牧频率因草地类型而异，荒漠地区为 1，草原地区为 $2\sim3$，草甸地区为 $3\sim4$。

二、绵羊四季放牧管理技术

放牧技术，要求立足一个"膘"字，着眼一个"稳"字，绵羊要上好膘，放牧人员就要做到放牧稳、饮水稳，出入圈稳。

1. 春季放牧　春季母羊正处在产羔哺乳阶段，膘情较差，体力也弱，这时羊群最难放。春季草原地区的气温变化较大，忽冷忽热，草场上牧草还未返青或刚开始返青，正是青黄不接的春乏时期，放牧不当很容易造成羊只死亡。春季放牧绵羊饲养采用放牧＋补饲方式，以促使绵羊很快恢复体力，保证母子平安，提高羔羊成活率。

春季放牧应选择平原、川地、盆地或丘陵地及冬季未利用的阳坡。根据春季气候特点，出牧宜迟，归牧宜早，中午可不回圈舍，让羊群多采食。春季牧草返青时，羊群容易出现"跑青"现象。为避免羊群"跑青"，在牧草开始萌生时，应将羊群放在返青较晚的沟谷或阴坡草地，逐渐由冬场转入春场；或者出牧后先在枯草地上放牧一段时间，或有条件的羊场、牧户在出牧前给羊先喂些干草，等羊半饱后再赶到草地上，且放牧青草的时间逐渐增加，由起初 $2\sim3$ 小时，经 $10\sim15$ 天转化期，增加到全天放牧青草。放牧过程中，牧工应走在羊群前面，挡住"头羊"，控制羊群，防止羊群乱跑。

春季放牧要注意防毒草和防蛇，毒草一般返青较早，而羊只急于吃到青草，容易饥不择食，误食毒草，因此，应随时注意羊只表现。春季是蛇开始活动季节，特别是在河岸周围，在去饮水时，注意先驱蛇。春季要重视羊群的驱虫工作，此时驱虫对羊只在夏季体力的恢复和抓膘很有必要。

2. 夏季放牧　夏季日暖昼长，青草旺盛，正是羊群抓膘的好季节。夏季放牧的要点是：迅速恢复冬春失去的体膘，抓好伏膘，最好能一日三饱。夏季气候炎热，选择高地或山坡等草场放牧，这些草场凉爽多风，牧草丰美，有利于羊群专心采食。多蚊蝇的低地草场，最好作为刈割草地。

夏季的放牧强度要大，尽量延长放牧时间。出牧要早，归牧宜迟，中午让羊群在草场卧憩，使羊群每天尽可能吃饱吃好。出牧早但要避开晨露较大的时间，放牧时要背着太阳，或太阳侧射，中午要注意绵羊"扎窝子"现象，如有发生，及时驱散。在高山草原放牧要"上午放阳坡，下午放阴坡；上午顺风放，下午逆风走"。在山区还要防止走的太急而发生滚坡等意外事故。夏季放牧还应注意及时喂盐，当发现放牧羊只采食积极性不高时，尽快补盐，食盐可刺激羊的食欲，一般每天每只10～15克，或者在放牧地放置盐砖，供羊只自由采食。如果连日下雨，应"小雨当晴日，中雨顶着放，大雨停止放"，如遇雷阵雨，应将羊群赶到较高地带，分散站立，但不能在树下避雨。如果雨久下不停，应及时驱赶羊群活动，尽量增加放牧时间。连日降雨后的第一件事，是晾好羊群，选择地面干燥地块或通风、能晒太阳的秃山头，让羊休息。夏季雨水多，应及时补盐喂盐。

3. 秋季放牧　秋季气候凉爽，白天渐短，牧草为抽穗结籽阶段，是牧草营养价值最高时期，绵羊的食欲也较旺盛，采食量较大，是抓膘的高峰时期，牧民称抓"油膘"，即这种膘持续期长，不容易掉膘。秋季也是母羊配种季节，抓秋膘有利于提高受胎率。在配种前选择好草地，作为短期优质牧草放牧，可促使母羊同一时期发情。抓好秋膘也是羊群过好冬春的体质基础。同时要注意牧草、秸秆等资源的收割，为冬春贮备足够的补饲牧草。

秋季气候逐渐变冷，放牧时应由夏季的高处牧场逐渐向低处转移，可选择牧草丰盛的山腰和山脚地带放牧，也可选择草高、草密的沟谷，湖泊附近或在河流两岸可食草籽多的草地放牧，若条件允许，草场较宽广，要经常更换草地，使羊群能够吃到喜食的多种牧草，多吃草籽。秋季无霜时应早出牧、晚归牧，尽量延长放牧时间。到晚秋时已有早霜，放牧时尽量做到晚出晚归，中午仍放牧，以避免羊吃霜草后患病。特别是配种后的母羊，更应防止食入霜冻和霉烂的饲草，以防造成流产。在半牧区，秋季放牧应结合农耕茬地放牧，对抓秋膘有利。

4. 冬季放牧 冬季气候寒冷，风雪较多，草地利用率低，因此，进入冬季时首先整顿羊群，淘汰老弱羊，出栏当年羔羊，减轻冬季草场压力，保证羊群安全过冬。冬季放牧的要点是，保膘、保胎和安全生产。半牧区、牧区冬季漫长，要选择地势较低和山峦环抱的向阳平坦地区放牧，尽量节约草场，采取先远后近，先阴后阳，先高后低，晚出早归，慢走慢游放牧羊群。冬季放牧羊群，不宜游走过远，以防天气变化，影响及时返圈，不易保证羊群安全，如有较宽余的草场，可在羊圈舍附近留一些草场，便于在恶劣天气时应急。

总之，应根据四季草场特点，制定统筹合理利用自己草场的规划，尽量达到草场的科学、合理利用。

第三节 舍饲绵羊标准化管理技术

一、种公羊的饲养管理

种公羊数量少，价值高，种公羊的饲料管理要比较精细，以保证公羊优良性状发挥。种公羊一般都单独组群，对于有放牧条件的地方，最好坚持常年放牧，并给予必要的补饲；舍饲种公羊也应单独管理。

种公羊的饲养要求是常年保持中、上等膘情，健壮、精力充沛、性欲旺盛、精液品质好。为达到这一目的，在饲养上必须保证种公羊饲料的多样化，营养价值高，蛋白质、维生素和钙、磷的含量丰富，易消化，适口性好。种公羊常用饲料有：玉米、豆粕、苜蓿干草、青贮、米糠、胡萝卜、微量元素和维生素添加剂。日粮根据饲养标准配制，结合种公羊利用强度来调整，一般禾本科干草占35%，多汁饲料占25%，精饲料占40%。

根据配种利用情况对种公羊实行两个阶段饲养，配种期和非配种期。

（一）配种期饲养

绵羊属于季节性短日照发情动物，集中在9～12月份发情配种。有的品种在4～6月份也发情。

1. 配种利用与营养调整 种公羊在配种期使用较重，一般成年公羊每天采精2～3次，绵羊一次射精量不多，但精子密度高、数量多，因此要保证给种公羊充足的营养，营养要根据每天采精次数进行调整，可补饲新鲜鸡蛋2～3枚。配种期采食量较大，分早、午、晚3次补给草料，每天饮水3～4次，放牧的时间要保证6～10个小时。

2. 舍饲种公羊饲养制度 种公羊饲养制度因地而异。自由饮水前提下，北京某羊场的饲养制度如下：

6：00～7：00 采精

7：30～8：30 第一次喂料（精料、干草和青贮料）

10：00～11：00 运动，行走距离2千米

11：30～12：30 第二次喂料（少量精料和胡萝卜）

12：30～16：00 圈内休息

16：30～17：30 采精

18：00～19：30 第三次喂料（精料、干草和青贮料，鸡蛋2枚）

（二）非配种期饲养

这个时期是种公羊锻炼和恢复时期，除保证足够的热能外，还要供给一定的蛋白质和维生素，由于这个时期多数处于冬春季节，除放牧外，每天分早、晚两次喂给精料共0.5千克，优质干

草 2.5 千克，青贮及块根饲料 2.0 千克，以保持良好体况。对于舍饲种公羊，这阶段中午不再补饲，其余饲养日常管理规程与配种期相同，精料喂量减少即可。

（三）种公羊的管理

首先是搞好运动，有放牧条件时，放牧可代替运动。种公羊爱角斗，角斗本身就是性欲强的表现，但如不注意会造成事故伤亡。因此，严重的斗角要及时驱散，高温对性欲和精液品质有不良的影响。所以夏配时要给公羊宽敞、通风、凉爽的圈舍，小而闷热的圈舍可造成精子死亡或稀少。还要经常注意观察角根、阴茎包皮等处，防止寄生蝇蛆或患腐角症。后躯粘有苍耳等有刺籽实要及时摘除，以免互相爬跨刺破龟头。蹄形不正或过长的要进行修蹄，山区放牧避开灌木和树茬，防止种公羊的阴囊被刺破。

二、母羊的饲养管理

母羊的养殖是养羊经济效益的直接体现者，母羊养殖的好坏关系到整个养殖过程的经济效益。每年母羊的饲料消耗是舍饲绵羊产业的主要投资，如管理不当，会造成重大的经济损失。在第四章中论述了母羊阶段性营养调控技术，在生产实践中，可按照母羊生理阶段营养需要的特点，合理调制日粮，不仅可降低养殖成本而且还可提高母羊繁殖率，提高母羊养殖的综合经济效益。在管理上分为四阶段。

（一）空怀期

1. 空怀期管理　对于二年三产母羊，空怀期很短，加强母羊体况恢复，为进入下一个妊娠期做准备，此期喂给母羊的饲草料包括玉米、豆粕、葵花粕、胡麻饼、麸皮、米糠、青贮饲料、玉米秸秆粉、花生秧粉、秕葵花籽、新鲜苜蓿、少量的发酵醋糟或酒糟等，日粮能量为 1.2～1.3 倍维持需要，蛋白优质。对于一年一产的母羊，这一阶段母羊不妊娠、不泌乳、无负担，因此往往容易被忽视，其实此时母羊的营养状况直接影响着发情、排卵及受孕情况。营养好、体况佳，母羊发情整齐、排卵数多。因此，要加强此期母羊的管理，牧区应安排能繁母羊在较好的放牧地（对个别体况较差的母羊，要给予短期优饲），农区舍饲的母羊应提高能量和蛋白质的水平，使母羊很快复壮，膘情一致，发情集中，便于配种和产羔。

2. 空怀期母羊饲养制度

7：00～8：00　第一次喂料（精料、干草和多汁饲料占日粮一半）

9：00～16：50　运动场自由运动，休息，自由饮水。

17：00～18：00　第二次喂料（精料、干草和多汁饲料占日粮一半）

3. 配种期间母羊饲养制度

5：30～6：30　试情

6：50～7：50　人工输精

8：00～9：00　喂料

9：00～16：50　运动场自由运动，休息，自由饮水。

17：00～18：00　人工输精

18：00～19：00　喂料

（二）妊娠期

1. 妊娠前期　母羊妊娠的头三个月为妊娠前期，胎儿生长发育较为缓慢，牧区的羊只放牧就可满足营养需要。农区舍饲母羊根据阶段营养调控方案将前期分为妊娠0～50天和51～100天两个阶段，适时调整饲料配方。此期可喂给母羊的饲草料有玉米、少量豆粕、葵花粕、胡麻饼、少量脱毒棉籽粕或发酵棉粕、麸皮、豆皮、豆腐渣、果渣、米糠、枣粉、青贮饲料、玉米秸秆粉、花生秧粉、秕葵花籽、干（湿）醋糟或酒糟等。有研究表明，在母羊日粮中用每天以250克枣粉代替部分精料，效果良好。其饲养制度与空怀期相同。

2. 妊娠后期 羊妊娠最后的二个月为妊娠后期，此时胎儿生长迅速，初生重的 90% 是在此期增加的，因此这一阶段需要营养充足、全价。如果此期营养不足会影响胎儿的发育，羔羊的初生重小，被毛稀疏，生理机能不完善，抵抗力弱，羔羊的成活率低，极易死亡。同时母羊的体质差，泌乳量降低，并由此影响羔羊的健康和生长发育。

（1）妊娠后期的饲养 牧区的母羊除放牧外，必须注意补饲。必须根据母羊的膘情以及产单羔的不同，给予不同量的补饲，混合精料 0.15～0.3 千克，胡萝卜 0.5 千克，青干草 1.0～1.5 千克，补饲干草以苜蓿干草为好。对于舍饲的母羊，双羔母羊日喂精料 0.4～0.5 千克，干草 1.5 千克，青贮 1～2 千克，胡萝卜 0.5 千克；单羔母羊日喂精料 0.3 千克，干草 1.5 千克，青贮 1～2 千克，胡萝卜 0.5 千克。在分娩前 15 天逐步减少精料补饲量，适当降低日粮钙含量同时增加维生素 D 含量，以防发生产后瘫痪。现在许多羊场舍饲母羊妊娠后期，尤其是产前，饲料营养过于丰富，致使产后瘫痪的发病率增加，给羊生产带来一定的损失。日粮配制饲料要多样化，日粮能量为 1.3～1.5 倍维持需要，蛋白优质。此期可喂给母羊的饲草料有玉米、豆粕、葵花粕、胡麻饼、麸皮、豆皮、豆腐渣、果渣、米糠、枣粉、青贮饲料、玉米秸秆粉、花生秧粉、秕葵花籽、干（湿）醋糟或酒糟等。

（2）妊娠后期的管理 对妊娠后期的初产母羊要加强饲养，比经产母羊提前补草补料。还要特别注意观察可能产双羔的母羊，其特征是食欲旺盛，膘情极差，走路迟缓，腹围大，被毛扒缝，眼部塌陷。对怀有双胎的母羊要特殊加以补饲。妊娠后期的母羊还应每天坚持 6 小时以上的放牧运动，里程不少于 8 千米，临产前 7～8 天不要到远处放牧，以防分娩时来不及赶回羊舍；还要注意保胎，对妊娠母羊不能惊吓，打冷鞭，放牧驱赶时要慢，特别是在进入圈舍时要加以控制，以防拥挤而流产。放牧时要避免走冰道，以防滑倒，在饮水处应经常加沙土石以防滑倒。舍饲母羊此期要保证饲料品质，禁喂发霉或冰冻的饲料，早晨空腹不饮用冷水、更不能饮用冰渣水，冬季水温保持 10℃ 左右，在寒冷地区，要适当加温，有些羊场冬季采用恒温饮水槽，效果良好。

（三）围产期

围产期是指母羊产羔前后几天。该时期的管理要点是保证母羊顺利生产、做好母子的护理工作，提高羔羊的成活率和维护母羊健康体况是关键。为此需做好以下工作：

1. 做好准备工作　羊的妊娠期为 150 天左右。根据配种记录计算好预产期。产羔前要准备好产羔羊舍，冬季要保温。产羔间要干净，经过消毒处理。冬季地面上铺有干净的褥草。准备好台称、产科器械、来苏水、碘酒、酒精、高锰酸钾、药棉、纱布、工作服及产羔登记表等。

2. 做好接产工作　母羊分娩前表现不安，乳房变大、变硬，乳头增粗增大，阴门肿胀潮红，有时流出黏液，排尿次数增加，食欲减退，起卧不安，咩叫，不断努责。接产前用消毒液对外阴、肛门、尾根部消毒。一般羊都能正常顺产。正常分娩时，羊膜破裂后几分钟至半小时羔羊就出生，先看到前肢的两个蹄，随后嘴和鼻。产双羔时先产出一羔，可用手在母羊腹下推举，触到光滑的胎儿。产双羔间隔 5～30 分钟，多至几小时，要注意观察。羔羊出生后采用人工断脐带或自行断脐带。人工断脐带是在距脐 10 厘米处用手向腹部拧挤，直到拧断。脐带断后用碘酒浸泡消毒。当羔羊出生后将其嘴、鼻、耳中的黏液掏出，羔羊身上的黏液让母羊舐干，对恋羔性差的母羊可将胎儿黏液涂在母羊嘴上或撒麦麸在胎儿身上，让其舐食，增加母仔感情。期间用剪刀剪去其乳房周围的长毛，然后用温消毒水洗乳房，擦干，挤出最初的几滴乳汁，帮助羔羊及时吃到初乳。

3. 做好救助准备　做好假死羔羊的救助工作。

（1）如果羔羊尚未完全窒息，还有微弱呼吸时，应即刻提着后腿，倒吊起来，轻拍胸腹部，刺激呼吸反射，同时促进排出口腔、鼻腔和气管内的黏液和羊水，并用净布擦干羊体，然后将羔羊泡在温水中，使头部外露。稍停留之后，取出羔羊，用干布迅速摩擦身体，然后用毡片或棉布包住全身，使口张开，用软布包舌，每隔数秒钟，把舌头向外拉动一次，使其恢复呼吸动作。待羔羊复活以后，放在温暖处进行人工哺乳。

（2）若已不见呼吸，必须在除去鼻孔及口腔内的黏液及羊水之后，施行人工呼吸。同时注射樟脑水 0.5 毫升。也可以将羔羊放入 37℃ 左右的温水中，让头部外露，用少量温水反复洒向心脏区，然后取出，用干布摩擦全身。

4. 做好难产母羊的助产工作　母羊分娩一般不超过 30～50 分钟，对难产的母羊及时采取人工助产；当羔羊不能顺利产下时要及时助产。首先要找出难产原因，原因有胎儿过大，胎位不正或初产羔。胎儿过大时要将母羊阴门扩大，把胎儿的两肢拉出再送进去，反复三、四次后，一手扶头，待母羊努责时增加一些外力，帮助胎儿产出。遇到胎位不正的情况，如两腿在前，不见头部，头向后靠在背上或转入两腿下部；头在前，未见前肢，前肢弯曲在胸的下部；胎儿倒生，臀部在前，后肢弯曲在臀下。应首先剪去指甲，用 2% 的来苏水溶液洗手，涂上油脂，待母羊阵缩时将胎儿推回腹腔，手伸入阴道，中、食指伸入子宫探明胎位，帮助纠正，然后再产出。羔羊生下后半小时至三小时胎衣脱出，要拿走。产后 7～10 天，母羊常有恶露排出。

5. 产后母羊的护理　产后 1～3 天，一般不喂精料只喂优质易消化干草，饮用温盐水 500～1 000 毫升，在水面上撒一些麸皮有利于恶露排出，使之尽快恢复。

6. 做好产羔记录工作　准确填写母羊羊号、产羔数、胎次、产羔的时间、性别、初生重等。羔羊要打上临时记号，5～15 天后转到育羔室。

（四）泌乳期

1. 泌乳期的饲养　母羊产后即开始哺乳羔羊，这一阶段的主要任务是，保证母羊有充足的乳汁供给羔羊。羔羊哺乳期的长短各地不同，一般在 40～90 天。不论哺乳期长短，产后 2 个月是泌乳母羊饲养的关键时期，必须保证营养，对泌乳母羊，可适当减少精料及多汁饲料，以防引起乳房疾病，对瘦弱或乳汁分泌少的母羊，要逐渐增加饲料，分多次喂给，防止发生消化不良。特别是舍饲情况下，须保障充足的饲草料，适当补充精料，提高泌乳量。一般产单羔的母羊每天补精料 0.3～0.5 千克，青干草、苜蓿干草 1 千克，多汁饲料 1.5 千克；产双羔母羊每天补精料 0.4～0.6 千克，苜蓿干草 1 千克，多汁饲料 1.5 千克。

为保证母羊有充分的乳汁，可将玉米或小麦等籽实发芽后打浆，让母羊饮用，籽实发芽后糖分、维生素 A 原、B 族维生素与各种酶增加，纤维素也增加，无氮浸出物减少。是在冬、春季节缺乏青饲料的情况下，很好的维生素补充饲料。

2. 泌乳期的管理　泌乳母羊的圈舍必须经常打扫，以保持清洁干燥，对胎衣、毛团、石块、烂草等要及时扫除，以免羔羊舔食而引起疫病。要经常检查母羊乳房，如发现有奶孔闭塞、乳房发炎、化脓或乳汁过多等情况，要及时采取相应措施予以处理。如放牧的羊，天冷风大时，可把羔羊留在圈内补草补料，单独放牧母羊，但时间不要过长，以便羔羊哺乳，随着羔羊生长，母羊放牧时间可逐渐延长到 6～8 小时，仅午间回舍让羔羊哺乳。在断乳前 10 天，母羊要停止喂精料和块根饲料，以免断乳后乳汁不易干涸。

三、羔羊的培育

羔羊时期是一生中生长发育最旺盛时期。为羔羊培育创造适宜的饲养环境，使之朝着所期望的方向发展，这是提高羊群的生产性能，造就高产羊群的重要措施。加强泌乳母羊的饲养，保证乳汁充足是羔羊良好生长的前提条件。在这个前提下，羔羊培育还需做好以下几个方面工作。

（一）做好保温防寒工作

初生羔羊体温调节能力差，对外界温度变化敏感，因而，对冬羔及早春羔必须做好初生羔羊的保温防寒工作。首先羔羊出生后，让母羊尽快舔干羔羊身上的黏液，母羊不愿舔时，可在羔羊身上撒些麸皮即可。其次羊舍的保温，一般应在5℃以上。温度低时，应设置取暖设备，地面铺些御寒的保温材料，如柔软的干草，麦秸等；要注意防止贼风的袭击，"不怕满地风，就怕独窟窿"；饲养员可根据母仔表现，判断舍温是否合适，母仔很悠闲地卧在一起，说明舍温合适，羔羊卧在母羊身上，或许多羔羊挤在一起，说明舍温有些低，母仔卧得很远，说明舍温过高，可适当通风降低舍温。

（二）早吃初乳、吃足初乳

初生羔羊要保证在1小时之内吃到初乳。初乳（母羊产后3～5天内分泌的乳）含有丰富的蛋白质、维生素、矿物质等营养物质，其中的镁盐可以促进胃肠蠕动，排出胎便。更重要的是初乳中含有大量的抗体，而羔羊本身尚不能产生抗体，因此，初乳是羔羊获得抗体抵抗外界病菌侵袭的唯一来源，非常必要。所以及时吃到初乳是提高羔羊抵抗力和成活率的关键措施之一。对于一胎多羔的母羊，要采用人工辅助的方法，让每一只羔羊吃到初乳，使每一只羔羊成活，否则一胎多羔就无意义了。因此，要保证初生羔羊尽早吃到初乳、吃足初乳。

羔羊出生后，饲养员应用温水擦净母羊乳房，挤出几把初乳，检查乳汁是否正常。一般羔羊站立后会自己寻找乳头吃奶；若羔羊不吃初乳，应人工辅助。放牧母羊分娩后7天最好能留圈饲养，让羔羊跟随母羊自然哺乳，确保羔羊吃到足够的初乳，增加母仔的亲和力。

(三)吃好常乳

母羊产后 6 天以后的乳是常乳，它是羔羊哺乳时期营养物质的主要来源，尤其是出生后第一个月，营养几乎全靠母乳供应，因此，只有让羔羊吃好奶才能保证羔羊良好的生长发育，羔羊每增重 1 千克需奶 6～8 千克。对于分散养殖户可以让羔羊随母哺乳；对于规模较大的羊场可用人工哺乳，人工哺乳时要注意给羔羊分群、定时喂乳（每隔 4～6 小时一次）、定量（40 日龄前喂乳量按体重 20％计算）、定温（38～40℃）和奶质稳定；人工哺乳时可选用羔羊专用代乳粉，羔羊增重效果良好，还可减少疾病发生概率；如用牛奶或奶粉易引发羔羊痢疾。放牧时母羊要出牧晚，归牧早，中午回圈喂乳 1 次，羔羊吃乳间隔不宜过长，保证吃好常乳。

(四)适时开食

羔羊在出生后一周便可采食细嫩青草、枝条或叶片面积较大的干树叶，精料的补饲一般在出生后 2 周，将粉碎的精料或颗粒饲料撒在草内，吃草的时候带入嘴里，习惯后便可单独饲喂，补饲量：15 日龄应补饲约 50 克，30～50 日龄补 100～150 克；羔羊补饲料要营养全面，蛋白质水平保持在 16％～20％为佳，例如：玉米 48％、豆饼 30％、菜籽饼 10％、麸皮 8％、苜蓿粉 4％、食盐 0.5％、磷酸二氢钙 1％，微量元素和维生素添加剂 0.5％，干草以苜蓿干草、叶面较大树叶、花生秧等蛋白质含量较高。

(五)适量运动、优化生活环境

1. 适量运动　羔羊活泼好动，早期训练运动有利于羔羊的身体健康，在晴暖无风的天气，羔羊可在户外自由活动。

2. 优化生活环境　羔羊对疾病的抵抗力差，易感染痢疾、肺炎、眼炎、口疮等疾病，尤其是一周内容易发生羔羊痢疾。保持圈内清洁卫生可减少疾病发生，羊圈内垫草要勤垫勤出，保持地面干燥。羔羊补饲完后，需将剩料收走，翻转饲槽，防止羔羊形成在饲槽内卧息、撒粪尿的恶习，保持羔羊补饲槽清洁。注意观察羔羊行为，如发现有啃食羊毛、墙土的羊只，则可能缺盐或硫等微量元素，应在补饲料中添加。

羔羊培育期间应注意优化其生活环境、加强其运动，增强对疾病的抵抗力。

（六）适时断奶

1. 适时断奶　做好了上述 5 项工作，羔羊便可在出生后 60～100 天适时断奶。舍饲羊只一般在 60 天断奶，放牧羊只可稍晚在 90～100 天断奶。断奶方法有一次性断奶和逐步断奶两种，对于较大羊群，应采用逐步断奶法；一次性断奶便于管理，但易引发母羊乳房炎。

2. 早期断奶　有一周断奶法和 40 天断奶法。在我国养殖条件较好地区，可采用 40 天断奶法。如采用早期断奶技术时，则应做好羔羊代乳粉的饲喂工作，断奶前先让羔羊适应代乳粉；在断奶后一周内，一天饲喂 3～6 次，遵循少量多次原则，每次约 40 克代乳粉，兑水搅拌均匀即可饲喂；代乳粉一般用 50～60℃ 开水冲兑，充分搅拌，直至没有明显可见代乳粉团粒为止，待温度降到 35～39℃时用于饲喂羔羊。

四、青年羊的饲养管理

青年羊是指从断奶到第一次配种前的公母羊。此阶段羊正处于骨骼和器官充分发育的时期，因此，做好本阶段的饲养管理，可以促进生长发育。饲养管理的要点是保证优质青干草的供应和充足的运动。充足而优质的干草有利于消化器官的发育，能促进骨骼的生长，因而培育出的青年羊采食量大、消化力强、肉用体形明显、利用年限长；充足运动可以使青年羊胸部宽广、心肺发达和体质强壮。实践证明半放牧半舍饲是青年羊理想的饲养方式。青年羊常用精料配方：玉米 52%，豆饼 10%，葵花仁饼 20%，麸皮 10%，米糠 10%，食盐 1%，磷酸二氢钙 1%，微量元素和维生素添加剂 1%。

第四节 羊场生产管理技术

在绵羊规模生产中要进行科学规范化的管理，其内容包括以下几个方面。

一、羔羊的编号

羔羊编号是绵羊育种工作上必不可少的一项工作。羊的编号相当于羊的名字，对育种记载是非常重要的。在生产商品育肥用羊的羊场，可不编号，在出售时，给羊只编上场号，以便于使用现代羊肉产品的可追溯平台。现羊场编号多以个体号为主，所用的耳标均是塑料制品，有圆形和长方形两种，在使用前按需要在耳标上打上号码，编号时，第一个字母代表年度，如 2011 年生 116 号羊即打成 1116 号码，也可在编号中显示出其父亲编号，为方便血统资料的查询。羔羊编号后可将其编号、初生重，系谱资料整理后，输入电脑，实现羊场电子化管理。

二、羔羊断尾

断尾仅限于长瘦尾羊，如细毛羊、半细毛羊及其高代杂种羊，其羔羊均有一条细长尾巴，为避免粪尿污染羊毛，或夏季苍蝇在母羊外阴部下产卵而感染疾病，便于母羊配种，羔羊生后进行断尾。断尾一般在生后 2～7 天内进行，因为羔羊尾巴细。断尾最好结合羔羊编号。可采用结扎法断尾，就是用旧自行车内胎、胶筋等横切成 0.2～0.3 厘米宽的胶皮圈，一人将羔羊贴身抱住，用手拉尾巴使其与身体平行方向伸直，另一人用胶皮圈紧缠在羊尾的第四尾椎关节处（距尾跟约 4～5 厘米），紧缠后约 10 余天尾端干萎脱落。此法简单易行，不造成新创伤面，不感染化脓，不患破伤风，在生后 2～5 天就可进行，羔羊稍大也能做。

三、去角

羔羊去角目的是防止由好斗带来的伤亡和流产，同时也可减少占地面积和易于管理。最好选择 7～14 日龄，且体况良好又健康无病的羔羊。其方法有碱棒法和电灼法两种。

（一）碱棒法

去角时将羔羊侧面卧倒，用手指触摸其角基，感到有一硬的突起，然后将该处的毛剪去，周围涂上凡士林，取苛性钾（钠）棒一支，一端用纸包好，另一端沾水后在角的突起部位反复摩按，直到微出血为止。摩擦后，在角基上撒上一层止血消炎粉。将羔羊放在单独小栏中与母羊隔开，以防吃奶时将苛性钾（钠）溶液沾在乳房上损伤乳房。

（二）电灼法

最为实用方便。电灼法去角要先找到角芽即头骨上的两处退色的皮肤，其外形酷似两个玫瑰花结而又推移不动；当电烙器达到烧红或极热时，在每只角芽上保持约 10 秒即可。注意灼烧时间过长会导致热原性脑膜炎；灼烧部位包括角芽周围约 1 厘米的组织（但不要烧伤角基外的皮肤），以防止角根再生。

四、去势

不做种用的公羊要摘除睾丸，称为去势。去势后的公羊称为羯羊，羯羊性情温顺，便于管理，饲料报酬高，肉膻味较轻，羊肉品质好。

（一）去势时间

根据采用的方法不同，可在出生后 1～2 周进行。去势要选择晴天无风的午前进行，成年公羊要早春季放牧前，蚊蝇没有出现时进行。

（二）去势方法

1. 结扎法　先把睾丸挤到阴囊底部，然后用胶皮线在阴囊根部缠 3～4 环扎紧，约 20 多天阴囊及睾丸自行脱落，结扎应在羔羊生后 2～3 天进行。

2. 睾丸摘除法　羔羊常用横断法，一人将囊下部羊毛剪掉，然后用肥皂水洗掉泥垢，用 3%来苏水消毒，拭干涂碘酊，用灭菌外科刀在阴囊下方切一长口把睾丸挤出，捻断精索，再用同样方法切除另一侧睾丸，伤口涂碘酊，阴囊内撒布消炎粉。去势后羔羊要圈在铺有干燥、清洁褥草的小圈内观察，在有破伤风的地方，去势的同时要注意注射破伤风类毒素，以免造成大批死亡。

去势后的公羊要进行适当的运动，并检查有无出血。放牧时不要追逐，远牧不过水，检查有无炎症，并及时处理。

3. 无血去势法　用无血去势器在睾丸的上部精索左右各夹一下，夹持操作要确实，一定要将精索组织夹断，夹处皮肤上有一条血印，要涂碘酊消毒，日久睾丸萎缩，如夹持不正确，睾丸组织不萎缩仍能发生作用。一个月后要检查一次，以防不彻底。

五、修蹄

羊蹄是皮肤的衍生物，像人的指甲一样，不断生长。舍饲的羊磨损较慢，故生长很快，因而必须经常修理，长期不修，不仅影响行走，而且会引起蹄病和肢势变形，严重者行走异常，采食困难。生产中因不注意修蹄，蹄尖上卷，蹄壁裂折，蹄子腐烂，四肢变形，跪下采食或成残废者经常可见。公羊蹄子有了问题，轻者运动不足，影响精液的品质，重者因不能交配而失去种用价值，所以在生产当中，要随时注意检查，经常进行修蹄，放牧公羊修蹄一般在雨后进行，舍饲公羊则需在修蹄前 1 天晚上，圈在一个小范围内限制其运动，然后用湿软棉布紧紧包裹蹄部，等蹄质变软后修理。修蹄时一般先从前肢开始，从左到右依次进行。用修蹄刀修前蹄时，修蹄人用腿扛住羊的肩部，使羊的前膝掭在人的膝盖上，然后进行修理；修理后蹄时修蹄人可背着羊用两膝夹住羊腿飞节部分。修蹄工具可用修蹄刀、果树剪、镰刀。修蹄时开始可削多一些，越往后越要少削，一次不可削的太多，当修到蹄底可以看到淡色微血管时为止，再削就会出血。修蹄时若有轻微出血可涂以碘酒。若出血较多，可使用烧红烙铁猛烙出血部位。用烙铁止血，动作要快，不然会引起烫伤。修理后的羊蹄，底部要求平整。形状要求方圆，已经变了形的蹄子，需要经过多次修理才能矫正。舍饲的羊每3个月需要修蹄1次。

六、药浴

药浴是绵羊生产管理中必不可少的一项工作，特别是对细毛羊、半细毛羊，都需在剪毛后药浴1～2次，以有效地防止绵山羊体外寄生虫，特别是疥癣、扁虱。舍饲绵羊均在剪毛后进行药浴。药浴就是用配有药的液体洗羊，药液要达到羊只体表任何部位，用药彻底。

（一）药浴时间

一般在剪毛后7～10天进行，一周后再药浴一次，药浴要选择晴朗的天气，药浴前停止放牧半天，在入浴前2～3小时，给羊饮足水，以免羊进入浴池后，吞饮药液。

（二）药浴池

药浴池有固定药浴池和流动药浴池两种，农区羊群小，一般可采用流动药浴池，流动药浴池根据所用容器的不同，分帆布药浴池、木槽药浴池和大锅药浴池。现大中型养殖场都有专用药浴池，设计比较好的药浴池，池内有药液，上面设有喷淋头。图6-1为广灵精华新科有限公司的药浴池。

（三）药液的配制

一般常用含有0.5%敌百虫的药液，供羊药浴。配制方法是：1千克敌百虫药，加200千克温水（40℃），充分化开即可，可供40只羊药浴。或用0.05%的辛硫磷溶液。辛硫磷溶液配制

图 6-1　药浴池

方法是：使用 50％ 的辛硫磷乳油 50 克加水 100 千克，其有效含量为 0.05％，水温 25～30℃，药浴 1～2 分钟，一般 50 克乳油配制成的药液可洗 14 只羊。

（四）药浴注意事项

药浴前检查羊身上有无伤口，有伤口时不能药浴，以免药液侵入伤口，引起中毒，发炎。药液配好后，先用几只体弱的羊试浴，待无中毒现象后再大群药浴。羔羊和体弱羊要人工帮助其通过药浴池，牧羊犬同样一起药浴，池里的药液不能过浅，以能使羊体漂浮起来为好，当羊至池中间时，要用木棒压一下羊头，以使头部也能药浴。羊出池后待毛干了又无中毒现象时再放牧。药浴时，应先洗健康羊，后洗病羊。

用喷雾法消灭体外寄生虫，一般在上午早晨出牧前喷洒，将 0.5％ 敌百虫药液装入喷雾器内，先把喷抢抬高向上，空喷，待羊身上不往下滴水时方可出牧。羊出圈后再喷洒羊舍内的墙壁和地面，隔 7 天再喷洒羊体和羊舍一次，效果很好。

七、驱虫

羊的寄生虫疾病发生率很高，对养羊产业的发展造成严重的危害，导致严重的经济损失。因此，为了预防和控制寄生虫病，羊场每年要进行 2～3 次定期驱虫，一般在每年的 3～4 月份和 12 月至次年的 1 月份各驱虫一次。常用的驱虫药有很多，如驱线虫的左旋咪唑、敌百虫等；驱绦虫和吸虫的吡喹酮、阿苯哒唑等；既可驱体内线虫又可驱体外寄生虫的伊维菌素、阿维菌素等。

驱虫注意事项：寄生虫具有普遍混合感染的特点，应采用两种或两种以上的药物进行联合投服，可起到药物的协同作用，扩大驱虫范围，提高药物疗效。在选择应用抗寄生虫药物进行大群预防和治疗前，首先必须选择羊群中少数几只做药物驱虫试验，确认安全可靠后，方可大群投药，避免大批羊只发生药物中毒事故。小剂量反复或长期使用某种抗寄生虫药物，寄生虫体可对该种药物产生耐药性，甚至对同一类药物产生交叉耐药性，影响或降低药物的驱（杀）虫效果。

药物预防和治疗性驱除绵羊寄生虫后，羊粪应集中收集运至羊场下方低洼处或附近的田角地头堆积发酵，一个月后才能作肥料施用。

八、剪毛

（一）剪毛的次数和时间

剪毛的次数因各地的自然条件、绵羊的品种类型不同而有较大差异，春季剪毛的时间，农区暖和的地区在 5 月下旬或 6 月上旬，秋季剪毛在 8 月下旬和 9 月上旬，春季剪毛过早，如遇气温降低，易使羊只受冻感冒。剪毛迟了，由于天热影响羊只采食和健康，也推迟羊只进入夏季草场的时间，影响羊只抓膘和对夏季草场的利用，从而增加春季牧场的压力，影响牧草生长，因此必须适时剪毛。

（二）剪毛前的准备

手工剪毛前应准备好剪毛的剪刀、磨刀石、包装袋、碘酒及记录本、称等物品。可用剪毛机剪毛，要培训人员，掌握机剪使用方法和维护常识。剪毛前应准备好剪毛的场地，消除场内污物，平整地面，打扫干净并消毒。

剪毛应从经济价值最低的羊开始，同一品种的羊可按如下顺序剪毛：羯羊，一般公羊，育成羊，母羊，最后剪种羊，最后剪半细毛羊或细毛羊。按顺序剪毛可使剪毛人员熟练剪毛技术，保证剪毛质量。

（三）剪毛方法

剪毛分为手剪和机器剪毛两大类。手工剪毛是手工弹簧剪毛。这种方法简单，每天每人可剪 20～30 只，技术熟练可日剪 30 只以上。

机剪是用剪毛机剪毛，生产效率一般为手工剪毛的 3～4 倍，机器剪毛，毛茬短，二刀毛少，有利于提高羊毛品质。

（四）剪毛顺序

不管是手剪或机剪，剪毛应从羊体某一部分开始，到什么部位来最为方便，称为剪毛顺序，各人依自己的快慢而定，但多数人还是认为如下程序好：

（1）羊只左侧卧在剪毛台或地上，背对剪毛员，腹向外。从大腿内侧起剪，从后向前剪完腹部和胸部。

（2）翻转羊剪左侧，由左向前从腹部向体侧，脊椎部，剪去左半部。

（3）再翻转羊，使左侧卧在剪毛台或地上，剪去右侧、腹部、背部。

（4）最后剪头部、右颈、左颈和颈部皱褶，剪皱褶时要顺其横向剪。

在全部剪毛过程中，都需要用手拉紧皮肤，不破皮肤，已剪破的皮肤要及时上药，防止化脓生蛆。

（五）剪毛注意事项

（1）剪毛前先清除羊体上附着的粪土及草屑，防止混入毛内。

（2）捉羊、倒羊和剪毛时，不要粗暴打羊，踢羊，以免造成骨折、脱臼和其他外伤事故，剪毛过程中如羊摇晃应耐心地使其安静后再继续工作。

（3）剪毛时剪口要紧贴羊只体表，毛茬要短，不要剪二剪毛，剪下毛被要成套，便于选毛。

（4）剪毛时要注意力集中，避免剪伤，剪伤后要立即涂浓碘酊，防止化脓，生蛆，感染破伤风等。

（5）剪到公羊的包皮、阴囊；母羊的乳头、阴唇、耳朵等要特别小心。细毛羊的皱褶处要顺皱褶剪，否则易剪伤或留茬过高。

（6）有疥癣病的羊群应最后剪，疥癣毛要单独包装。剪毛结束后剪毛工具及剪毛场所要彻底消毒。

（7）为保证公羊安全，防止感染破伤风，对贵重公羊应在剪毛前注射破伤风类毒素作为预防。

（8）在剪毛前不要让羊吃得过饱，饮水过多，也不要空腹。保持羊只毛被干燥，被雨水淋湿要等晒干再剪。许多羊场采取了半饱腹剪毛措施，即上午剪毛的羊，早晨投喂少量干草。下午剪毛的羊上午照常放牧，吃不饱，剪毛人员严格遵守剪毛规程，可较好地杜绝剪毛事故。

（六）剪毛后套毛处理

剪下的套毛要保持完整，将边毛打掉后，折叠整齐，按照母羊、公羊、羔羊等分类保存即可；大型羊场，则还需将羊毛分级，按级包装。如是种羊场则需称重，记录毛重以作为选种的一个主要依据。

九、运动

运动对于舍饲绵羊是非常重要的，经常运动可以促进绵羊的新陈代谢、增强体质、增进食欲和提高抗病力。母羊的运动量过少，会影响发情；种公羊运动量过少，造成肥胖，性欲降低，射精量少，有的甚至没有，精液品质较差，畸形精子数量增多，对于舍饲绵羊需要进行驱赶运动，每天不少于 1 小时，不超过 2 小时，种公羊的驱赶运动时间可以稍长。

　　科学的饲喂与管理是优质羊产品生产的保障，在我国绵羊的生产实践中，应逐步完善和规范饲养管理制度，保障优质羊产品的生产，提高绵羊养殖的经济效益。

参 考 文 献

贾志海.1997.现代养羊生产［M］.北京：中国农业大学出版社.

绵羊技术体系营养与饲料功能研究室.2009.绵羊饲养实用技术［M］.北京：中国农业科技出版社.

张居农.2001.高效养羊综合配套新技术［M］.北京：中国农业出版社.

张乃锋，刁其玉，屠焰.2006.羔羊早期断奶有新招［M］.北京：中国农业科技出版社.

赵有璋.2007.羊生产学［M］.第 2 版.北京：中国农业大学出版社.

第七章

绵羊育肥技术

　　绵羊的育肥是要在较短时期内,用尽可能少的饲料获得尽可能高增重,生产出质好量多的羊肉,用尽可能低的成本,获得尽可能高的利润。每年我国出栏绵羊近1.3亿只,如果通过育肥技术使每只绵羊胴体重平均增加3千克,就可少饲养2 600万只,减少约18万吨甲烷排放,减少约140万吨二氧化碳排放。另外,绵羊育肥技术,尤其是羔羊快速育肥技术,缩短了出栏时间,当年羔羊育肥后秋冬季节出栏,大大减少冬春季节绵羊饲养数量,不仅降低了碳排放量,而且缓解了冬春季节草场的压力,加快羊群周转速度,达到了低碳养羊目的。

第一节　绵羊育肥方式与基本原则

一、常用育肥方式

　　我国绵羊育肥的方式可分为放牧育肥、舍饲育肥和混合育肥。

(一)放牧育肥

　　这是最经济的育肥方式,它是利用天然草场、人工草场或秋茬地放牧抓膘的一种育肥方式,生产成本低,在安排得当时能获得理想的经济效益,是我国农区和牧区采用的传统育肥方式。

(二)混合育肥

　　指放牧与舍饲相结合的一种育肥方式,即在放牧的基础上,同时补饲一些精料或进入枯草期后转入舍饲育肥,在秋末,对膘情不好的羊补饲精料，过 30～40 天后屠宰，这样可进一步提高胴体重，改善肉品质。此方式既能充分利用牧草的旺盛季节，又可取得一定的强度育肥效果，是目前我国广大地区普遍采用的一种绵羊育肥方式。

（三）舍饲育肥

在放牧地少或无放牧地的农区一般采用舍饲育肥。它是按饲养标准配制日粮，并以较短的肥育期和适当的投入获取羊肉的一种育肥方式。与放牧育肥相比，在相同月龄屠宰的羔羊，活重提高 10%，胴体重提高 20%。目前，规模化绵羊生产常采用持续舍饲育肥，有时也采用短期舍饲育肥。幼龄羊育肥效果比老羊好，幼龄羊增重快，老龄羊育肥蓄积脂肪，所以增重慢。舍饲育肥通常为 75～100 天。过短，育肥效果不显著，过长，饲料报酬低，效果也不好。羔羊在良好的饲料条件下，可增重 10～15 千克。

二、绵羊育肥的基本原则

（一）选择杂种绵羊进行育肥

任何品种的绵羊都可进行育肥，但不同品种类型的绵羊产肉性能和育肥性能差异较大。我国大多数地方绵羊品种通常生长较慢，体型欠丰满，产肉量较低；有条件地区，利用国外引进肉用绵羊品种开展经济杂交（二元杂交或三元杂交），用杂种后代进行育肥，杂种绵羊有良好的杂种优势，生长发育快，饲料报酬高；肉用体形良好，产肉率高，胴体品质好。有研究显示萨福克杂种一代羔羊 4 月龄屠宰，胴体重平均 17.2 千克；因此，绵羊育肥时，要选择杂种绵羊，育肥速度快、效益高。

（二）利用羔羊进行育肥

羔羊生长发育快，饲料报酬高，增重以肌肉和骨骼为主，育肥时间短，周转速度快，羔羊肉品质好，产肉量高，总的经济效益高；成年绵羊育肥以沉积脂肪为主，每单位脂肪沉积比肌肉沉积消耗能量多 1 倍，成年羊增重速度较慢，饲料报酬也较低，育肥的效益较羔羊育肥低。

（三）广辟饲料来源，科学搭配日粮

1. 广泛开辟饲料来源 近年来，作为育肥羊饲料主体的玉米价格快速上涨，造成绵羊育肥成本高。为了降低育肥成本，提高育肥经济效益，应广泛开辟饲料来源，通过科学合理的加工，改善其品质，提高其营养价值。绵羊在育肥期间，生长发育较快，营养要求也较高。农作物秸秆的价格很低，但其营养价值也较低，适口性差，远不能满足绵羊营养需要，通过生物发酵，可提高其营养价值和适口性；另外，育肥羊饲养周期较短，可以利用棉籽粕、菜籽粕等廉价的饼粕饲料，这些饼粕饲料虽然含有一些毒素，但育肥期较短，只要适当控制用量，一般不会引起中毒；还可利用食品加工业副产品，如果渣、醋糟、酒糟、豆腐渣、菌糠等，这类副产品的营养比较丰富，可直接饲喂育肥羊，如有条件进行加工调制，育肥效果会更好；山西晋中地区，育肥绵羊日粮中用 15% 枣粉代替等量的玉米，育肥效果较好；葵花籽加工厂筛选出葵花籽秕壳、碎葵花籽仁等价格都比较低，在辽宁朝阳市、山西右玉县、太谷县等地养殖户利用其育肥绵羊效果很好。总之，在绵羊育肥中，应广泛开辟饲料来源，降低饲养成本。

2. 科学搭配日粮 按照育肥绵羊营养需要量科学配制日粮，日粮饲料要多样化，营养全面，适口性好，蛋白质含量为16%～20%。育肥绵羊日粮中青粗饲料所占比例一般在 40%～60%，育肥后期可降到 30%。但不推荐全精料育肥，既不经济又不符合生理机能规律，且易引发各种营养代谢病，造成羊只死亡，经济损失较大。合理利用添加剂，育肥绵羊日粮中，精饲料比例较高，为防止瘤胃酸中毒，应适量添加缓冲剂，如小苏打；还可添加适量的尿素，1 千克尿素相当于 7 千克豆饼蛋白质的营养价值，尿素不能单独喂，也不可干喂，可以把尿素用水完全溶解

后，喷洒到混合精料或粗饲料上，拌匀后饲喂，每只 20 千克的育肥羊日喂量为 2～3 克即可，喂尿素时，喂量由少到多，逐渐增加，给绵羊瘤胃微生物一个适应过程，且要连续饲喂；育肥绵羊日粮中必须添加微量元素和维生素添加剂，以满足快速生长的营养需要；有条件的羊场还可添加一些酶制剂或中草药添加剂。不使用国家已明令禁止的兽药及添加剂，尤其是瘦肉精，以保证羊肉安全。

（四）选择适宜的饲喂方法

绵羊育肥可采用干料饲喂、湿料饲喂、颗粒料饲喂等；干粉料饲喂就是将各种饲料原料粉碎后按照日粮配方比例混合后直接饲喂育肥羊，绵羊吃料时，呼出气容易把料吹出，造成饲料浪费；湿料饲喂是将混合好的饲料，加入少量水润湿饲料，既软化了饲料，也减少饲料浪费。颗粒料是将混合粉料压制成颗粒，这种料羔羊采食量高，饲料浪费少，育肥效果最好，山西农业大学课题组用颗粒饲料饲喂 20 千克杜小杂种绵羊，日平均增重为 300 克。

（五）精细化管理

1. 创造适宜的环境 环境温度对绵羊育肥的营养需要和增重影响很大。平均温度低于 7℃，羊体产热量增加，采食量也增加，饲料转化效率降低；如平均温度高于 32℃时，绵羊呼吸和体温随气温升高而增高，采食量减少；高温高湿环境有助于寄生虫滋生；因此，冬季育肥应注意保暖，夏季育肥应注意采取有效措施降温，给育肥羊只提供一个相对适宜环境。给予足够阳光照射，促进钙吸收。另外要保持环境安静、良好通风也有利于羊只生长。

2. 分阶段科学管理 绵羊育肥的预饲期内要做好驱虫、免疫工作；有研究表明剪毛可提高绵羊采食量，一般育肥羊都剪毛；整个育肥期内日粮的营养根据羊生长状况，随体重的增加分阶段调整；饲养员要注意观察羊只采食情况，调整饲喂量；注意观察羊只精神状态、被毛状态、采食行为、粪便状态、排尿行为等，发现有食毛羔羊、精神状态不好的羊只、拉痢的羊只、排尿动作困难的羊只，都应及时处理；保证充足饮水。喂料要定时定量，饲养员也要相对稳定。对育肥羊只要和气，不要惊吓羊只，处于应激状态羊只不长膘。

第二节　肥羔生产技术

羔羊育肥是利用羔羊周岁前生长速度快、饲料报酬高等特点进行的育肥，包括哺乳羔羊育肥、早期断奶强度育肥、断奶羔羊育肥、当年羔羊育肥。它具有生长速度快，饲料报酬高，胴体品质好，生产周期短，便于组织生产等特点。

一、哺乳羔羊育肥技术

哺乳羔羊育肥技术指在羔羊哺乳期间，提高补饲水平，在断奶时，挑出达到上市体重羔羊的方法。该方法主要是利用母羊的全年繁殖，安排秋季和初冬产羔，供应节日特需的羔羊肉。其优势是不断奶的羔羊育肥可减少断奶造成的应激，保持羔羊的稳定生长。

饲养方法以舍饲育肥为主，母子同时加强补饲。母羊哺乳期间每天喂足量的优质豆科牧草，另加 500 克精料，目的是使母羊泌乳量增加。对于羔羊，及早隔栏补饲，且越早越好。每天喂两次，每次喂量以 20 分钟内吃净为宜；羔羊自由采食上等苜蓿干草。若干草质量较差，日粮中每只应添加 50～100 克蛋白质饲料。经过 30 天育肥，到 4 月龄时，挑出羔羊群中达到 25 千克以上的羔羊出栏上市。剩余羊只断奶后再转入舍饲育肥群，进行短期强度育肥；不作育肥用的羔羊，可优先转入繁殖群饲养。

二、早期断奶羔羊的强度肥育

指羔羊经过 45～60 天哺乳，断奶后继续在圈内饲养，到

120～150 天时活重达 25～35 千克时屠宰的育肥方式。这种育肥方式与其他类型不同之处在于羔羊出生到育肥结束，一直在羊舍内生活，断奶前的饲料主要是羊奶，断奶后以精料为主，饲草为辅，其优点是饲料报酬高，一般料重比为 2.5～3∶1，生长速度快，日增重 200～250 克。

（一）饲喂方法

羔羊生后与母羊同圈饲养，前 21 天全部依靠母乳，随后训练羔羊采食饲料，将配合饲料加少量水拌潮即可，以后随着日龄的增长，添加苜蓿草粉，45 天断奶后用配合饲料喂羔羊，每天中午让羔羊自由饮水，圈内设有微量元素盐砖，让其自由舔食，120～150 天屠宰上市。

（二）关键技术

1. 早期断奶 集约化生产要求全进全出，羔羊进入育肥圈时的体重大致相同，若差异较大不便于管理，影响育肥效果。为此，除采取同期发情，诱导产羔外，早期断奶是主要措施之一。理论上讲羔羊断奶的月龄和体重，应以能独立生活并能以饲草为主获得营养为准，羔羊到 8 周龄时瘤胃已充分发育，能采食和消化大量植物性饲料，此时断奶是比较合理的。

2. 营养调控技术 断奶羔羊体格较小，瘤胃体积有限，粗饲料过多，营养浓度跟不上，精料过多缺乏饱感，精粗料比以 8∶2 为宜。羔羊处于发育时期，要求的蛋白质、能量水平高，矿物质和维生素要全面。若日粮中微量元素不足，羔羊有吃土、舔墙现象，可将微量元素盐砖放在饲槽内，任其自由舔食，以防微量元素缺乏。大力推广颗粒饲料，颗粒饲料体积小，营养浓度大，非常适合饲喂羔羊，在开展早期断奶强度育肥时都采用颗粒饲料。此外，颗粒饲料适口性好，羊喜欢采食，比粉料能提高饲料报酬 5％～10％。

（三）适时出栏

出栏时间与品种、饲料、育肥方法等有直接关系。大型肉用品种 3 月龄出栏，体重可达 35 千克，小型肉用品种相对差一些。断奶体重与出栏体重有一定相关性，试验表明，断奶体重 13～15 千克时，育肥 50 天体重可达 30 千克，断奶体重 12 千克以下时，育肥后体重 25 千克，在饲养上设法提高断奶体重，就可增大出栏活重。

三、当年羔羊育肥

当年羔羊育肥指羔羊断奶后在草地上放牧一段时间，然后进入舍饲育肥期或断奶后一直在优良牧草的草地上放牧，当活重达 25～35 千克时屠宰的生产过程，是目前我国生产羔羊肉的主要形式，与国外的肥羔生产有所不同。

（一）当年羔羊的短期舍饲育肥

1. 特点 这种育肥方式基本上属于吊架子育肥。哺乳期以母乳促进羔羊发育，断奶后在草地上放牧，使得骨架长大，进入舍饲育肥后饲喂精料使其增膘。生产上前期以奶为主，草料为辅，中期全部依靠牧草，后期增加精料喂量，这样就可以充分利用夏季盛草期的新鲜牧草，大大降低生产成本。当年羔羊经育肥后，肉质细嫩，新鲜多汁，膻味小，是加工烹调的优质原料，销售价格比成年羊肉高 20%～50%。

2. 育肥技术要点

第一阶段（1～15 天）

1～3 天：仅喂干草。自由采食和饮水。注意：干草以青干草为宜，不用铡短。

3～6 天：逐步用日粮Ⅰ替代干草，干草逐渐变成混合粗料。注意：混合粗料指将干草、玉米秸、地瓜秧、花生秧等混合铡短（1～2 厘米）。

7～12 天：喂日粮Ⅰ。每只日喂量 2 千克，日喂 2 次。自由饮水。

日粮Ⅰ配方：玉米 30%、豆饼 5%、棉籽粕或胡麻饼 4%、干草 58％、食盐 1％、羊用添加剂 1％、磷酸氢钙 1％。

第二阶段（15～50 天）

13～16 天：逐步由日粮 I 变成日粮 II。

17～47 天：喂日粮 II。将混合精料（每只日喂量 0.2 千克）、混合粗料（每只日喂量 1.5 千克）混合均匀后，拌湿，日喂 2 次。

日粮 II 配方：混合精料为玉米 62％、麸皮 10％、豆饼（粕）6％、棉籽粕或胡麻粕 10％、优质花生秧粉或苜蓿草粉 10％、食盐 1％、微量元素和维生素添加剂 1％。混合粗料为玉米秸、地瓜秧、花生秧等，铡短。注意：若喂青绿饲料时，应洗净、晾干（水分要少），日喂量为每只羊 3～4 千克。

第三阶段（50～60 天）

48～52 天：逐步由日粮 II 过渡到日粮 III。注意：过渡期内主要是混合精料的变换；粗饲料或青绿饲料正常饲喂即可。

53～60 天：喂日粮 III 混合精料，每只日喂量 0.25 千克，粗料不变。

日粮 III 混合精料配方：玉米 80％、豆饼（粕）5％、胡麻粕 5.5％、麸皮 6％、小苏打 0.5％、磷酸氢钙 1％、食盐 1％、微量元素和维生素添加剂 1％。注意：粗料采食量会因精料喂量增加而减少。保证自由饮水。

日粮的配制以当地原料为主，灵活变动。

3. 异地育肥羊管理规程

进羊前 2 天：圈舍消毒

1 天：进羊分群

1～3 天：供应干草和保证饮水

4～7 天：剪毛、驱虫，逐渐加精料，调整为日粮 I

8～10 天：免疫，饲喂日粮 I

13～16 天：过渡日粮 II

17～47 天：喂日粮 II

48～52 天：过渡日粮Ⅲ

53～60 天：喂日粮Ⅲ

61 天：出栏

（二）当年羔羊的放牧育肥

当年羔羊的放牧育肥是指羔羊断奶前主要依靠母乳，随日龄增长，牧草比例增加，断奶到出栏一直在草地上放牧，最后达到一定活重即可屠宰上市的育肥模式。

1. 育肥条件 当年羔羊的放牧育肥与成年羊放牧育肥不同。其一，参加育肥的品种具有生长发育快，成熟早，肥育能力强，产肉力高的特点。其二，必须要有好的草场条件，牧草生长繁茂，适合于当年羔羊的育肥。

2. 育肥方法 主要依靠放牧进行育肥。方法与成年羊放牧相似，但需注意羔羊不能跟群太早，年龄太小随母羊群放牧，往往跟不上群，出现丢失现象，在这个时候如果因草场干旱，乳汁不足，羔羊放牧体力消耗太大，影响本身的生长发育，会使成活率降低。另外，在产冬羔的地区，三四月份羔羊随群放牧，遇到地下水位高的返潮地带，有时羔羊易踏入泥坑，造成死亡损失。

3. 影响育肥效果的因素 产羔时间对育肥效果有一定影响。相同营养水平下，早春羔 7～8 月龄屠宰，平均产肉 16.6 千克，晚春羔羊 6 月龄屠宰，平均产肉 13.8 千克，将晚春羔提前为早春羔，是增加产肉量的一个措施，但需要贮备饲草和改变圈舍条件。

第三节 成年羊快速育肥技术

一、成年羊育肥的原理

进入成年期的绵羊是机能活动最旺、生产性能最高的时期，能量代谢水平稳定，虽然绝对增重达到高峰，但在饲料丰富的条件下，仍能迅速沉积脂肪。特别利用成年母羊补偿生长的特点，采取相应的肥育措施，使其在短期内达到一定体重而屠宰上市。

实践证明，补偿生长现象是由于羊在某些时期或某一生长发育阶段饲草饲料摄入不足而造成的，若此后恢复较高的饲养水平，羊只便有较高的生长速度，直至达到正常体重或良好膘情。成年母羊的营养受阻可能来自两种状况：一是繁殖过程中的妊娠期和哺乳期，此时因特殊的生理需要，即便在正常的饲喂水平时，母羊也会动用一定的体内贮备（母体效应）。二是季节性的冬瘦和春乏，由于受季节性的气候、牧草供应等影响，冬春季节的羊只常出现饲草饲料摄入不足。在我国淘汰成年母羊育肥生产的羊肉仍占较大比重。

二、成年羊育肥的方式

成年羊育肥方式可根据羊只来源和牧草生长季节来选择，目前主要的育肥方式有放牧与补饲混合型和舍饲育肥两种。但无论采用何种育肥方式，放牧是降低成本和利用天然饲草饲料资源的有效方法，也适用于成年羊快速育肥。

（一）放牧补饲型

1. 夏季放牧补饲型　充分利用夏季牧草旺盛、营养丰富的特点进行放牧育肥，归牧后适当补饲精料。这期间羊日采食青绿饲料可达 5～6 千克，精料 0.4～0.5 千克，育肥日增重一般在140 克左右。

（1）夏季放牧的要求　夏季放牧要立足一个"膘"字，着眼一个"草"字，防范一个"病"字，狠抓一个"放"字；日常工作中尽量做到"三防"，即防有毒有害草、防蚊蝇侵扰和防疾病。"四稳"，即出牧稳、收牧稳、饮水稳、游牧稳；"五看"，即看羊、看水、看地形、看天气、看有无野兽。放牧的时候，坚持跟群放牧、坚持保证放牧时间、尽量做到少走慢游，每天要让羊吃上 2～3 个饱。

（2）夏季放牧技术　保证足够的放牧时间，一般是天一亮就把羊由圈内赶到卧场晾羊（把羊赶到圈外休息），待上午 10：00

露珠晒干后出牧，放到 12：00 或下午 3：00，卧晌，下午 4：00 天气凉爽时第二次出牧，放到晚上 8：00 归牧。回来后晾羊至凉爽，有风时，约晚上 10：00 左右进圈。夏季蚊蝇多，放牧要放顶风坡以驱散蚊蝇，使羊群放得稳；多放阳坡，能使羊经常吃到嫩草，放牧时要防止阳光直射羊的头部，以使羊能安静吃草；晚上天气凉爽时放牧，应及时给羊饮水。

2. 秋季放牧补饲型　主要选择淘汰老母羊和瘦弱羊为育肥羊，育肥期一般为 60～80 天，此时可采用两种方式缩短育肥期，一是使淘汰母羊配上种，怀孕育肥 50～60 天宰杀；二是将羊先转入秋场或农田茬子地放牧，待膘情好转后，再转入舍饲育肥。舍饲育肥的配方如下：禾本科干草 1.5 千克，青贮玉米 2.0 千克，精料 0.5 千克。

秋季气候凉爽，天渐变短，牧草开始枯老，草秆成熟。羊吃了含脂肪多、热能多，易消化的草籽后，能在体内积存脂肪，促使上膘。农田收获后的茬子地有大量的穗头、茎叶、杂草，成为放牧抓膘的极好机会，农谚有"夏抓肉膘，秋抓油膘"之说，为了抓好油膘，一定要选择好牧地。初秋时气温逐渐下降，野草开始结籽，羊食欲增加，这段时间要多放阳坡，少放阴坡。放牧时间尽量延长，早晚少晾羊，中午少卧晌，一天可在上、下午二次放牧。

（二）舍饲育肥

舍饲育肥适用于有饲料加工条件的地区，饲养肉用成年羊或羯羊。根据成年羊育肥的标准合理的配制日粮。成年羊舍饲育肥时，最好加工为颗粒饲料。推荐配方如下：苜蓿草粉 20%，青干草粉 10%，玉米秸秆粉 27%，精料 30%，磷酸氢钙 1%，食盐 1%，预混料 1%。

三、成年羊育肥饲养管理要点

（一）选羊与分群

要选择膘情中等、身体健康、牙齿好的羊只育肥，淘汰膘情很好和膘情极差的绵羊。挑选出来的羊应按体重大小和体质状况分群，一般把相近情况的羊放在同一群育肥，避免因强弱争食造成较大的个体差异。

（二）入圈前的准备

为育肥羊只注射肠毒血症三联苗和驱虫。同时在圈内设置足够的水槽和料槽，并进行环境（羊舍及运动场）清洁与消毒。

（三）选择最优配方配制日粮

选好日粮配方后严格按比例称量配制日粮。为提高育肥效益，应充分利用天然牧草、秸秆、树叶、农副产品及各种下脚料，扩大饲料来源。合理利用尿素及各种添加剂。

（四）安排合理的饲喂制度

成年羊只日粮的日喂量依配方不同而有差异，一般为 2.5～2.7 千克。每天投料两次，日喂量的分配与调整以饲槽内基本不剩为标准。喂颗粒饲料时，最好采用自动饲槽投料，雨天不宜在敞圈饲喂，午后应适当喂些青干草，以利于反刍。

在绵羊育肥的生产实践中，各地应根据当地的自然条件、饲草料资源、绵羊品种状况及人力物力情况，选择适宜的育肥模式进行羊肉的生产，达到以较少的投入，换取更多肉产品的目的。

参 考 文 献

岳文斌，张春香，裴彩霞．2007．绵羊生态养殖工程技术［M］．北京：中国农业出版社．

张英杰，路广计．2003．绵羊高效饲养与疾病监控［M］．北京：中国农业大学出版社．

第八章

优质安全羊肉的生产技术

目前，肉食品安全已成为社会关注的热点问题。绵羊活羊的养殖过程、养殖环境、饲料来源、日粮配制等羊肉安全生产环节问题在前几章节已经论述。绵羊活羊屠宰与检验是羊肉安全生产的保证，胴体品质及分级、胴体分割是增加羊肉产品附加值的技术措施。近几年国家出台或更新了一系列行业标准规范羊肉生产，确保羊肉安全生产。

第一节　绵羊屠宰与检验

绵羊屠宰加工厂卫生条件应符合 GB 12694 肉类加工厂卫生规范，生产技术和操作流程应分别符合 GB/T 17237 畜类屠宰加工通用技术条件和 GB/T 20575 鲜冻肉生产良好操作规范。

一、绵羊屠宰前准备和要求

（一）屠宰前严格检疫

要遵从畜禽卫生检验监督部门的要求和从保证消费者的健康角度考虑，对屠宰的羊，进行严格兽医卫生检验，特别是商品性屠宰的羊，在进入屠宰场之前要进行检疫，观察口、鼻、眼有无过多分泌物，观看可视黏膜、精神状态、被毛、呼吸及走步姿态；听羊的叫声和咳嗽声；触摸羊体各部位，判断体温高低；摸体表淋巴结大小，保证无各种传染疾病，然后再屠宰。

（二）屠宰前的准备

绵羊在屠宰前 12～24 小时停食最为适宜。停食期间要给以充足的清洁饮水，但宰前 2～4 小时应停止喂水。断食能减少消化道的污物，既有利于充分放血，又便于内脏的清理。停食期间让羊充分休息，避免惊慌，禁止棍棒殴打和用力抓羊的皮肤。喂水能湿润肌肤，使皮与皮下脂肪之间组织松软，便于剥皮。

二、屠宰的工艺流程

（一）手工屠宰流程

1. 刺杀放血　经过活体检查合格的羊便可进行屠宰。屠宰羊只有三种方法，我国目前屠宰羊通常采用"大抹脖"方法。

（1）大抹脖　此法除机械化、半机械化屠宰场外，我国广大农村牧区宰杀绵羊，多采用"大抹脖"方法。屠宰时将羊固定在屠宰用的木凳或木板上，用屠宰刀在下颌角附近割断颈动脉，并顺下颌将下部切开充分放血。简便易行，但影响皮形完整。

（2）纵向放血　为了避免血液污染皮毛，在羊的颈部切开皮肤，切口长约 8～12 厘米，然后用刀伸入切口内向右偏，挑断血管、气管，但不得切断食管，让血液流入容器内。

宰杀时一定要做好羊的保定，不要使羊只受到惊恐或过分挣扎，以免影响放血效果。放血时要将羊头稍向下倾斜，防止血液污染皮毛，当血流干净后立即进行剥皮。

2. 剥皮　放完血后，趁羊屠体还有一定的体温立即剥皮。手工剥皮的方法是将羊四肢朝上仰置于剥皮架上，用尖刀沿腹中线挑开皮层，向前沿前胸部中线挑至嘴角，向后经过肛门挑至尾尖，再从两前肢和两后肢内侧，垂直于腹中线向前后肢各挑开两条横线，前肢到腕节，后肢至飞节。接着剥尾部皮肤，由于尾部脂肪多，皮肤薄，剥皮时要特别小心，以免影响皮张完整。胸部皮下脂肪更少，皮肤紧贴肌肉，用刀一点一点地剥离，直至剥离干净。剥皮时，先用刀沿着挑开的皮层向内剥开 5～10 厘米，然后用拳揣法剥皮。剥下来的皮板上力求不带肉脂。剥下的羊皮毛面向下，平整铺在地面晾干。

3. 剖腹摘取内脏　羊皮剥完后，接着去头和去蹄。去头是从枕环关节和第一颈椎间切断，去蹄是前肢至桡骨以下切断，后肢是胫骨以下切断。然后将屠体倒起来，用吊钩挂在早已固定好的横杆上，进行剖腹（开膛）摘取内脏。剖腹时，先将腹部刀口延到15～20厘米，瘤胃随即拥出，食管稍加剥离，打一结扣，从胸腔用力取出。随后取出胃、肠、食管、膀胱等，再划开横膈肌。取出心脏、肝脏、肺脏、气管，一般将肾脏带在胴体上，不进行剥离。摘取内脏往往直接用手取下，必要时用刀，也得下刀轻巧，不能划破胃、肠、胆囊等，以免污染肉体。最后用刀剥去阴茎、睾丸和乳房等。

（二）机械屠宰流程

大型绵羊屠宰厂配备有屠宰生产线，屠宰方法和程序与手工屠宰有很大差异。机械屠宰工艺流程：致晕→放血→剥皮→开膛→劈开→胴体整理。

1. 击晕和放血　用机械法在眼睛与对侧羊角两条线交叉点处将羊电麻或击晕，然后吊起在颈部正下方从胸腔到咽喉纵向切开，充分放血。在掌骨和腕骨间去前蹄，掌骨和跗骨间去后蹄，在枕骨和寰骨间去头。

2. 剥皮和开膛　多采用吊挂剥皮。将羊倒挂在横式架或轨道滑轮钩上，然后将羊皮由尾方向用力向下撕剥，剥下整张羊皮。再沿腹中线切开腹壁，用刀劈开耻骨联合，用锯锯开胸骨，取出内脏。

3. 劈开和整理　沿脊柱及其背部脊突的正中线将胴体劈成两半，用水冲洗胴体，去掉血迹及附着的污物，称重后送到冷却间冷却。

（三）羊肉分类

1. 羔羊肉　绵羊生长期在4～12月龄，未长出永久齿的活

羊屠宰后得到的羊肉为羔羊肉。行业标准 NY 1165—2006 规定
了羔羊肉感官、理化和微生物指标及产品分级。羔羊肉肌肉呈淡
红色，有光泽，脂肪呈白色或淡黄色；肌纤维致密，有韧性，富
有弹性；外表微干或有风干膜，切面湿润，不粘手；具有羔羊肉
固有气味，无异味。

2. 肥羔肉　绵羊生长期在 4～6 月龄，经快速育肥的活羊屠
宰后得到的羊肉为肥羔肉。

3. 大羊肉　绵羊生长期在 12 月龄以上，并已换一对以上乳
齿的活羊屠宰后得到的羊肉为大羊肉。

（四）胴体保存

胴体羊肉贮存间应符合国家有关卫生要求，库内有防霉、
防鼠、防虫设施，应保持清洁、整齐、通风，应防霉、除霉、
定期除霜；不应存放有碍卫生的物品，同一库内不能存放可能
造成相互污染或者串味的食品。胴体保存有冷却保存和冷冻保
存两种。

1. 冷却保存　将胴体羊肉放置到冷却间，冷却间温度为 0～
4℃，经 10 小时冷却后，后腿深层中心温度不高于 7℃。

2. 冷冻保存　将胴体羊肉放置到冷冻间，冷冻间温度不高
于－28℃，经 24 小时冷冻后，后腿深层中心温度不高于－15℃。

三、产肉力的测定

通常评定绵羊产肉力时，主要按以下项目即胴体重量、屠宰
率、净肉重、净肉率、胴体产肉率、骨肉比等评定。测定时一般
胴体在温度 0～4℃、湿度 80%～90% 的条件下放置 30 分钟后，
依次测定。胴体重量是绵羊屠宰后去皮、头、蹄、尾、内脏及体
腔内部全部脂肪后羊的个体重量。

（一）屠宰率

屠宰率是衡量绵羊产肉性能的重要指标之一。将静置后的羊
体称重（W_2）然后计算屠宰率。其计算方法如下：

$$屠宰率（\%）=\frac{W_2+W_4}{W_1}\times100$$

式中：W_1 为宰前活重；W_2 为胴体重；W_4 为内脂重（包括网膜脂肪、肠系膜脂肪）。

为使胴体各项产肉力指标的测算方便、精确、省时，通常以半个胴体的百分值代表整个胴体重。因此，将称重后的胴体从颈部至尾椎沿着背中线剖分为左右两片，左片为软半，右片为硬半。

（二）净肉率

胴体经剥皮剔骨之后，以实际称得的净肉重量（W_3），计算净肉率，其计算方法如下：

$$净肉率（\%）=\frac{W_3}{W_1}\times100$$

（三）胴体产肉率

胴体产肉率即净肉重与胴体重之比，其计算方法如下：

$$胴体产肉率（\%）=\frac{W_3}{W_2}\times100$$

（四）骨肉比

胴体经剔净肉后（允许带肉不超过 300 克），称其实际的全部骨骼重量（W_5），计算出骨与肉之比值。计算方法如下：

$$肉骨比（\%）=\frac{W_3}{W_5}\times100$$

（五）眼肌面积测定

眼肌面积的大小是衡量肉用羊胴体品质的指标之一。眼肌面积的测定有两种方式，一种方式是从胴体的第 12 肋骨后缘横切断，另一种方式是用硬半片胴体，部位也是在第 12 肋骨后缘顺切开。测量方法如下：

1. 用硫酸纸描绘眼肌横断面轮廓图 将硫酸纸贴在横断的眼肌面上，用软质铅笔沿眼肌面的边缘描下轮廓。如屠宰羊多，为避免个体间的混淆，应在硫酸纸上记上羊号，以求积仪或坐标方格纸计算眼肌面积。若无求积仪，可采用硬尺，准确地测量眼肌的高度和最宽度。眼肌面积用下式计算：

　　眼肌横截面积（厘米^2）＝眼肌高度×眼肌宽度×0.79

此法评定羊只胴体眼肌面积简便、准确且效率高。

2. 眼肌（影像幅型）指数法　表示羊体产肉量。指数越高，胴体产肉量越多。计算公式为：

$$\text{眼肌影像（形状）幅型指数}（\%）＝\frac{\text{眼肌面积}}{\text{眼肌宽度}}×100$$

四、绵羊胴体羊肉检验

（一）胴体羊肉检验方法

屠宰后胴体羊肉检验以感官检验和剖检为主，主要通过视检、触检、嗅检和剖检，实验室检验等方法来实现。

1. 视检　观察胴体羊肉的皮肤、肌肉、胸腹膜、脂肪、骨骼、关节、天然孔及各种脏器的色泽、形态、大小、组织状态等是否正常，并记录。

2. 触检　用手或借助检验器械触摸，以判定组织器官的弹性和软硬度。

3. 嗅检　用嗅觉判断各种异常气味和病理性气味，如育肥绵羊生前患尿毒症，肌肉组织必有尿味。

4. 剖检　对疑似有问题的胴体羊肉进一步进行剖检，剖开胴体羊肉观察组织、器官等隐蔽部分或深层组织的变化。

5. 实验室检验　出口胴体羊肉还需按照 GB/T 9961—2008进行理化指标和微生物指标等进行实验室分析。

（二）检验后肉品处理

胴体和内脏经检验后，可按照不同情况处理。

1. 正常合格胴体处理　胴体羊肉经检验合格后，在每只胴体的臀部加盖检验检疫讫，字迹清晰整齐；兽医印戳为圆形，其直径 5.5 厘米，刻有企业名称、兽医验讫、年月日等信息。

2. 异常品处理　对于气味异常胴体羊肉，如尿味、酸臭味、氨臭味、微生物分解引起异常味道、药物味等气味严重的胴体，不能供食用，可作工业用。对于色泽异常的胴体，例如，肉色变绿或变黑，均不可食用，作工业用。

第二节　胴体品质及分级

一、胴体品质

胴体品质受品种、年龄、性别、营养水平和屠宰季节等因素的影响。对胴体品质要求，则随人们的习惯和爱好各有差异，一般可包括以下几方面。

（一）肌肉丰满、柔嫩

肥羔胴体羊肉和羔羊胴体羊肉的肌肉丰满，脂肪适中。因为幼龄时期肌肉生长速度最快，高营养水平饲养使其生长强度最大的部位得到充分的发育，可以得到物美价廉的产品。例如，用高营养水平日粮育肥出栏的羔羊，其胴体羊肉腿短、躯干宽而深，在9周龄和14周龄时，已有很厚的皮下脂肪，这是早熟肉用种绵羊的特征；而用低营养水平日粮育肥出栏的羔羊，其胴体羊肉腿高、颈长、体窄而瘦、缺少脂肪、后腿和腰部肌肉特别不发达，肉的品质差。

（二）肉块紧凑、美观

消费者需要小而紧凑、重量不大的肉块，切割容易，适合多种菜谱的配制。骨骼尽量短而细，使肌肉显得丰满，烹调时可以切成鲜嫩的肉片。倘若骨骼长而粗、肌肉薄而脂肪少，则烹饪后显得干枯。

（三）脂肪匀称、适中

皮下脂肪和肌肉间脂肪的比例要高。皮下脂肪均匀地分布在胴体的整个表面。因为绵羊在不同年龄时脂肪的贮积速度不同，一般按下列次序排列：花油、板油、肌肉间脂肪和皮下脂肪。上等品质肥羔的胴体表面必须有一层最低限度的皮下脂肪覆盖着。按此要求，可在宰前一段时间给予高营养水平日粮，从而获得满意的皮下脂肪。脂肪含量应该适中，以胴体羊肉在贮藏、运输和烹调时不过于干燥为宜。

（四）肉细、色鲜、可口

肌肉纤维要细，肌肉和脂肪中所含水分宜少，肌肉间的脂肪（即大理石状脂肪）含量宜高。大理石状脂肪能使肉嫩味美，尤其在老龄绵羊更需要有这种脂肪。肉色以浅红色至鲜红色为佳，脂肪应坚实、乳白色或淡黄色，不要黄色脂肪。脂肪组织中不饱和脂肪酸含量宜低，这种脂肪酸使脂肪变软，容易氧化酸败，不能长期保存。多种动物在初生时肌肉细嫩，但缺乏香味，随着年龄增长，肉质逐步变得粗韧，香味增加。在肌肉尚未十分粗韧和气味不是很重之前屠宰最为合适，故应加强饲养使其在尽可能年轻时达到理想的膘度。

二、我国羊肉的分级标准

我国鲜、冻胴体羊肉的分级参照行业标准 GB/T 9961—2008 进行，与 GB/T 9961—2001 相比，产品品种明确了带皮胴体羊肉、去皮胴体羊肉；增加了大羊肉、羔羊肉和肥羔肉；对产品等级划分提出了更细致的要求；感官要求中增加了冷却羊肉要求；细化了产品理化指标及检验方法；增加了微生物指标及检验方法。

（一）胴体羊肉感官指标要求

鲜、冻胴体羊肉感官指标要求见表8-1。

表8-1　鲜、冻胴体羊肉感官指标要求

项目	鲜羊肉	冷冻羊肉	冻羊肉（解冻后）
色泽	肌肉色泽浅红、鲜红或深红，有光泽，脂肪呈乳白色、淡黄色或黄色	肌肉红色均匀，有光泽，脂肪呈乳白色、淡黄色或黄色	肌肉有光泽，色泽鲜艳，脂肪呈乳白色、淡黄色或黄色

（续）

项目	鲜羊肉	冷冻羊肉	冻羊肉（解冻后）
黏度	外表微干或有风干膜，切面湿润，不黏手	外表微干或有风干膜，切面湿润，不黏手	外表微湿润，不黏手
组织状态	肌纤维致密，有韧性，富有弹性	肌纤维致密，坚实，有韧性，有弹性，指压后凹陷立即恢复	肉质紧密，有坚实感，肌纤维有韧性
气味	具有鲜羊肉固有气味，无异味	具有鲜羊肉固有气味，无异味	具有羊肉正常气味，无异味
煮沸后的肉汤	透明澄清，脂肪团聚于表面，具特有香味	透明澄清，脂肪团聚于表面，具特有香味	透明澄清，脂肪团聚于表面，无异味
肉眼可见杂质	不得检出	不得检出	不得检出

（二）鲜、冻胴体羊肉理化指标要求

鲜、冻胴体羊肉理化指标要求见表 8-2。与 GB/T 9961—2001 相比，增加了多项指标的检测，例如，羊肉中铅、砷及无机砷、镉、铬、亚硝酸盐的含量，羊肉中敌敌畏、六六六、滴滴涕、溴氰菊酯、左旋咪唑、磺胺类药物、青霉素类药物、己烯雌酚、氯霉素、盐酸克伦特罗残留量的检测。

表 8-2　鲜、冻胴体羊肉理化指标要求

项　　目	指标
水分	≤78%
挥发性盐基氮（每 100 克羊肉中毫克数）	≤15
汞*（以汞元素计）	不得检出
铅*（以铅元素计）	≤0.2
砷*（以砷元素计）	≤0.05
镉*（以镉元素计）	≤0.1
铬*（以铬元素计）	≤0.1

（续）

项　目	指标
亚硝酸盐*（以亚硝酸钠计）	≤3
敌敌畏*	≤0.05
六六六*	≤0.2
滴滴涕*	≤0.2
溴氰菊酯*	≤0.03
左旋咪唑*	≤0.1
磺胺类药物*（以磺胺类总量计）	≤0.1
青霉素类药物*	≤0.05
氯霉素*	不得检出
盐酸克伦特罗*	不得检出
己烯雌酚*	不得检出

注："＊"标注成分的单位为每千克羊肉中毫克数。

（三）鲜、冻胴体羊肉微生物指标要求

鲜、冻胴体羊肉微生物指标要求见表 8 - 3。与 GB/T 9961—2001 相比，增加了羊肉中菌落总数、大肠菌群、沙门氏菌、志贺氏菌、溶血性链球菌、金黄色葡萄球菌、致泻大肠埃希氏菌等致病菌的检测。

表 8 - 3　鲜、冻胴体羊肉微生物指标要求

项　目		指标
菌落总数		≤5×10^5
大肠菌群		≤1×10^3
致病菌	沙门氏菌	不得检出
	志贺氏菌	不得检出
	溶血性链球菌	不得检出
	金黄色葡萄球菌	不得检出
	致泻大肠埃希氏菌	不得检出

（四）鲜、冻羊胴体等级及要求

胴体羊肉分为特等、优等、良好和可用 4 个级别。与 GB/T 9961—2001 相比，评定项目增加且细化了，具体指标有胴体重、肥度、肋肉厚、肉脂硬度、肌肉度、生理成熟度、肉脂色泽。

1. 大羊肉 大羊肉胴体等级及要求见表 8-4。

表 8-4 大羊肉胴体等级及要求

项 目	等 级			
	特级	优级	良好级	可用级
胴体重量	>25 千克	22~25 千克	19~22 千克	16~19 千克
肉脂颜色	肌肉颜色深红，脂肪乳白色	肌肉颜色深红，脂肪乳白色	肌肉颜色深红，脂肪浅黄色	肌肉颜色深红，脂肪黄色
肥度	背膘厚度0.8~1.2厘米，腿肩部脂肪丰富，肌肉不显露，大理石花纹丰富	背膘厚度0.5~0.8厘米，腿肩部覆有脂肪，腿部肌肉略显露，大理石花纹明显	背膘厚度0.3~0.5厘米，腿肩部覆有薄层脂肪，腿肩部肌肉略显露，大理石花纹略显	背膘厚度≤0.3厘米，腿肩部脂肪覆盖少，肌肉显露，无大理石花纹
肋肉厚	>14毫米	9~14毫米	4~9毫米	<4毫米
肉脂硬度	脂肪和肌肉硬实	脂肪和肌肉较硬实	脂肪和肌肉略软	脂肪和肌肉软
肌肉度	全身骨骼不显露，腿部丰满充实，肌肉隆起明显，背部宽平，肩部宽厚充实	全身骨骼不显露，腿部较丰满充实，略有肌肉隆起，背部和肩部比较宽厚	肩隆部及颈部脊椎骨尖稍突出，腿部欠丰满，无肌肉隆起，背部和肩部稍薄	肩隆部及颈部脊椎骨尖稍突出，腿部窄瘦，有凹陷，背部和肩部窄、薄
生理成熟度	前小腿至少有一个控制关节肋骨宽、平	前小腿至少有一个控制关节肋骨宽、平	前小腿至少有一个控制关节肋骨宽、平	前小腿至少有一个控制关节，肋骨宽、平

注：胴体重量采用称重法；胴体脂肪覆盖度与肌肉内脂肪沉积程度采用目测法；背膘厚采用仪器测量；肋肉厚采用测量法；肉脂硬度、肌肉度、饱满度、生理成熟度、肉脂色泽采用感官评定法。

2. 羔羊肉 羔羊肉胴体等级及要求见表 8-5。

表 8-5 羔羊肉胴体等级及要求

项 目	等 级			
	特级	优级	良好级	可用级
胴体重量	>18 千克	15~18 千克	12~15 千克	9~12 千克
肉脂颜色	肌肉颜色红色，脂肪乳白色	肌肉颜色红色，脂肪乳白色	肌肉颜色红色，脂肪浅黄色	肌肉颜色红色，脂肪黄色
肥度	背膘厚度 0.5 厘米以上，腿肩部覆有脂肪，腿部肌肉略显露，大理石花纹丰富	背膘厚度0.3~0.5 厘米，腿肩部覆有薄层脂肪，腿部肌肉略显露，大理石花纹略显	背膘厚度≤0.3 厘米，腿肩部脂肪覆盖少，肌肉显露，无大理石花纹	背膘厚度≤0.3 厘米，腿肩部脂肪覆盖少，肌肉显露，无大理石花纹
肋肉厚	>14 毫米	9~14 毫米	4~9 毫米	<4 毫米
肉脂硬度	脂肪和肌肉硬实	脂肪和肌肉较硬实	脂肪和肌肉略软	脂肪和肌肉软
肌肉度	全身骨骼不显露，腿部丰满充实，肌肉隆起明显，背部宽平，肩部宽厚充实	全身骨骼不显露，腿部较丰满充实，略有肌肉隆起，背部和肩部比较宽厚	肩隆部及颈部脊椎骨尖稍突出，腿部欠丰满，无肌肉隆起，背部和肩部稍窄稍薄	肩隆部及颈部脊椎骨尖稍突出，腿部窄瘦，有凹陷，背部和肩部窄、薄
生理成熟度	前小腿有折裂关节，湿润、颜色鲜红；肋骨略圆	前小腿可能有控制关节或折裂关节，湿润、颜色鲜红；肋骨略宽、平	前小腿可能有控制关节或折裂关节，湿润、颜色鲜红；肋骨略宽、平	前小腿可能有控制关节或折裂关节，湿润、颜色鲜红；肋骨略宽、平

3. 肥羔肉 肥羔肉胴体等级及要求见表 8-6。

表8-6　肥羔肉胴体等级及要求

项　目	等　　级			
	特级	优级	良好级	可用级
胴体重量	>16千克	13～16千克	10～13千克	7～10千克
肉脂颜色	肌肉颜色浅红，脂肪乳白色	肌肉颜色浅红，脂肪乳白色	肌肉颜色浅红，脂肪浅黄色	肌肉颜色浅红，脂肪黄色
肥度	眼肌大理石花纹略显	无大理石花纹	无大理石花纹	无大理石花纹
肋肉厚	>14毫米	9～14毫米	4～9毫米	<4毫米
肉脂硬度	脂肪和肌肉硬实	脂肪和肌肉较硬实	脂肪和肌肉略软	脂肪和肌肉软
肌肉度	全身骨骼不显露，腿部丰满充实，肌肉隆起明显，背部宽平，肩部宽厚充实	全身骨骼不显露，腿部较丰满充实，略有肌肉隆起，背部和肩部比较宽厚	肩隆部及颈部脊椎骨尖稍突出，腿部欠丰满，无肌肉隆起，背部和肩部稍窄稍薄	肩隆部及颈部脊椎骨尖稍突出，腿部窄瘦，有凹陷，背部和肩部窄、薄
生理成熟度	前小腿有折裂关节，湿润、颜色鲜红；肋骨略圆	前小腿有折裂关节，湿润、颜色鲜红；肋骨略圆	前小腿有折裂关节，湿润、颜色鲜红；肋骨略圆	前小腿有折裂关节，湿润、颜色鲜红；肋骨略圆

　　更新后的鲜、冻胴体羊肉标准要求养殖户在饲养过程中、活羊屠宰加工过程中要恪守道德规范，严格控制养殖环境，在育肥绵羊日粮、饮水中以及免疫过程中不得违规使用《食品动物禁用的兽药及其化合物清单》中所列禁用兽药及化合物，疾病治疗时不要过量使用抗生素或者延长停药后的育肥时间；在活羊屠宰过程中，注意改善屠宰环境的卫生条件等，为消费者提供优质安全的羊肉。

第三节　胴体的分割

　　根据羊胴体各部位肌肉组织结构的特点，结合消费者的不同需求，可将羊的胴体进行分割，便于运输和保管。

一、常见分割法

这种分割法把胴体分为 7 块（图 8 - 1）。

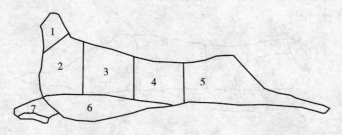

图 8 - 1　胴体剖分图

1. 颈肉　2. 肩腰肉　3. 肋肉　4. 腰肉

5. 后腿肉　6. 胸下肉　7. 前腿肉

1. 颈肉　从最后颈椎与第 1 胸椎间切开的整个颈部。

2. 肩腰肉　从肩胛骨前缘至第 4 肋骨去掉颈肉和胸下肉。

3. 肋肉　从最后一对肋骨间至第 4 与第 3 对肋骨间横切，去掉胸下肉。

4. 腰肉　从最后腰椎处至最后一对肋骨间横切，去掉胸下肉。

5. 后腿肉　从最后腰椎处横切下的后腿部分。

6. 胸下肉　从肩端到胸骨，以及腹下无肋骨部分，包括前腿腕骨以上部分。

7. 前腿肉　前腿腕骨以下的部分。

不同的分割肉其价格、食用价值和食用方法区别很大。一般，后腿肉和腰肉最好，而且约占胴体的 50％ 以上。按商品肉分级，后腿肉、腰肉、肋肉和肩腰肉属于一等肉，颈部、胸部和腹肉属于二等肉。

二、英国的羔羊胴体分割法

在英国，依据胴体的大小和当地习惯把羊肉剖分成数量不同的肉块。一般说来，屠宰后，胴体在0～4℃下冷却并悬挂数天，完成排酸处理。肩胛肉去骨并打卷出售，其他部位肉带骨出售。英国羊胴体剖分为小腿肉、后腿肉、腿臀肉、腰肉、上等颈肩肉、夹心肉、肩胛肉、颈肩肉、颈肉、臂关节肉、肋骨肉、胸肉几部分（图8-2）。

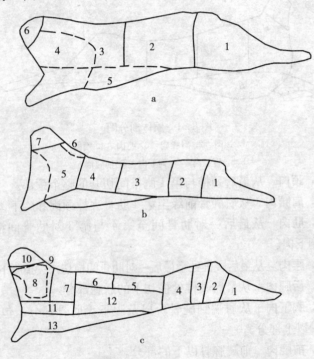

图8-2 英国羊胴体剖分示意图

a. 13～16千克的胴体：1. 后腿肉 2. 腰肉 3. 上等颈肩肉
   4. 肩胛肉 5. 胸肉 6. 颈肉

b. 16～18千克的胴体：1. 后腿肉 2. 腰臀肉 3. 腰肉
   4. 上等颈肩 5. 肩胛肉 6. 颈肩肉 7. 颈肉

c. 20～27千克的胴体：1. 小腿肉 2. 后腿肉 3. 腿臀肉
   4. 腰臀肉 5. 腰肉 6. 上等颈肩肉 7. 夹心肉 8. 肩胛肉
   9. 颈肩肉 10. 颈肉 11. 臂关节肉 12. 肋肉 13. 胸肉

三、美国的羔羊胴体分割法

通常把羊胴体分割成后腿肉、上腰肉、腰肉、肋肉、肩肉、胫肉、颈肉、胸肉共 8 块肉（图 8-3）。

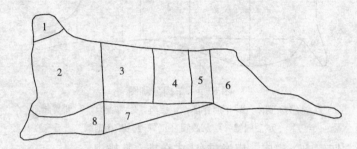

图 8-3 美国羊胴体剖分示意图

1. 颈肉 2. 肩肉 3. 肋肉
4. 腰肉 5. 上腰肉 6. 后腿肉 7. 胸肉 8. 胫肉

四、我国现行的胴体分割法

我国出台了羊肉分割技术规范 NY/T 1564—2007，适用于羊肉分割加工。

（一）带骨羊肉分割方法

带骨羊肉分割有 25 种分割。由半胴体分割而成，分割时经第 6 腰椎到髂骨尖处直切至腹肋肉的腹侧部，分为前后两半胴体。前半胴体（保留膈、肾和脂肪）为躯干。后半胴体为带臀腿，去除里脊头、尾，保留股骨；可根据加工要求保留或去除腹肋肉、盆腔脂肪、荐椎和尾椎。图 8-4 为羊肉分割图。

1. 躯干　躯干主要包括前 1/4 胴体、羊肋脊排及腰肉部分。

（1）前 1/4 胴体　由半胴体在分膈前后，即第 4 或第 5 或第 6 肋骨处以垂直脊椎方向切割得到的带前腿的部分。包括颈肉、前腿和部分胸椎、肋骨、及背最长肌等。前 1/4 胴体又可分割成

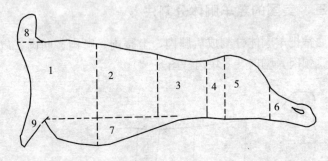

图 8-4 羊肉分割图

1. 前 1/4 胴体 　2. 羊肋脊排 　3. 腰肉 　4. 臀腰肉 　5. 带臀腿
6. 后腿腱 　7. 胸腹腩 　8. 颈肉 　9. 羊前腱

为方切肩肉、肩肉、肩脊排/法式脊排、牡蛎肉。

颈肉：由胴体经第 3 和第 4 颈椎之间切割，将颈部肉与胴体分离而得。需剔除筋腱，除去血污、浮毛等污物。

肩肉：由前 1/4 胴体切去颈肉、部分桡尺骨和部分腱子肉而得。分割时沿前 1/4 胴体第 3 和第 4 颈椎之间背侧线切去颈肉，腹侧切割线沿第 2 和第 3 肋骨与胸骨结合处直切至第 3 或第 4 或第 5 肋骨，保留部分桡尺骨和腱子肉。

方切肩肉：由前 1/4 胴体切去颈肉、胸肉和前腱子肉而得。分割时沿前 1/4 胴体第 3 和第 4 颈椎之间背侧线切去颈肉，然后自第 1 肋骨与胸骨结合处切割至第 4 或第 5 或第 6 肋骨处，除去胸肉和前腱子肉。

肩脊排/法式脊排：由方切肩肉（4～6 肋）除去肩胛肉，保留下面附着的肌肉带制作而成；在距眼肌大约 10 厘米平行于椎骨缘切开肋骨修整成法式脊排。

牡蛎肉：由前 1/4 胴体的前臂骨与躯干骨之间的自然缝切开，保留底切（肩胛下肌）附着而得。

（2）腰肉　由半胴体于第 4 或第 5 或第 6 或第 7 肋骨处切去前 1/4 胴体，于腰荐结合处切至腹肋肉，去后腿而得。

（3）羊肋脊排　由腰肉经第 4 或第 5 或第 6 或第 7 肋骨与第 13 肋骨之间切割而成；分割时沿第 13 肋骨与第 1 腰椎之间的背最长肌，垂直于腰椎方向切割，除去后端的腰脊肉和腰椎。羊肋脊排又可分割成为法式羊肋脊排或者法式单骨羊排。

法式羊肋脊排：由羊肋脊排修整而成，分割时保留或去除盖肌，除去棘突和椎骨，在距眼肌大约 10 厘米处平行于椎骨缘切开肋骨，或距眼肌 5 厘米处（法式）修理肋骨。

单骨羊排/法式单骨羊排：由羊肋脊排分割而成，分割时沿两根肋骨之间，垂直于胸椎方向切割（单骨羊排），在距眼肌大约 10 厘米修整肋骨（法式）。

2. 带臀腿　带臀腿主要包括粗米龙、臀肉、膝圆、臀腰肉、后腱子肉、髂骨、荐骨、尾椎、坐骨、股骨和胫骨等。带臀腿还可以进一步分割为带臀去腱腿、去臀腿、去腱去臀腿、带骨臀腰肉、去髋带臀腿和去髋去腱带股腿。

（1）带臀去腱腿　由带臀腿自膝关节处切除腱子肉及胫骨而得。

（2）去臀腿　由带臀腿在距离髋关节大约 12 毫米处成直角切去带骨臀腰肉而得。

（3）去臀去腱腿　由去臀腿于膝关节处切除后腱子肉及胫骨而得。

（4）带骨臀腰肉　由带臀腿在距离髋关节大约 12 毫米处成直角切去去臀腿而得。

（5）去髋带臀腿　由带臀腿除去髋骨制作而成。

（6）去髋去腱带股腿　由去髋带臀腿在膝关节处切除腱子肉及胫骨而得。

3. 鞍肉　由整个胴体于第 4 或第 5 或第 6 或第 7 肋骨处背侧切至胸腹侧部，切去前 1/4 胴体，于腰椎处经髋骨尖从背侧切至腹脂肪的腹侧部而得，保留肾脂肪和膈。

4. 带骨羊腰脊　在腰荐结合处背侧切除带臀腿，在第 1 腰椎和第 13 腰椎之间背侧切除胴体前半部分，除去腰腹肉。

5. 羊 T 骨排　由带骨羊腰脊沿腰椎结合处直切而成。

6. 前腱子肉/后腱子肉　前腱子肉分割时沿胸骨与盖板远端的肱骨切除线，自前 1/4 胴体切下前腱子肉；后腱子肉分割时自胫骨与股骨之间的膝关节切割，切下后腱子肉。

7. 法式前羊腱/羊后腱　由前腱子肉/后腱子肉分割而成，分割时分别沿桡骨/胫骨末端 3～5 厘米处进行修整，露出桡骨/胫骨。

8. 胸腹腩　俗称五花肉，分割时自半胴体第 1 肋骨与胸骨结合处直切至膈在第 11 肋骨上的转折处，再经腹肋肉切至腹股沟浅淋巴结。

9. 法式肋排　由胸腹腩第 2 肋骨与胸骨结合处直切至第 10 肋骨，除去腹肋肉并进行修整而成。

部分肉块分割详见图 8-5。

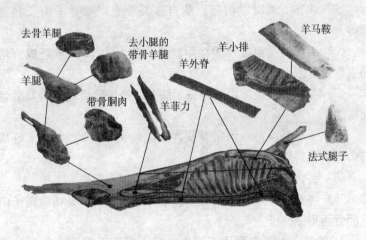

a（内部）

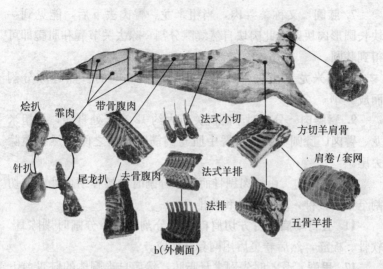

烩扒 霏肉 带骨腹肉 法式小切 方切羊肩骨

肩卷／套网

针扒 尾龙扒 去骨腹肉 法式羊排 五骨羊排

法排

b(外侧面)

图8-5 胴体羊肉分割图

（二）去骨羊肉分割方法

1. 半胴体肉 由半胴体剔骨而成，分割时沿肌肉自然缝隙剔除所有的骨、软骨、筋腱、板筋和淋巴结。

2. 躯干肉 由躯干剔骨而成，分割时沿肌肉自然缝隙剔除所有的骨、软骨、筋腱、板筋和淋巴结。

3. 剔骨带臀腿 由带臀腿除去骨、软骨、腱和淋巴结制作而成，分割时沿肌肉天然缝隙从骨上剥离肌肉或沿骨的轮廓剔除肌肉。

4. 剔骨带臀去腱腿 由带臀去腱腿剔除骨、软骨、腱和淋巴结制作而成。

5. 剔骨去臀去腱腿 由去臀去腱腿剔除骨、软骨、腱和淋巴结制作而成。

6. 臀肉 由带臀腿沿膝圆与粗米龙之间自然缝隙分离而得。分割时把粗米龙剥离后可见一肉块，沿其边缘分割即可得到臀肉。

7. 膝圆 又称羊霖肉，当粗米龙、臀肉去下后，能见到一块长圆形肉块，沿此肉块自然缝隙分割，除去关节囊和肌腱即可得到膝圆。

8. 粗米龙 由去骨腿沿臀肉与膝圆之间的自然缝隙分割而成。

9. 臀腰肉 分割时于距髋关节大约 12 毫米处直切，与粗米龙、臀肉、膝圆分离，沿臀中肌与阔筋膜张肌之间自然缝隙除去尾。

10. 腰脊肉 由腰肉剔骨而成，分割时沿腰荐结合处向前切割至第 1 腰椎，除去脊排和肋排。

11. 去骨羊肩 由方切肩肉剔骨分割而成。分割时剔除骨、软骨、板筋，然后卷裹后用网套结而成。

12. 里脊 分割时先剥去肾脂肪，然后自半胴体的耻骨前下方剔出，由里脊头向里脊尾，逐个剥离腰椎横突，取下完整里脊。

13. 通脊 分割时自半胴体的第 1 颈椎沿胸椎、腰椎直至腰荐结合处剥离取下背腰最长肌（眼肌）。

胴体分割后包装可提高羊肉产品附加值，因此，有条件屠宰场可进行胴体分割，形成羊肉系列产品，提高经济效益。

第四节　羊肉肉质评定及营养成分

一、羊肉品质评定

羊肉品质评定指标包括肉的颜色、嫩度、失水性、氢离子浓度（pH）、气味（膻味）和熟肉性等。

（一）肉的颜色

羊肉的颜色由肌肉中的肌红蛋白和血红蛋白含量决定。肌肉中的肌红蛋白含量与年龄有关，每克羔羊肉含肌红蛋白 3～8 毫克，每克成年公羊和母羊肉中可高达 12～13 毫克。随绵羊的性别、肥度和宰前状态不同而异，也同放血的完全与否，冷却、冻结等加工工艺有关。就绵羊而言，成年绵羊的肉色呈鲜红或红色，老母羊肉呈暗红色，羔羊肉呈红色或淡红色。

肉中肌红蛋白的含量高时肉色发暗。高营养水平和含铁少的饲料所喂养的绵羊，其肌肉中肌红蛋白少，肌肉色泽较淡。剥离后的羊肉，放置在空气中经过一段时间，其肉色可由暗红色变成鲜红色或褐色。肌肉颜色的变化大都是由于肌红蛋白分子氧化造成。冷却、冻结或经过长期贮藏的羊肉，肉的颜色也会发生变化，这是肌红蛋白受空气中氧作用的缘故。

羊肉颜色的测定方法，有目测法和仪器测定法两种，主要还是目测。胴体分割后，目测肋肌、腰肌及后腿肌的色泽。白天最好是在室外正常光下进行，但不能在阳光直射下观察，同样不能在暗光处观察。另一种方法是用色差仪来测定，测定结果用肉的白度（l 值）、红度（a 值）和黄度（b 值）三个值来表示。

（二）羊肉嫩度

羊肉的嫩度实际上是指煮熟的肉入口后咀嚼时对碎裂的抵抗力，常指煮熟的肉或加工肉或加工烹饪成其他制品后，肉的柔软、多汁和易于被嚼烂的程度。嫩度也是衡量肉品质的重要指标，是反映肌肉蛋白质结构特性及其在物理和化学的作用下发生的变性、凝集和水解程度。

羊肉嫩度与品种、性别、年龄、肌肉的组织学结构（即肌纤维的直径）及宰杀后的成熟作用和冷冻方法等有关。羊肉的嫩度同肌纤维的直径有密切关系，肌纤维细，烹调后口感细嫩，如羔羊肉或肥羔肉，由于肌纤维的纤维细，含水分多，结缔组织少，所以其肉质就显得比大羊肉细嫩；研究表明绵羊宰杀后胴体的分割时间、胴体温度同羊肉的嫩度有密切关系，一般要求绵羊宰杀后，在 10 小时之内胴体温度不低于 8℃，以防过冷而使肌肉发生强烈收缩而降低肉的嫩度。

测定羊肉嫩度（剪切值）可用肌肉嫩度计即 C - LM 型肌肉嫩度来测定，单位用千克表示。羊肉的嫩度根据中国农业科学院畜牧研究所绵羊组的研究结果，德国肉用美利奴公羊同小尾寒羊母羊杂交的杂一代公羊背最长肌为 4.03 千克，股二头肌为 4.23 千克；无角道塞特公羊同小尾寒羊母羊杂交的杂一代公羊相应为 5.23 千克和 8.06 千克。剪切值愈小，表明肌肉愈嫩。如果没有肌肉嫩度计的情况下，也可以采取口感品尝来判定，其方法是取后腿或腰部肌肉 500 克放入锅内蒸 60 分钟，取出切成薄片，放于盘中，佐料任意添加，凭咀嚼碎裂的程度，易碎裂则嫩，不易碎裂则表明粗硬。

（三）羊肉的失水率

羊肉的失水率是羊肉的主要物理指标之一，指一定面积和一定厚度的肌肉样品，在一定外力作用下，失去水分重量的百分率。肌肉失水率是动物宰杀后肌肉蛋白质结构和电荷变化的极敏感指标，直接影响肌肉的风味、嫩度、色泽、加工和贮藏的性能，具有重要的经济意义。

羊肉失水率测定方法，用感量为 0.01 克的扭力天平称量供试肉样，在肉样上下各覆盖一层医用纱布，纱布外各垫 18 片定性分析滤纸，滤纸外各垫 1 层硬质书写用的塑料垫板，然后将垫好的肉样放置于压力仪的平台上，匀速缓慢摇动压力仪的摇把，使平台上升直至压力计百分表上显示相当于 35 千克的读数为止，并保持 5 分钟，然后迅速松动摇把，压力表读数指针复原位置，取出被压肉样，立即在天平上称量。计算方法如下：

$$肌肉失水率（\%）=\frac{W_1-W_2}{W_1}\times100$$

式中：W_1 为压前肉样重（克）；W_2 为压后肉样重（克）。

羊肉失水率受羊只年龄、肌肉 pH 的影响。羊肉的失水率比牛肉和猪肉高。据中国农业科学院畜牧研究所绵羊组的研究结果，德国肉用美利奴羊同小尾寒羊杂交的杂一代公羔背长肌的失水率为 9.2%，股二头肌为 11.3%，无角道塞特公羊同小尾寒羊杂一代公羔相应为 10.7%和 9.9%，而小尾寒羊同龄公羔相应为 9.5%和 9.1%。

（四）羊肉的 pH

羊肉 pH 是反映绵羊宰杀后肌糖原酵解速度和强度的最重要指标。活的家畜肌肉 pH 恒范围在 7.1～7.3，呈中性。放血后 1 小时，肌肉 pH 可下降到 6.2～6.4，呈微酸性，放置 24 小时后 pH 为5.6～6.0。羊宰杀后鲜肉在冷冻与成熟过程中，其 pH 之所以降低，是由于在肌肉组织中存在糖酵解酶，使糖原转化分解所致。

羊肉 pH 直接影响到肉的风味，由此可以判断鲜肉的变化情况，如肉的成熟或后熟、肌肉中细菌的生长情况等。当羊肉开始腐败时，其 pH 从酸性到碱性，即 pH 5.7～6.2 为健康新鲜肉，6.3～6.6 为可疑新鲜肉，6.7 以上属不新鲜肉。肌肉 pH 一般在牲畜宰杀后 45 分钟，宰杀后 24 小时测定较合适为最终 pH。

测定鲜肉 pH 的方法较多，有 pH 电表仪，EA-940 可扩展离子分析仪、酸度计等。测定部位，在左侧（软半）胴体最后胸椎处的背最长肌。把酸度计直接插入肉样，插入深度应不低于 1 厘米。山东农业大学利用"EA-940 可扩展离子分析仪"测定，绵羊的 pH，背最长肌杂交羊为 5.58，本地羊为 6.1；股二头肌相应为 5.83 和 5.4。

（五）熟肉率

熟肉率是测定肌肉在烹饪过程中的保水情况。熟肉率越高，肌肉在烹饪过程中的系水力就越高。肌肉受热之后，其组织成分发生一系列物理的和化学的变化，主要是蛋白质在受热过程中变性凝固失去水分的程度，这是消费者十分关心的一个具有实际经济意义的实用指标。采用常规方法，取硬半（右半）胴体腿肌肉 500～1 000 克，然后放置于盛有沸水的铝锅蒸屉上，加盖蒸 60

分钟，取出蒸熟肉样，用铁丝钩挂于室内无风阴凉处，静置（冷却）30 分钟，再称蒸熟肉重量。计算公式：

$$熟肉率（\%）=\frac{W_1}{W_2}\times100$$

式中：W_1 为蒸前肉样重（克）；W_2 为蒸后肉样重（克）。

（六）肉的成熟

屠宰后几小时内的鲜羊肉如直接进行烹饪加工，会影响羊肉的风味和口感，表现为肉汤浑浊，肉质粗韧，肉味不佳。因此，鲜羊肉一般都需经过后熟处理（排酸处理）。一般的方法是将屠宰后的胴体放在 0～4℃的室内或冷藏库中静置一段时间（0℃下放置 2 天，1～4℃放置 7～8 天），在肌肉组织糖酵解酶的作用下，达到使羊肉成熟的目的。在畜产品加工工艺上，这个过程也称作排酸。成熟后的羊肉烹饪后，汁多味美，肉汤透明，易于消化。在成熟处理时，必须严格控制温度和相对湿度（85%～87%），才能获得满意效果。

（七）羊肉的气（膻）味

羊肉的气（膻）味是羊肉的质量指标之一，是广大消费者十分重视的。羊肉的膻味决定于肉中所存在特殊挥发性脂肪酸（或可溶性类脂物）。羊肉的气味来源于：

1. 生理的气味　就是羊本身特有的气味，这种气味就是我们通常所说的膻味。绵羊肉膻味受年龄、性别、去势不去势的影响。通常公羊比母羊气味重，年老的比年幼的重，未去势的比去势的重。

2. 喂异味的饲草　如育肥羊期间，喂给羊有异味的草，如草木樨、沙打旺等牧草，其肉就有异味。

3. 屠宰前给羊口服或注射某种药物　如注射樟脑，其肉就带有异味。

还有其他因素使羊肉产生异味。

对羊肉气（膻）味的鉴别最简便的方法是煮沸品尝。可取硬半（右半）前腿肉 500～1 000 克，放入铝锅内蒸 60 分钟，取出切成薄片，放入盘中，不加任何佐料（原味），凭咀嚼感觉来判断气（膻）味的浓淡程度。

二、羊肉的营养成分

羊肉含有蛋白质、脂肪、无机盐、维生素、水分等。这些成分又因品种、性别、季节、饲料等而有所不同。此外，同一胴体，不同部位其组成也不一样，胴体在贮藏过程中受酶等因素的作用而发生复杂的生理生化反应，其组成也会发生反应。绵羊肉中粗蛋白质含量为 12.8%～18.6%，脂肪含量 16.0%～37.0%，水分含量 48.0%～65.0%，灰分含量 0.8%～1.3%。一般情况下，羔羊肉的水分和蛋白质含量较大羊肉高，而脂肪含量较大羊肉低；每千克绵羊肉胆固醇含量为 374～700 毫克，在 150 日龄时，胆固醇含量最低为 374 毫克，绵羊肉胆固醇含量随个体年龄增加而下降，绵羊肉中胆固醇较其他肉类低；羊肉中氨基酸种类全，必需氨基酸中赖氨酸、精氨酸、亮氨酸含量丰富，每 100 克羊肉蛋白中含赖氨酸 7.52 克，精氨酸 5.44 克，亮氨酸 7.10 克；羊肉中必需脂肪酸，如亚油酸、花生四烯酸含量丰富，尤其是共轭亚油酸含量是肉类中最高的。根据羊肉成分的变化情况，从保健角度出发，绵羊肉以羔羊肉为最佳。

参 考 文 献

贾志海.1997.现代养羊生产 [M].北京：中国农业大学出版社.

岳文斌，张春香，裴彩霞.2007.绵羊生态养殖工程技术 [M].北京：中国农业出版社.

张英杰，路广计.2003.绵羊高效饲养与疾病监控 [M].北京：中国农业大学出版社.

GB 12694　肉类加工厂卫生规范.

GB/T 17237　畜类屠宰加工通用技术条件.

GB/T 20575　鲜冻肉生产良好操作规范.

GB/T 9961—2008　鲜、冻胴体羊肉.

NY 1165—2006　羔羊肉.

NY/T 1564—2007　羊肉分割技术规范.

第九章

羊场的环境控制与监测

一般来说，家畜的生产力的 20% 取决于品种，40%～50%取决于饲料，20%～30%取决于环境。例如，不适宜的温度可使绵羊的生产力降低 10%～30%，也就是说，如果没有适宜的环境，即使喂给全价饲料，饲料也不能最大限度地转化为羊产品，饲料利用率降低，甲烷排放量增加。由此可见，在绵羊生产中，应做好羊场的环境控制（温度、湿度、通风、光照等环境条件）与监测（空气中的二氧化碳、氨、硫化氢等有害气体）工作，为绵羊创造一个适宜的环境。

第一节　绵羊适宜的环境条件

羊舍是羊只饮水、采食、生产、排泄的场所，外围护结构的保温隔热效果和封闭程度影响到羊舍内温湿度、灰尘及有害气体浓度。只有根据羊的生物学特性，结合当地自然气候条件，选择适用的材料建筑，确定适宜的畜舍形式与结构，进行科学设计、合理施工、采用舍内环境控制设备和科学的管理，才能为羊只创造良好的生存、生产环境。

一、羊舍的温热环境要求

参照山西省地方标准牛羊规模化养殖场环境质量要求 DB14/T 588—2010 进行（表 9 - 1）。

表9-1　羊舍温热环境要求

项目	指标范围	
	羔羊	成羊
温度（℃）	10～25	5～30
湿度（%）	30～60	30～70
气流（米/秒）	0.15～0.5	≤1.0
光照强度（勒克斯）	≥50	≥50
噪声（分贝）	≤60	≤75

二、羊舍、场区、缓冲区空气环境质量要求

参照山西省地方标准牛羊规模化养殖场环境质量要求DB14/T 588—2010进行（表9-2）。

表9-2　羊舍、场区、缓冲区空气环境质量要求

项目	羊舍		场区	缓冲区
	羔羊	成羊		
氨[a]	≤12	≤18	≤5	≤2
硫化氢[a]	≤4	≤7	≤2	≤1
二氧化碳[a]	≤1 200	≤1 500	≤700	≤400
可吸入颗粒[a]	≤1.8	≤2	≤1	≤0.5
总悬浮颗粒物[a]	≤6	≤8	≤2	≤1
恶臭[b]	≤50	≤50	≤30	≤10～20
细菌总数[c]	≤20 000	≤20 000	—	—

注：[a] 表示单位为毫克/米³；[b] 表示无量纲；[c] 表示单位为个/米³。

第二节　羊场的环境监测

一、环境监测的目的

环境监测是根据国家或行业制定的羊场环境卫生质量标准，

采用一定的监测手段和相关数据采集、监测、分析，准确、及时、全面地反映羊场环境质量现状及发展趋势，为环境管理、环境规划、污染源控制和安全生产等提供科学依据。

二、环境监测的内容

羊场的环境卫生监测是羊场环境控制的重要依据，监测内容应根据羊场已知或预计可能出现的污染物来决定，主要包括羊场和羊舍的空气、水质、土质、饲料及畜产品的品质五个方面，对于集约化或规模化羊场，羊只生存和生产环境大都局限于圈舍内，环境范围较小，环境质量应着重监测空气环境指标。

（一）羊舍空气环境监测

主要包括温度、湿度、气流、有害气体（氨气、硫化氢、二氧化碳等）、灰尘和病原微生物等。

（二）羊场水质监测

水质监测内容应根据供水水源性质而定，自来水或地下水水质都比较稳定，地面水（江、河、湖泊、池塘）需要净化和消毒。水质监测的指标主要有 pH、总硬度、悬浮固体物、BOD、DO、氨氮、氯化物、氟化物，以及相关的细菌学指标（大肠菌群数和细菌总数）。

（三）羊场及饲料地土壤监测

土壤可容纳大量污染物，但在集约化饲养条件下，羊只很少直接接触土壤，其危害主要表现为所种植物作为饲料间接影响羊只。

（四）饲料品质监测

羊只采食劣质、有毒饲料可以引起多种疾病，劣质饲料主要有：结霜、冰冻饲料；带有沙土、异物等夹杂物的饲料；有毒植物及在储存、加工过程中产生或混入毒物的饲料，如玉米青苗（氢氰酸）、焖熟的菜叶（亚硝酸钠）；感染真菌、细菌及害虫等生物污染的饲料。

（五）产品品质监测

主要是畜产品的毒物学检验与药物残留检测，防止有害添加物、生产过程中违禁药物使用。如瘦肉精、三聚氰胺添加剂，林丹乳油体外驱虫药剂。

三、环境监测的方法

1. 羊场和羊舍的空气监测　可在一年四季各进行一次定期监测，以观察羊场和羊舍空气环境的季节性变化，每次连续监测7天，每天采样3次以上，采样点应具有代表性。

2. 水质监测　可根据水源种类等具体情况决定，水源为深层地下水，水质稳定，一年测1次即可；河流等地面水，根据可能污染的实际情况确定监测频率，可按季度或每月定时监测一次。

3. 土壤监测　可根据土壤污染状况，一年测1次。

四、环境质量评价

通过环境监测，掌握环境质量变化规律，评价环境质量的水平，研究和制定改善环境质量的方法，提出环境质量标准，是实现羊场环境控制的最终目标。

环境评价的工作流程为：环境质量状况考察→监测方案的制定→布点与采样→监测数据的分析整理→选定评价参数、评价标准→建立评价模式并进行评价→环境质量现状评价结论→提出环境控制的方案。

第三节　羊场的环境控制

羊场、羊舍环境状况的好坏，直接决定着养羊生产水平的高低和产品的质量，羊场环境控制主要包括羊舍空气环境控制和羊场粪污的资源化利用。

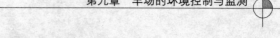

一、羊舍温热环境控制

环境温度是影响羊生产和健康的重要因素，羊舍环境温度除了受外界气温的影响外，还受羊舍的建筑形式、保温隔热性能、温度调控设施以及绵羊的体热散发等因素的影响。

（一）羊舍的隔热设计

羊舍的外围护结构包括屋顶和四周墙壁，羊舍热交换中$60\%\sim70\%$的热量通过屋顶传递，因此做好屋顶和墙壁的保温隔热设计可以夏季防暑、冬季防寒。

（二）防暑降温管理

1. 遮阳 通过遮阳可使从不同方向上通过外围结构传入舍内的热量减少$17\%\sim35\%$，羊舍遮阳的方法包括挡板遮阳、水平遮阳和综合式遮阳。

2. 绿化 绿化可以明显改善畜牧场的温热、湿度、气流等状况。一般情况下，绿地夏季气温比非绿地低$3\sim5℃$，草地的地温比空旷裸露地表温度低得多。

3. 喷雾 用高压喷嘴将低温的水喷成雾状，以降低空气温度。采取喷雾降温时，水温越低，降温效果越好；空气越干燥，降温效果也越好。但喷雾能使空气湿度提高，故在湿热天气和地区不宜使用。

4. 通风换气 高温环境加大气流可以有效地促进蒸发散热。

（三）防寒采暖管理

羊的抗寒能力较强，寒冷季节只要保持羊舍干燥，适当增加饲养密度，地面铺设垫料，即可满足环境温度。

二、羊舍空气中湿度控制

集约化羊舍由于羊只密集，产生大量排泄物，再加上生产用水，在雨水较多的夏季和羊舍密闭的冬季羊舍湿度偏高，对羊只体温调节造成巨大影响。通常羊舍中$70\%\sim75\%$的水汽来自羊只自身，10％～25％由暴露水面和潮湿表面蒸发产生，10％～15％的水汽通过通风换气带入羊舍。

羊舍防潮应做好以下几点：一是妥善选择场址，把羊舍修建在高燥地方，羊舍的墙基和地面应设防潮层；二是对已建成的羊舍应待其充分干燥后才开始使用；三是在饲养管理中尽量减少舍内用水，并力求及时清除粪便，以减少水分蒸发；四是加强羊舍保温，勿使舍温降至露点以下；五是保持舍内通风良好，及时将舍内过多的水汽排出；六是干土垫圈可以吸收大量水分，是防止舍内潮湿的一项重要措施。

三、羊舍空气中有害气体控制

有害气体是指对人和动物的健康产生不良影响的气体，密闭式羊舍内，如果通风换气不良，卫生管理不好，有害气体的含量可达到危害程度，造成羊只中毒。

羊舍内的有害气体主要有氨、硫化氢、二氧化碳、恶臭物质等。

（一）有害气体的影响

1. 氨气　羊只吸入的氨气，首先吸附于鼻、咽喉、气管、支气管等黏膜及眼结膜上，引起疼痛、咳嗽、流泪，发生气管炎、支气管炎及结膜炎等。

羊只短时间少量吸入氨气后，可在体内能变为尿素而排出体外，因而氨中毒能迅速缓解。

2. 硫化氢　羊舍中的硫化氢由含硫有机物分解而来，主要来自粪便，尤其当给予羊只含蛋白质较高的日粮，或绵羊消化道机能紊乱时，从肠道排出大量硫化氢。

在低浓度硫化氢的长期影响下，羊只体质变弱，抗病力下降，同时容易发生胃肠炎、心脏衰弱等，高浓度硫化氢可使羊只呼吸中枢麻痹，窒息死亡。

3. 二氧化碳　二氧化碳本身无毒性，但高浓度的二氧化碳可使空气中氧的含量下降而造成缺氧，引起慢性中毒；羊只长期处于这种缺氧环境中，会表现出精神萎靡，食欲减退，增重较慢，体质、生产力、抗病力均下降，特别易感染结核等传染病。

4. 恶臭物质　恶臭物质是指刺激人的嗅觉，使人产生厌恶感，并对人和动物产生有害作用的一类物质。恶臭来自粪便、污水、垫料、饲料、尸体等的腐败分解产物，以及消化道排出的气体、皮脂腺和汗腺的分泌物、外激素等。

（二）消除舍内有害气体的措施

1. 应合理设计羊舍的清粪系统，及时清除粪污，进行粪污的资源化、无害化和可控化处理。

（1）用做肥料　可将粪尿直接用做肥料；也可经过腐熟后再行施用；粪便经工厂化发酵干燥处理后加工为花肥或复合肥。

（2）用粪便生产沼气　利用家畜粪便及其他有机废弃物与水混合，在一定条件下产生沼气，可代替柴、煤、油供照明或作燃料等用。

（3）用羊粪饲养蚯蚓　用羊粪加上秸秆作为饵料，饲养蚯蚓。将饵料采用堆块上投法，厚度为 10 厘米，不要将床面盖满，不求平整，以便分离蚯蚓。蚯蚓养殖的最佳温度为 $15\sim25{}^{\circ}\!\mathrm{C}$。冬季采用加厚养殖床（$40\sim50$ 厘米），饵料上盖稻草，再加塑料布，保温、保湿，夏季力争每天浇一次水降温。种蚓要每年更新一次，养殖床每年换一次，以保蚓群的旺盛。羊舍内蚯蚓床设计见图 9-1。漏缝地板下面是蚯蚓养殖床，由羊粪和秸秆为饵料，每天将羊粪清扫入养殖床内。

（4）合理处理与利用羊场污水　污水经过机械分离、生物过滤、氧化分解、沥水沉淀等一系列处理后，可以去掉沉淀的固形物，也可以去掉生化需氧量及总悬浮固形物的 $75\%\sim90\%$。经过上述处理后即可作为生产用水，但还不适宜作绵羊的饮水。

2. 在设计羊舍时，必须设置人工通风换气系统，将舍内有害气体及时排到舍外。

图 9 - 1　羊舍内蚯蚓床设计

3. 注意羊舍的防潮，因为氨气和二氧化碳都易溶于水，当舍内湿度过大时，氨气和二氧化碳被吸附在墙壁和天棚上，并随水分渗入建筑材料中。当舍内温度上升时，这些有害气体又挥发出来，污染环境。干土垫圈可吸收一定量有害气体。

4. 在生产过程中，建立各种规章制度，加强管理，对防止有害气体的产生也有重要意义。

四、羊舍空气中微粒的控制

羊舍内微粒主要由饲养管理工作引起的。一方面，微粒影响舍内空气卫生质量；另一方面，微粒作为众多病原微生物的载体，进行各种疾病的传播。因此生产中可采取以下措施，尽量减少羊舍空气中微粒数量，防止其对羊只健康和生产力产生的影响。

（1）在新建羊场选址时，要远离产生微粒较多的工厂，如水泥厂、磷肥厂等。

（2）在羊场周围种植防护林带，对场区进行绿化。

（3）饲料加工车间、粉料和草料堆放场所应与羊舍保持一定距离，并设防尘设施，使用粒料、湿拌料可减少粉尘的产生。

（4）分发饲料、干草或垫料时，动作要轻。

（5）清扫地面、翻动或更换垫草最好趁羊只不在时进行，禁止干扫地面，并应与喂料等错开时间。

（6）保证良好的通风换气。

五、羊舍空气中微生物的控制

羊舍空气环境中缺乏紫外线照射，温度、湿度、营养物质都为病原微生物生存和繁殖提供了良好条件。

为减轻羊舍空气中微生物的危害，可采取以下措施：

（1）在选择羊场场址时，应注意避开医院、兽医院、屠宰厂、皮毛加工厂等污染源。

（2）羊场应有完备的防护设施，注意场区与场外、场内各分区之间的隔离。

（3）建立严格的防疫制度，对羊群进行定期防疫注射和检疫。

（4）保证羊舍通风性能良好，使舍内空气经常保持新鲜。

（5）新建场须经过严格、全面、彻底消毒，才可进羊；场区出入口应设置消毒池以便人和车辆消毒，外来业务人员进入羊舍必须消毒，更换工作服、鞋、帽等。

（6）羔羊或架子羊育肥采用"全进全出"制，进行转群时须对羊舍进行彻底清洗、消毒，并有一定的空舍间隔，彻底切断传染病的传播机会。

（7）羊舍内定期进行消毒，及时清除粪便和污浊垫料，搞好畜舍的环境卫生，注意防潮，干燥的环境条件不利于微生物的生长和繁殖。

（8）采取各种措施减少羊舍空气中灰尘的含量，以使舍内病原微生物失去附着物而难以生存。

（9）加强绿化，在场区绿化可以净化空气，减少微粒，减少空气及水中细菌含量，还有防疫和防火作用。

参 考 文 献

DB14/T 588—2010　牛羊规模化养殖场环境质量要求.

张英杰，路广计.2003.绵羊高效饲养与疾病监控〔M〕.北京：中国农业
　大学出版社.

第十章

绵羊疾病的综合防控技术

绵羊由传统放牧饲养向集约化的舍饲、半舍饲转型的过程中，疾病防控问题是养殖户遇到的主要问题。绵羊死亡不仅是能源的极大浪费，也是二氧化碳的排放源，据统计，我国绵羊年出栏1.3亿只，如果死亡率以10%计，则每年死亡1 300万只，1只40千克绵羊的平均产肉量约为20千克，生产1千克肉排放36.4千克二氧化碳，1 300万只死亡绵羊相当于排放了约95万吨二氧化碳。因此，羊场要做好羊只保健工作，控制绵羊主要传染病，减少普通病和寄生虫病，降低绵羊病发率、死亡率，最终达到提高经济效益，降低碳排放的目的。

在生产中，应采取"预防为主，防重于治"的基本原则，建立综合性的绵羊疫病防治体系，加强对绵羊疾病的预防和控制措施，为低碳环保绵羊养殖业的健康发展提供有力的支持和保障。

第一节 绵羊的卫生保健技术

绵羊卫生保健技术体系涵盖绵羊健康养殖技术、羊场环境卫生控制技术、免疫接种、羊病初步诊断技术、药物预防、疾病检疫技术以及传染病发生后的应急性处理措施等。绵羊的健康养殖技术和羊场环境卫生控制已在本书前几章中论述。

一、执行规范化的免疫制度

集约化的羊场应当制定规范化的疫苗接种制度，这是预防和控制疾病的重要措施之一。免疫接种须按合理的免疫程序进行，各地区、各羊场可能发生的传染病不止一种，可以用来预防这些传染病的疫苗的性质又不尽相同，免疫期长短不一。因此，各羊场往往需用多种疫苗来预防不同的疫病，也需要根据各种疫苗的免疫特性来合理安排免疫接种的次数和间隔时间，这就是所谓的免疫程序。目前国际上还没有一个统一的绵羊免疫程序，只能在实践中总结经验，制定出合乎本地区、本羊场具体情况的免疫制度。

(一) 预防绵羊主要传染病的疫苗

1. 无毒炭疽芽孢苗 预防羊炭疽。在股部或尾部皮下注射 1 毫升或皮内注射 0.5 毫升，注射后 14 天产生免疫力，免疫期 1 年；疫苗于 2～15℃ 冷暗干燥处保存，贮存期 2 年。

2. 布鲁氏菌羊型 V 号冻干疫苗 预防绵羊布鲁氏菌病。每只绵羊皮下注射 10 亿活菌，免疫 1 年。疫苗在 0～8℃ 冷暗干燥处保存，有效期 1 年。

3. 羊链球菌氢氧化铝疫苗 预防羊败血性链球菌病。羊不论年龄大小，一律皮下注射 5 毫升。注射后 21 天产生免疫力，免疫期 1 年。疫苗于 2～15℃ 冷暗干燥处保存，有效期 18 个月。

4. 羊厌氧菌五联疫苗 预防羊快疫、羔羊痢疾、猝狙、肠毒血症和黑疫。无论羊只年龄大小，均皮下或肌内注射 5 毫升，注射后 14 天产生可靠的免疫力，免疫期 1 年。疫苗于 2～15℃ 冷暗干燥处保存，有效期暂定为 18 个月。

5. 羊厌氧三联菌苗 预防羊快疫、猝狙和肠毒血症，不论羊只年龄大小，一律肌内或皮下注射 5 毫升，注射后 14 天产生可靠免疫力，免疫期 6 个月。菌苗于 2～8℃ 冷暗干燥处保存，有效期 2 年。

6. 狂犬病疫苗 预防各种动物的狂犬病。羊后腿或臀部肌内注射 10～15 毫升，免疫期 6 个月。羊被患狂犬病的动物咬伤时，立即紧急预防注射 1～2 次，间隔 3～5 天。疫苗于 2～6℃冷暗干燥处保存，有效期暂定为 6 个月。

7. 破伤风类毒素 预防各种家畜的破伤风。绵羊皮下注射0.5 毫升，注射后 1 个月产生免疫力，免疫期 1 年。受伤时再以同剂量注射 1 次。若受伤严重，还应皮下注射破伤风抗毒素。预防破伤风，免疫时间在怀孕母羊产前 1 个月或羔羊育肥阉割前 1个月或受伤时，类毒素于 2～15℃冷暗干燥处保存，有效期3 年。

8. 羔羊痢疾氢氧化铝菌苗 预防羔羊痢疾。专给怀孕母羊注射，在怀孕母羊分娩前 20～30 天和 10～20 天时两次注射，后腿内侧皮下注射 2 毫升，注射后 10 天产生免疫力，免疫期 5个月。

9. 绵羊痘弱毒苗 预防绵羊痘。将冻干苗按照瓶签上标明的疫苗量，用生理盐水 25 倍稀释，振荡均匀；不论羊只大小，一律皮下注射 0.5 毫升，注射 6 天后产生免疫力，免疫期 1 年。

10. 口蹄疫疫苗 预防口蹄疫。母羊产后或羔羊出生后 1 个月皮下注射 1 毫升，或按照说明书进行，注射 14 天后产生免疫力，免疫期 6 个月。

（二）疫苗使用注意事项

使用疫（菌）苗之前要逐瓶检查，装药的玻璃瓶应无破损，瓶塞应该是密封的，瓶签上有关药品的名称、批号、有效日期、容量、使用方法记载必须清楚，药品的色泽和物理性状必须和说明书上的记载相符合；两种或两种以上不同种类的疫（菌）苗要分别注射，不得混合一次注射，注射活菌苗前后 10 天内不得使用抗菌药物；免疫接种后要详细登记，内容包括使用疫（菌）苗种类、批号、接种头数、接种方法、日期、使用剂量及接种反应等。

二、羊病初步诊断技术

绵羊具有较强的抗病能力，患病初期从外表看不出症状，一旦发现症状就已经到患病后期，难以做到早发现早治疗。但在生产实践中如果仔细检查和观察羊只的行为表现也可以在早期发现病羊，及时治疗。一般在检查时，应先做群体检查，从羊群中先剔出病羊和可疑病羊，然后再对其进行个体检查。

（一）群体检查

1. 视诊　视诊是从羊群中及时发现病羊并进行简单可行的疗法。视诊时要注意观察羊只的精神、采食、休息、营养、被毛、反刍及运动等行为状态。

（1）精神状态的观察　羊是性情温顺、沉静的家畜，健康羊只眼有神。

（2）采食的观察　在放牧和喂料的过程中观察绵羊的采食情况发现有异常表现的羊只。

①放牧绵羊的采食观察：羊喜合群，在放牧过程中随群移动，对外界反应灵活，尤其羔羊在出牧时更是活蹦乱跳；如放牧的羊只经常抬头停止采食，呆立不动，跟不上群或离群独处，对外界刺激反应迟钝，甚至卧地不起，出现跛行或其他异常运动姿势，则均视为病态，需进行个体详细检查。在夏秋季节，如羊只采食牧草的积极性不高，可能是缺盐，及时补食盐可促进羊只采食的积极性。若羊群突然惊恐不安，频频摇头、甩鼻子，鼻孔抵地或置于其他羊后腿之间摩擦鼻端，不好好地吃草，往往是为了躲避羊鼻蝇在鼻部产幼虫的表现。

②舍饲绵羊的采食观察：舍饲的绵羊一般都是定点饲喂，对饲草料的诱惑反应较灵敏，健康的羊在看到饲养员和草料车的时候都攀在饲槽上，探出头鸣叫，添草时，多抢着吃；饲养员添完草料后，健康的羊都能安静采食；如有的羊只，对饲养员和饲草车的到来反应不强，不积极采食，或呆立在墙角，则视为病态，

需进行个体检查。另外，还应注意观察绵羊有无异嗜现象，即舔食一些正常饲料以外的物质，如泥土、骨头、墙壁、粪尿污染的饲草等；羔羊是否啃咬母羊腹、股、尾部的被毛等现象，如果羊群中普遍出现此类现象，则多为食盐缺乏或某些矿物质及微量元素不足。舍饲的羊只更应注意矿物质微量元素及维生素的补充，以保障羊只的健康。

（3）休息状态的观察　健康绵羊休息时以右侧腹部着地，屈膝而分散地卧在羊舍内，头颈抬起，安静反刍，呼吸均匀。当人走近时，即起立远避。夏季炎热，羊只卧地休息较分散，而冬季天气较冷或风雪天则较密集。健康的羊一般不咳嗽，观察时应注意咳嗽的性质、频次及强度。急性喉炎时往往呈阵发性的强力干咳，而支气管炎或肺炎初期呈频而短的干咳，随着分泌物的增加，转为湿咳，疼痛减轻（往往伴有鼻液）；有肺线虫病及肺脏瘤病时，也出现剧烈的咳嗽。

（4）反刍情况的观察　健康羊采食半小时后即可出现反刍，且多在安静状态中进行。如果出现反刍时间过迟，反刍次数减少，持续时间过短，再咀嚼弛缓无力，都是患病的表现。多见于前胃、真胃疾病，发热性疾病等；如反刍完全停止，则是病情严重的标志之一。

（5）营养状况与被毛的观察　营养的状况可以通过被毛的观察来判定，健康的绵羊被毛平整而不易脱落，富有光泽、肌肉丰满、浑圆。若被毛杂乱无光泽、质脆易断，骨骼棱角外露明显，尾巴瘦小都是营养不良的标志。在判定羊营养状况时，要区别是全群羊还是个别羊出现的问题，同时还要与季节及草场牧草的质量联系起来分析，如牧草量少、羊群膘情不好，可能是吃不饱的结果；如夏秋季节牧草茂盛，而体况不良则多为病态；如多雨季节，高温高湿，羊只体况瘦弱，可能患寄生虫病等。

另外，还要注意观察绵羊个体是否有脱毛现象和毛的颜色、质量变化情况。局部性脱毛应考虑皮肤病、外寄生虫病的可能。

有的母羊的股、腹及尾部没毛，可能是由于羔羊食毛症啃咬的结果，并可见到羔羊食毛现象。还有的黑色羊毛变灰，出现白毛或毛的某段变白，毛的卷曲度丧失而变成线状，往往是羔羊缺铜症表现。

（6）粪便与尿液的观察　应注意观察绵羊排粪的动作，粪便的数量、性状、颜色、有无混杂物等。健康羊的粪便呈椭圆形，落地后互不黏结。一般夏季呈黑绿色，冬季呈黑褐色；羔羊粪球小、两端略尖。在羊群中如有拉稀的绵羊，则其后肢、尾部、肛门附近的被毛及圈舍的墙壁常被粪便污染，此时要注意粪便中有无黏液或血液，如果只是个别的绵羊发生腹泻，则多为一般胃肠疾病，如多数绵羊发生，则应考虑是否为传染病或寄生虫病；如发现粪球干硬，手重压才碎，颜色变黑，量少，甚至不排粪，并有排粪费力的情况，都是便秘的表现；还要注意粪便中有无寄生虫，如感染绦虫时，粪中可见到白色面条状孕卵节片。

应观察尿液的量、颜色及排尿动作等。若绵羊常作排尿姿势，但每次排尿量不多，为尿频，若母羊无排尿姿势，尿液不由自主地流出，为尿失禁；排尿时疼痛不安，回顾腹部、摇尾，欲排尿但无尿排出或尿液呈点滴状排出，为尿闭或尿结石；当尿变得混浊不透明，颜色变深，呈淡红色、鲜红色、暗红色，有时带有血凝块或黏液，排尿病态，应进行尿液的实验室检查，以便确诊。

2. 流行病学调查　流行病学调查除向饲养、管理人员及当地兽医询问外，也可通过查阅有关资料及现场（牧地、畜舍、环境）察看等方式完成。其内容应包括：

（1）现病史　重点了解发病的时间，发病的数量，症状，病势发展情况，采取的防治措施及效果，周围畜群有无类似症状的疾病发生。

（2）畜群的既往病史　主要追寻的内容是过去患过什么疫病，发病率、死亡率、检疫及预防接种情况，羊的来源和调动情况，周围地区疾病的发生动态等。

（3）畜群所处的环境　应了解和察看牧地的地形特点、植被种类、生长情况及有无有毒植物，交通气候条件，土质水源情况，附近有无污染草场或厂矿，畜舍建筑，卫生条件，饲养管理情况，饲料的组成、贮存、加工情况及最近有无改变等。常在低湿地或水泡子附近放牧，易患寄生虫病。

（二）个体检查

通过群体检查发现的可疑病羊，应进行细致的个体检查。以便为诊断提供充分的依据。

1. 体温测定　一般用兽用体温计插入羊的肛门内测试。健康成年羊的体温是 38.5～40.0℃，正常的体温变动与年龄、性别、季节和早晚等因素有关。一般来讲，母羊体温比公羊高，羔羊体温比成年羊高，夏季体温比冬季高，下午体温比上午高。诊治时，最好每天上、下午各测两次体温，并绘制体温曲线。高于或低于正常体温范围，都是有病的表现。

2. 呼吸次数的测定　测定呼吸次数应在羊安静情况下进行，可以观察胸腹壁的起伏动作，一起一伏为 1 次呼吸，在北方冬季也可通过呼出的气流来计数。健康羊呼吸次数每分钟约 20～30次，炎热夏季则明显增多。

3. 被毛和皮肤的检查　视诊时注意检查脱毛和皮肤。局部性乃至大片或全身性脱毛，但皮肤无其他变化，多为代谢性脱毛或缺乏微量元素等；如脱毛同时，患部皮肤潮红变厚，皲折龟裂，以至发生丘疹、水疱和脓疱，则可能是患有螨病。检查皮肤时，应特别注意被毛稀疏处，如在尾部、四肢内侧、乳房、阴唇及包皮等处发生丘疹、水疱、脓疱或干痂等，应考虑是否有羊痘的可能；对发生跛行的羊，要注意蹄冠、蹄踵和趾间，如有水疱，且破溃后形成糜烂，则要警惕是否为口蹄疫；若羊蹄柔软部位发红、热而痛、流出恶臭的脓汁，或出现溃疡乃至蹄匣脱落，往往是腐蹄病。

触诊时应注意检查皮肤有无肿胀并鉴别各种肿胀。水肿（触之有压痕，无热痛反应）常发部位有下颌、胸腹下部、眼睑及四肢，如有群发特点，尤其下颌水肿，多见于消化道寄生虫病；如个别发生水肿，可能为心脏疾病或其他原因引起的贫血。炎性肿胀时，触之较硬，有热痛反应。脓肿时局限性触之有波动感，有轻微热痛反应或无。血肿或淋巴外渗多发于颈、胸腹侧或四肢上部，穿刺可区别。气肿时触之柔软，有捻发音，无热痛反应。腹壁疝引起的肿胀：触之有"疝孔"，改变羊的体位，使腹压减少，多数可复位。

另外，要注意检查体表淋巴结，如肿大，形状、硬度、温度、敏感性及活动性等都会发生变化，可考虑羊只发生结核病、伪结核病、羊链球菌病。

4. 头部检查

（1）头部形态的检查 头变大，面骨、颅骨隆起，多见于骨软症或佝偻病；群发性的颌骨变厚或发生骨赘，主要见于慢性氟中毒。

（2）结膜检查 眼结膜潮红、充血，可能是热性病或血液循环障碍；结膜苍白，见于各种贫血或寄生虫感染；结膜发绀（呈蓝紫色）是缺氧的征兆，见于一些高度呼吸困难性疾病、亚硝酸盐中毒或其他疾病的垂危期；结膜黄染，可见肝炎、胆管阻塞、溶血性疾病；如眼睑肿胀，流泪，有浆液性、黏液性或脓性分泌物，主要见于结膜或角膜炎。

（3）视力检查 羊患脑包虫病时，则所在大脑半球对侧眼的视力减退，甚至失明；维生素 A 缺乏时，角膜灰白、瞳孔对光没有反应、夜盲；某些中毒病时，可造成瞳孔散大或视力减弱。

（4）鼻腔检查 应注意有无鼻液及鼻液性状。出现浆液性、黏液性或脓性鼻液，多见于上呼吸道或肺部的炎症。鼻孔常流出黏液性鼻液，经常咳嗽，并伴有消瘦、贫血、水肿等症状，应考虑肺丝虫病。鼻液颜色发黄且有时带血，有痒感且喷鼻、摇头者，可能为羊鼻蝇蛆病。

（5）口腔检查 如果羊的采食、饮水减少或停止，首先要查看口腔有无异物、口腔溃疡、舌有无烂伤等。如口腔大量流涎，可见于咽炎或食道梗塞、一些中毒性疾病如有机磷中毒及某些传染病如口疮；若口腔干燥，见于热性病或严重脱水性疾病；如从口、鼻等处流出血样液体，急性死亡，应考虑有无炭疽的可能；如口唇周围有丘疹、水泡或脓疱，尤其是羔羊，可见于传染性脓疱病、传染性口疮等。如果换牙时间推迟，牙齿磨损过快，牙的唇面、颊面失去光泽，或出现黄褐色斑点或齿斑，磨面不整齐，呈现高低不平甚至形成长短牙，都是病变，对诊断骨质疾病及慢性氟中毒有重要参考意义。嗅闻鼻液、呼出气体及口腔气味。消化不良时，呼出气体有酸臭味等。

5. 胸部的检查

（1）视诊 重点是观察羊的呼吸运动。健康羊呼吸类型为胸腹式呼吸，胸式呼吸（胸壁起伏动作明显）见于上呼吸道狭窄、腹膜炎或腹压增大等疾病；腹式呼吸（腹壁起伏动作明显）见于胸膜炎、肺气肿、胸腔积液等。

（2）触诊 主要判定胸壁的敏感性和肋骨的形态。胸膜炎时，触诊胸壁时病羊有痛感，躲闪或呻吟；当肋骨骨折时，疼痛非常明显；如肋骨局部出现肿大隆起，可疑为慢性氟中毒或骨折；如肋骨的胸骨端不规则膨大，有的呈捻珠状，多为佝偻病。

（3）叩诊 叩诊的音响有清音、浊音和半浊音三种。清音为叩诊健康羊胸廓所发出的持续，高而清的声音；当羊胸腔积聚大量渗出液时，叩打胸壁出现水平浊音；羊患支气管肺炎时，肺泡含气量减少，叩诊呈半浊音。

（4）听诊 注意听呼吸音和心音。如肺泡呼吸音过强，多为支气管炎、黏膜肿胀等；如呼吸音过弱，多为肺泡肿胀、肺泡气肿、渗出性胸膜炎等。如支气管呼吸音在肺部听到，多为肺炎的肝变期，见于羊的传染性胸膜肺炎等病。如有啰音，分干啰音和湿啰音：干啰音甚为复杂，有咝咝声、笛声、口哨声及猫鸣声等，多见于慢性支气管炎、慢性肺气肿、肺结核等；湿啰音似含漱音、沸腾音或水泡破裂音，多发生于肺水肿、肺充血、肺出血、慢性肺炎等。如有捻发音，多发生于慢性肺炎、肺水肿等。如有磨擦音，多发生在肺与胸膜之间，多见于纤维素性胸膜炎、胸膜结核等。

如心音增强，见于热性病的初期；如心音减弱，见于心脏机能障碍的后期或患有渗出性胸膜炎、心包炎；第二心音增强时，见于肺气肿、肺水肿、肾炎等病理过程中。听到其他杂音，多为瓣膜疾病、创伤性心包炎、胸膜炎等。

6. 腹部的检查

（1）视诊　如腹围增大，肷窝凸起（以左侧明显），多见于瘤胃臌气、积食；如下腹部显得膨大，往往是腹腔积液的表现，可见于腹膜炎或膀胱破裂；怀孕母羊腹围增大，以右侧较明显。如腹围缩小，肷窝下凹，往往是较长时间的食欲不良和饥饿所致。

（2）触诊　瘤胃位于腹腔左侧，占据腹腔大部分。瘤胃积食时，触之内容物多而硬；瘤胃胀气时则富有弹性。真胃位于腹腔右侧。真胃阻塞时，可见右侧腹壁真胃区向外突出，卧下时更明显，触之较坚实并可感出真胃的后界，当真胃发炎时，触之敏感。大小肠位于腹腔右侧的后半部，为检查肠道有无阻塞，可用双手从两侧腹壁同时加压触诊，可摸到秘结成套叠的部位。

（3）叩诊　瘤胃胀气时叩诊呈鼓音。

（4）听诊　主要听取腹部胃肠运动的声音。前胃弛缓或发热性疾病时，瘤胃蠕动音减弱或消失。肠炎初期，肠音亢进；便秘时，肠音消失。

三、药物预防技术

（一）预防给药方法

1. 口服给药方法　预防给药常用口服给药法。口服给药方法简便，适合大多数药物，如肠道抗菌药、驱虫药、制酵药、泻药等常常采用口服。常用的口服方法有灌服、饮水、混到饲料中喂服、舐服等。应在饲喂前服用的药物有苦味健胃药、收敛止泻药、胃肠解痉药、肠道抗感染药、利胆药；应空腹或半空腹服用的药物有驱虫药、盐类泻药；刺激性强的药物应在饲喂后服用。

自由采食法多用于大群绵羊的预防性治疗或驱虫。将药物按一定比例拌入饲料或饮水中，任绵羊自行采食或饮用。大群绵羊用药前，最好先做小批绵羊用药后的毒性及药效试验。

（1）混饲给药 一种常用的给药方法，适用于病羊尚有食欲，或大批群绵羊发病和进行药物防病。此法简便易行，适用于长期投药，不溶于水的药物用此法更为适宜。用于混饲的药物一般为粉剂或散剂，无异味或刺激性，不影响绵羊食欲。首先根据羊的数量、采食量、用药剂量，算出药物和饲料的用量，准确称取后将所用药物先混入少量饲料中，反复拌和，然后再加入部分饲料拌和，这样多次逐步递增饲料，直至将饲料混完，充分混匀后将混药饲料喂给绵羊，让其自由采食。有些药物适口性差，混饲给药时要少添多喂。混饲给药时应特别注意将药物与饲料混合均匀，以免发生中毒或达不到防治目的。如为片剂药物则应将其研成细粉状再用，混药的饲料也应是粉末状的，才能将药物混匀。一般情况下要求将混药饲料现混现用，每次食净。为防止羊争食、暴食，应将其按大小、体质不同分群喂给药料。在给药料前可进行适当停食，以保证药料迅速食净。

（2）混水给药 也是一种常用的给药方法，适用于大批绵羊进行药物防病、应用疫苗和经口补液。根据羊的数量、饮水量及药物特性和剂量等准确算出药物和水的用量，所用药物应易溶于水。一般在水中不易被破坏的药物，可以在一天内饮完，有些药物在水中时间长了易破坏变质，宜在规定时间内饮完，以防止药物失效。饮水应清洁，不含有害物质和其他异物，不宜采用含漂白粉的自来水溶解药物。在给药前，一般应停止饮水半天，然后再饮用药水。药物应充分溶解于水，并搅拌均匀。冬季应将药水加温到25℃左右，再给绵羊饮用。

2. 预防注射给药法　注射给药是将各种注射剂型的药液使用注射器直接注入绵羊体内的给药方法。注射前应将注射器和针头等用清水冲洗干净。按规定煮沸消毒或高压灭菌后再用。根据羊的种类、病情、药物的品种及特性等，注射给药包括皮内注射、皮下注射、肌内注射等。注射给药具有用药量小、见效快，避免经口给药麻烦和防止药效降低等优点。

注射前先将药液抽入注射器内，如果使用粉针剂，应事先按规定用适宜的溶剂在原安瓿内进行溶解。抽吸药液时，先将安瓿封口端用酒精棉球消毒，同时检查药品名称、批号及质量，注意有无变质、浑浊、沉淀。敲破玻璃安瓿吸药时，应注意防止安瓿破碎及刺伤手指，同时防止玻璃碎屑掉入药中，禁止敲破安瓿底部抽吸药物。如果混注两种以上药液，应注意检查有无药物配伍禁忌。抽吸完药液后，排净注射器内的气泡。注射时按常规进行注射部位剪毛、消毒，严格无菌操作，注射完毕后用碘酒棉球消毒注射部位，并将注射器及针头清洗消毒。

（1）皮内注射　皮内注射是指将药液注入动物表皮和真皮层之间。用于动物过敏试验及炭疽苗、绵羊痘苗等的预防接种。常在绵羊的颈部两侧部位，局部剪毛，碘酊消毒后，使用小型针头，以左手大拇指和食指、中指固定（绷紧）皮肤，右手持注射器，使针头几乎与注射部位的皮面呈平行方向刺入，至针头斜面完全进入皮内后，放松左手，以针头与针筒交接处压迫固定针头，右手注入药液，至皮肤表面形成一个小圆形丘疹，并感到推药时有一定的阻力，如误入皮下则无此感觉。皮内注射的部位、方法及观察一定要准确无误，否则会影响诊断和预防接种的效果。

（2）皮下注射　皮下注射是将药液注射于皮下结缔组织内，经毛细血管、淋巴管吸收进入血液循环，而达到防治疾病的目的。注射部位，在绵羊的颈侧或股内侧的皮肤松软处。常用于易溶、无刺激性的药物及某些疫苗等注射，如阿托品、肾上腺素、阿维菌素、炭疽芽孢苗等。注射时，将绵羊实行必要的保定，注射前局部剪毛消毒，以左手的食指和大拇指捏起注射部位的皮肤，右手持注射器，使皮肤和针头成45°角，迅速刺入捏起的皮肤皱褶的皮下。如针头能左右自由活动，即可注入药液。注射完毕后，在注射部再次用碘酊棉球消毒。必要时，可对局部进行轻度按摩或进行温敷，以促进药物吸收。皮下注射时，每一注射点不宜注入过多的药液，如需注射大量药液则应分点注射。刺激性较强的药品不能做皮下注射，以防引起局部炎症、肿胀和疼痛，甚至造成组织坏死。因皮下有脂肪层，吸收较慢，皮下注射一般需5～10分钟才能呈现药效。但皮下注射给药比经口给药和直肠给药发挥药效要快而且确定。

（3）肌内注射 肌内注射是兽医临床上最常用的给药方法。肌内注射的部位多在颈侧肌肉丰满部位及臀部。但应注意避开大血管及神经的径路。适用于刺激性较大吸收缓慢的药液，如青霉素、链霉素和各种油剂以及一些疫苗的注射。肌内注射时，将绵羊保定，局部常规消毒后，使注射器针头与皮肤呈垂直的角度，迅速刺入肌肉内2～4厘米（视羊品种、大小而定），然后抽动针筒活塞，确认无回血时，即可注入药液。注射完毕，用酒精棉球压迫针孔部，迅速拔出针头。

3. 药浴 药浴是预防体外寄生虫病的主要方法。详见第六章第四节。

（二）预防常用药物

1. 抗菌药 常用的抗菌药有氨苄青霉素、链霉素、庆大霉素、卡那霉素、磺胺嘧啶、新霉素、环丙沙星、恩诺沙星等。

2. 驱虫药 常用驱虫药有盐酸噻咪唑（驱虫净）、左旋咪唑、硫苯咪唑、丙硫咪唑、精制敌百虫、硝氯酚、硫双二氯酚、氯硝柳胺、吡喹酮、阿维菌素等。

3. 作用于消化系统的药物

（1）健胃、促反刍及止酵药　有高渗氯化钠注射液、稀盐酸、胃蛋白酶、干酵母、人工盐、龙胆酊等。

（2）泻药、止泻药及解痉药　有硫酸钠（芒硝）、硫酸镁、液体石蜡、次硝酸铋、鞣酸蛋白、活性炭等。

4. 作用于呼吸系统的药物　祛痰止咳与平喘药有氯化铵、咳必清、复方甘草片、氨茶碱等。

5. 作用于泌尿、生殖系统的药物　有利尿酸、乌洛托品、催产素等。

6. 作用于心血管系统的药物　有安钠咖、樟脑、止血敏注射液等。

7. 镇静、麻醉、镇痛药　有盐酸氯丙嗪、乙醇、静松灵、盐酸普鲁卡因、安痛定，氨基比林等。

8. 体液补充液　有葡萄糖、氯化钠、氯化钙、葡萄糖酸钙、碳酸氢钠等。

9. 解毒药　有阿托品和碘解磷定。

10. 消毒药　有碘酊、新洁尔灭、0.2％高锰酸钾、鱼石脂、3％双氧水、1％龙胆紫、2％～5％氢氧化钠、10％～20％石灰乳、碘伏（强力碘）、漂白粉、优氯净等。

四、检疫的基本技术

所谓检疫，检疫是切断羊群疾病传播的重要环节，通过相应的实验室和临床检查，检测出潜在于羊群的传染病和寄生虫病，从而控制疫病的流行。

（一）临床检疫技术

通过临床调查、临床检查和病理剖检等措施进行疾病检疫。每年应按当地疫情，对某些慢性传染病（如结核病、布鲁氏菌病等）定期进行必要的检查，及时检出病羊，防止慢性传染病在羊群中不断扩大传播。如必须引入羊只，则应对准备引进的羊只就地进行检疫；对运回的羊只进行 1 个月左右隔离观察。确定无病时，才可混入原有羊群。

（二）实验室检疫技术

对采集或送检的病料等，根据临床检疫提示的疫病范围及确定的检验项目进行检验。实验室检疫客观可靠，可以得出确定的检疫结果。羊场制定严密的检疫程序和采取准确的检疫方法对于疾病的早期发现和确诊，对于保障羊群的健康是非常重要的。

五、传染病发生后的应急性处理措施

当某一地区或农牧场的羊群已经暴发某种传染病时，要立即向上级部门报告疫情，应根据不同情况采取以下措施：

（1）封锁 就是对危害严重的传染病（如炭疽、气肿疽等）划分疫区，严格封锁，对疫区周围加强预防，以防止传播。封锁区的划分原则是快、严、小，即封锁措施要快，病畜处理要严，疫区范围要缩至最小程度。封锁区最后一只病羊死亡或痊愈后 14 天，经过全面彻底消毒，方可解除封锁。

（2）隔离 对于患病的羊，应该严格与未患病的羊隔离开来，防止传播，同时也便于加强护理，用血清或抗毒素进行紧急预防注射，防止继续扩大传染，促进病羊及早痊愈。

（3）扑杀 对于缺乏防治方法的烈性传染病，如果在新发地区发病不多，即应采取断然措施，迅速扑杀，以防后患。

（4）消毒 这是消灭羊体表面及外界环境中病原微生物的有效方法，也是防治传染病的一个非常重要的措施。在传染病发生前后和结束时都应重视消毒工作。消毒时可用 2％氢氧化钠、0.8％甲醛溶液（2％福尔马林）或 20％～30％热草木灰水。

第二节 绵羊传染性疾病综合防控技术

传染病是指由特异的病原微生物引起，具有一定的潜伏期和

临床表现，并具有传染性的疾病。绵羊被感染后，大多数发生特异性免疫反应，获得特异的抵抗能力。因此，应贯彻"预防为主，防重于治"和综合防御方针，采取综合的配套防疫卫生措施；严格执行《中华人民共和国动物防疫法》等各项法律、法规，树立牢固的防疫意识。

一、绵羊病毒性传染病

（一）口蹄疫

口蹄疫是由口蹄疫病毒引起的偶蹄兽的一种急性、热性、高度接触性传染病。本病以口腔黏膜、蹄部和乳房皮肤发生水疱、溃烂为特征。本病广泛流行于世界各地，传染性极强，不仅直接引起巨大经济损失，而且影响经济贸易活动，被国际兽疫局（OIF）列为A类家畜传染病之首，对养殖业危害严重。

1. 病原和流行特点

（1）病原　口蹄疫病毒属于小核糖核酸病毒科，具有多型性，O型常见，A型次之。病毒主要存在于患病绵羊的水疱皮内以及淋巴液中。口蹄疫病毒对日光、热、酸、碱均很敏感。

（2）流行特点　病畜是主要传染源，特别是发病初期的绵羊。病毒主要经消化道感染，也可经黏膜和皮肤感染。病愈绵羊的带毒期长短不一，部分病羊症状较轻，仅表现短期跛行，易被忽略，在羊群中成为长期带毒的传染源。该病病毒传染性很强，一旦发生往往呈现流行性。本病的流行常呈现一定的季节性，如在牧区多为秋末开始，冬季加剧，春季减轻，夏季平息。新疫区发病率可达100％，老疫区发病率在50％以上。

2. 临床症状和病理变化

（1）临床症状　患羊体温升高，精神不振，食欲低下，常于口腔黏膜、蹄部皮肤上形成水疱、溃疡和糜烂，有时病害也见于乳房部位。口腔损害常在唇内面、齿龈、舌面及颊部黏膜发生水疱和糜烂，疼痛，流涎，涎水呈泡沫状。如单纯于口腔发病，一般 1～2 周可望痊愈；而当累及蹄部或乳房时，则 2～3 周才能痊愈。妊娠母羊可发生流产。一般呈良性经过，死亡率不过 1％～2％。羔羊发病则常表现为恶性口蹄疫，发生心肌炎，有时呈出血性胃肠炎而死亡，死亡率可达 20％～50％。

（2）病理变化　病死羊除在口腔、蹄部和乳房部等处出现水疱、烂斑外，严重病例咽喉、气管、支气管和前胃黏膜有时也有烂斑和溃疡形成。前胃和肠道黏膜可见出血性炎症。心包膜有散在性出血点。心肌松软，似煮熟状；心肌切面呈现灰白色或淡黄色的斑点或条纹，似老虎身上的斑纹，称为"虎斑心"。

3. 诊断

（1）实验室诊断　诊断口蹄疫时，采取新鲜的水疱皮或水疱液，置 50％甘油生理盐水中，迅速送有关单位做补体结合试验或微量补体结合试验鉴定毒型。生物素标记探针技术检测口蹄疫病毒方法的出现，使口蹄疫的诊断进入简便、快速、特异性强的临床诊断技术行列。确定毒型的重要性在于目前使用的多系单价疫苗，如果毒型与疫苗毒型不符，就不能得到预期的防疫效果。

（2）类症鉴别　羊口蹄疫应与羊传染性脓疱、蓝舌病等类似疾病进行区别。

口蹄疫与羊传染性脓疱的鉴别：羊传染性脓疱主要发生于幼龄羊，病羊特征是在口唇部发生水疱、脓疱以及疣状厚痂，病变是增生性的，一般无体温反应。

口蹄疫与蓝舌病的鉴别：口蹄疫是一种高度接触性传染病，而蓝舌病则主要通过库蠓叮咬传播。口蹄疫的糜烂病灶是因水疱破溃而发生，而蓝舌病的溃疡不是由于水疱破溃后所形成，且缺乏水疱破裂后产生的不规则边缘。通过血清学试验可区分口蹄疫病毒和蓝舌病病毒。

4. 防治

（1）预防　认真作好定期预防注射，免疫时应先弄清当时当地或邻近地区流行的本病病毒的类型，根据毒型选用疫苗。如果已经发生疫情，应严格按照《动物防疫法》对疫区进行封锁和扑杀。

（2）治疗　对病羊要加强护理，例如，圈棚要干燥，通风要良好，供给柔软饲料（如青草、面汤、米汤等）和清洁的饮水，经常消毒圈棚。在加强护理的同时，根据患病部位不同，给予不同的治疗。

口腔患病：用0.1％～0.2％高锰酸钾、0.08％甲醛溶液（0.2％福尔马林）、2％～3％明矾或2％～3％醋酸（或食醋）洗涤口腔，然后给溃烂面上涂抹碘甘油或1％～3％硫酸铜，也可散布冰硼散或豆面。

蹄部患病：用3％臭药水、3％煤酚皂溶液、0.4％甲醛溶液（1％福尔马林）或3％～5％硫酸铜浸泡蹄子。也可以用消毒软膏（如1∶1的木焦油凡士林）、鱼石脂软膏或10％碘酒涂抹，然后用绷带包裹起来。最好不要多洗蹄子，因潮湿可妨碍痊愈。此外，用煅石膏和锅底灰各半，研磨，加少量食盐粉，涂在患部，也有良效。

（二）绵羊痘

绵羊痘又名绵羊"天花"，是各种家畜痘病中危害最为严重的一种热性接触性传染病。本病以无毛或少毛部位皮肤、黏膜发生痘疹为特征。典型绵羊痘病程一般初为红斑、丘疹，后变为水疱、脓疱，最后干结成痂，脱落而痊愈。

1. 病原和流行特点

（1）病原　绵羊痘病毒主要存在于病羊皮肤、黏膜的丘疹、脓疱以及痂皮内，病羊鼻分泌物内也含有病毒，发热期血液内也有病毒存在。本病毒对直射阳光、高热较为敏感，碱性消毒液及常用的消毒剂均有效。

（2）流行特点　自然条件下绵羊痘只发生于绵羊，不传染给山羊和其他家畜。病羊和带毒羊为主要传染源，主要通过呼吸道传播，也可经损伤的皮肤、黏膜感染。饲养人员、饲管用具、皮毛产品、饲草、垫料以及外寄生虫均可成为传播媒介。羔羊发病、死亡率高，妊娠母羊可发生流产，故产羔季节流行，可产生很大损失。本病一般于冬末春初多发。气候寒冷、雨雪、霜冻、饲料缺乏、饲养管理不良、营养不足等因素均可促发本病。

2. 临床症状和病理变化

（1）临床症状　流行初期只有个别羊发病，之后逐渐蔓延至全群。潜伏期平均 6～8 天。病羊体温升高达 41～42℃，精神不振，食欲减退，并伴有可视黏膜卡他性、脓性炎症。大约经 1～4 天后开始发痘。痘疹多发生于皮肤、黏膜无毛或少毛部位，如眼周围、唇、鼻、颊、四肢内侧、尾内面、阴唇、乳房、阴囊以及包皮上。开始为红斑，1～2 天后形成丘疹，突出于皮肤表面，坚实而苍白。随后，丘疹逐渐扩大，变为灰白色或淡红色半球状隆起的结节。结节在 2～3 天内变为水疱，水疱内容物逐渐增多，中央凹陷呈脐状。在此期内，体温稍有下降。由于白细胞的渗入，水疱变为脓性，不透明，成为脓疱。化脓期间体温再度升高。如无继发感染，则几日内脓疱干缩成为褐色痂块，脱落后遗留微红色或苍白色的瘢痕，经 3～4 周痊愈。非典型病例不呈现上述典型症状或经过。有些病例，病程发展到丘疹期而终止，即所谓"顿挫型"经过。少数病例，因发生继发感染，痘病出现化脓和坏疽，形成较深的溃疡，发出恶臭，常为恶性经过；病死率可达 25%～50%。

（2）病理变化　尸检前胃和第四胃黏膜往往有大小不等的圆形或半球形坚实结节，单个或融合存在，严重者形成糜烂或溃疡。咽喉部、支气管黏膜也常有痘疹，肺部则见干酪样结节以及卡他性肺炎区。

3. 诊断　典型病例可根据临床症状、病理变化和流行情况作出诊断。对非典型病例，可结合羊群的不同个体发病情况作出诊断。

绵羊痘与羊传染性脓疱的鉴别：羊传染性脓疱全身症状不明

显，病羊一般无体温反应，病变多发生于唇部及口腔（蹄型和外阴型病例少见），很少波及躯体部皮肤，痂垢下肉芽组织增生明显。

4. 防治

（1）预防　平时做好羊的饲养管理，羊圈要经常打扫，保持干燥清洁。在羊痘常发地区，每年定期预防注射。羊痘鸡胚化弱毒疫苗，大、小羊一律尾内或股内皮下注射 0.5 毫升。

（2）治疗　当羊发生羊痘时，立即将病羊隔离，将羊圈及管理用具等进行消毒。对尚未发病的羊群，用羊痘鸡胚化弱毒苗进行紧急注射。

对病羊的皮肤病变酌情进行对症治疗：黏膜上的病灶先用 0.1％高锰酸钾洗涤后涂以碘甘油或紫药水；对细毛羊、羔羊，为防止继发感染，可以肌内注射青霉素 80 万～160 万单位，每天 1～2 次；或用 10％磺胺嘧啶 10～20 毫升，肌内注射 1～3 次。生石膏粉末和冷开水调成糊状，外敷患处。

用痊愈羊血清治疗：大羊为 10～20 毫升，小羊为 5～10 毫升，皮下注射，预防量减半。用免疫血清效果更好。对黏膜上的病灶先用 0.1％高锰酸钾洗涤后涂以碘甘油或紫药水。

用中药治疗：栀子、黄柏、柴胡、地骨皮各 25 克，射干 50 克，黄连 100 克，加水 10 千克，文火煎至 3.5 千克，3～5 层纱布过滤 2 次，每日饮 2 次，连饮 3 天；药渣子砸碎，和黄豆面一并喂羊。金银花 10 克，连翘 10 克，生地 10 克，黄连 8 克，板蓝根 12 克，煎水内服（小羊减半）。

用验方治疗：蘑菇 30 克，白糖 3 克，加水 500 毫升，稍煮，可灌大羊 20 只，小羊 25 只。对初病的羊 3～5 天可治愈，对于病重者需 5～7 天。

（三）小反刍兽疫

小反刍兽疫是小反刍兽的一种急性接触性传染病，以发热、溃疡性口炎、胃肠炎和肺炎为特征。

1. 病原与流行特点　引起小反刍兽疫的病毒为麻疹病毒属中的一个成员。病毒随病畜和带毒动物的分泌物、排泄物排出体外，通过空气传播给与之密切接触的易感动物。

2. 症状与病变　潜伏期 4～6 天，发病急骤，高热达 41℃以上，稽留 3～5 天。继而全身各处黏膜相继出现浆液性、黏性或化脓性炎症。大量分泌物自口、鼻、眼流出，腹泻、咳嗽、口鼻黏膜出现弥漫性溃疡，甚至出现坏死。孕畜流产。幼年动物症状重，发病率较高。剖检可在口腔、食道和胃黏膜上发现糜烂性损伤，在大肠黏膜发现特征性线状出血或斑马样条纹。肺部有支气管肺炎病变。

3. 诊断　本病与蓝舌病、口蹄疫等病有许多相似之处，因此必须采集病羊病变处黏膜及其分泌物、扁桃体、淋巴结、脾脏或肺脏等病料，进行病毒学检测，或者采集血清进行中和试验等，方确诊。

4. 防治措施　本病目前主要在非洲和中东部分地区流行。因此，关键的预防措施是加强口岸检疫严防小反刍兽疫传入。

（四）蓝舌病

蓝舌病是反刍动物的一种非接触性病毒性传染病，以发热，白细胞减少，口腔和胃肠黏膜溃疡性炎症为特征。

1. 病原和流行特点

（1）病原　蓝舌病病毒属于呼肠孤病毒科，存在于病畜的血液、组织液和各个脏器中。绵羊在耐过传染康复后，血液中可带毒 4 个月之久。在疾病流行地区，往往存在病毒的不同血清型，它们之间无交互免疫作用。蓝舌病病毒对外界环境的抵抗力很强。

（2）流行特点　蓝舌病病毒以伊蚊和类库蚊属的蚊虫作为传播媒介，其暴发和流行具有很明显的季节性和地区性。1 岁左右的绵羊对本病的易感性较强，哺乳期羔羊大多有一定的抵抗力。患病康复的绵羊只对同型病毒的再感染具有免疫力，而不能抵抗其他血清型病毒的感染。

2. 临床症状和病理变化

（1）临床症状　潜伏期3～9天，病初体温可升高到40.5～42℃，并稽留数日。轻型或一过型病例往往只出现一定程度的发热及精神和食欲方面不太明显的变化，不久就可康复。急性型临床最为常见，病羊在出现体温升高、精神委顿和厌食后大约一天左右，在上唇和口腔黏膜等部位即发生炎性水肿，并出现流涎和流鼻涕等现象。严重时，口唇的肿胀可波及面部和耳部，并引起呼吸困难和吞咽障碍。肿胀的口腔黏膜（尤其是舌）在病初充血发红，到后期则可因发绀而呈现青紫或蓝紫色。随着疾病的发展，口腔黏膜很快出现糜烂、溃疡。口涎中因混有渗出的血液而呈污秽不洁的红色。鼻液也从最初的浆性变为脓性。如继发细菌感染，常可引起口鼻黏膜坏死。病初白细胞减少。病羊有时还发生蹄部炎症，出现跛行。羊毛出现变粗变脆等现象。

（2）病理变化　除口腔、鼻腔和蹄部变化外，还有皮下组织的广泛性出血和胶样浸润，以及肌肉出血向纤维变性，有时还有肌间的浆液性或胶样浸润；心肌、心内外膜和呼吸道、泌尿道、消化道的黏膜，均有小点状出血。重症者的皮肤毛囊周围出血，唇、齿龈、舌、真胃黏膜有溃烂和脱落现象。

3. 诊断　根据病状和病变（如发热，白细胞减少，口腔和鼻腔黏膜肿胀，出现糜烂和溃疡，伴有跛行等）及流行特点（季节性、地区性），可初步作出诊断。但最终确诊，需采集病料进行人工感染试验，或进行病毒分离，或通过补体结合反应、琼扩试验和荧光抗体反应进行诊断。应注意与口蹄疫、绵羊传染性水疱性口炎和绵羊溃疡性皮炎等疾病进行鉴别诊断。

4. 治疗　尚无特效药物疗法。要对病畜加强护理，每天用弱消毒药冲洗口腔和蹄部，避免引起继发感染。

（1）加强检疫　非流行区应禁止从疫区引入易感动物和可能携带病毒的动物（包括牛和其他反刍兽）。

（2）加强饲养管理 避免在低湿牧地放牧减少易感动物同蚊虫接触的机会。

（3）免疫接种 流行地区或受威胁区定期接种疫苗是预防本病的有效方法，6月龄以上的绵羊每年注射1～2次，可获得较好的免疫力。

（五）绵羊传染性脓疱病

绵羊传染性脓疱病以口唇等部位皮肤、黏膜形成丘疹、脓疱、溃疡以及疣状厚痂为特征。羔羊最易患病。

1. 病原和流行特点 病原为口疮病毒。在电子显微镜下，其形态和羊痘病毒相似。本病毒对高温较为敏感，60℃情况下，30分钟即可被灭活。

病羊和带病毒羊为传染源，病毒主要存在于病变部的渗出液和痂块中，主要经损伤的皮肤、黏膜感染，也可通过污染的羊舍、草场、草料、饮水和用具等受到感染。该病以3～6月龄的羔羊发病为多，常呈群发性流行。成年羊也可感染发病，但呈散发性流行。由于病毒的抵抗力较强，该病在羊群内可连续危害多年。

2. 临床症状 主要发生于羔羊。病变多见于口唇周围，口角及鼻部特别严重，也可能发生于蹄部及其附近的皮肤。病羔吃奶可以使母羊的乳房、乳头及大腿内侧患病。该病初期首先在口角、上唇或鼻镜上出现散在的小红斑，逐渐变为丘疹和小结节，继而成为小疱或脓疱，破溃后结成黄色或棕色疣状硬痂。如为良性经过，则经1～2周痂皮干燥、脱落而康复。严重病例，患部继续发生丘疹、水疱、脓疱、痂垢，并相互融合，波及整个口唇周围及眼、脸和耳廓等部位，形成大面积龟裂、易出血的污秽痂垢，痂垢下伴以肉芽组织增生，痂垢不断增厚，整个嘴唇肿大外翻呈桑葚状隆起，影响采食，病羊日趋衰弱。部分病例常伴有坏死杆菌、化脓性病原菌的继发感染，引起深部组织化脓和坏死，致使病情恶化。有些病例口腔黏膜也发生水疱、脓疱和糜烂，使病羊采食、咀嚼和吞咽产生困难。

3. 诊断　根据流行情况和症状特点不难做出确诊。其主要特点是：羔羊发病率高而严重，传染迅速。患病局限于唇部的居多。病变特点是形成疣状血块，痂块下的组织增生呈桑葚状。

与羊痘的鉴别：羊痘的痘疹多为全身性的，且体温升高，结节呈圆形突出于皮肤表面，界限明显，痘呈脐状。

与坏死杆菌病的鉴别：坏死杆菌病主要表现为组织坏死，而无水疱、脓疱的病变，也无疣状增生物。必要时应做细菌学检查以区别。

与口蹄疫的鉴别：口蹄疫是由口蹄疫病毒引起的急性传染病；以口腔黏膜和蹄部皮肤发生水疱和溃烂为特征，口腔损害常在唇内面，齿龈、舌面及颊部黏膜发生水疱，糜烂，疼痛；幼畜表现为恶性口蹄疫，主要表现为胃肠炎和心肌炎。

4. 治疗

（1）首先应对病羊加强护理。经常给病羊供应清水；饲料不可过于干硬，遇到病势严重而吃草料困难的，可给予鲜奶或稀料。

（2）对于严重病例，一般先用5％水杨酸软膏或3％石炭酸将痂垢软化，除去痂垢后再用0.1％～0.2％高锰酸钾溶液冲洗创面，然后涂2％龙胆紫、碘甘油溶液、5％硫酸铜或土霉素软膏，每天1～2次，至痊愈。注意在补喂精料之前短时间内，不可用消毒液洗涤口外疮伤，防止料粒黏附在湿润的疮面引起的进一步感染。

（3）对于蹄型病羊，则将蹄部置5％～10％甲醛溶液中浸泡1分钟，连续浸泡3次；也可隔日用3％龙胆紫溶液或土霉素软膏涂拭患部。

（4）中药疗法：金银花、野菊花、蒲公英、紫花地丁各等份粉碎成末，混合玉米面喂服。还可配制中药如冰硼散（冰片15克，硼砂150克，芒硝18克，碾为细末）、雄黄散等作患部涂敷，效果良好。

（5）验方治疗：揭去痂皮，用适量的百草霜（锅底灰）或尿素撒敷，每日 1～2 次，连用 3～5 天；或者用硫黄 50 克研末，加适量废机油调成糊，将患部用温盐水洗净后涂患处。还可用辣椒面适量，加 5% 的碘酒调成糊涂于患处。

二、细菌性传染病

（一）羊肠毒血症

羊肠毒血症又称"软肾病"或"类快疫"，主要发生于绵羊的一种急性毒血症。本病以急性死亡、死后肾组织易于软化为特征。

1. 病原和流行特点

（1）病原　魏氏梭菌又称产气荚膜杆菌，为厌气性粗大杆菌，革兰氏染色阳性，无鞭毛，不能运动，在动物体内可形成荚膜，芽孢位于菌体中央。羊肠毒血症由其中 D 型魏氏梭菌所引起。

（2）流行特点　发病以绵羊为多。通常以 2～12 月龄、膘情较好的羊为主。当饲料突然改变，特别是从吃干草变换为采食大量谷类或青嫩多汁和富含蛋白质的草料之后，导致羊的抵抗力下降和消化功能紊乱，D 型魏氏梭菌在肠道迅速繁殖，产生大量毒素，毒素进入血液，引起全身毒血症，发生休克而死亡。本病的发生常表现一定的季节性，牧区以春夏之交抢青时和秋季牧草结籽后的一段时间发病为多；农区则多见于收割抢茬季节或采食大量富含蛋白质饲料时。一般呈散发性流行。

2. 临床症状和病理变化

（1）临床症状　发生突然，病羊呈腹痛、肚胀症状。患羊常离群呆立、卧地不起或独自奔跑。濒死期发生肠鸣或腹泻，排出黄褐色水样稀粪。病羊全身颤抖，眼球转动，磨牙，头颈后仰，四肢痉挛，口鼻流沫，口黏膜苍白，四肢和耳尖发冷，角膜反射消失，常于昏迷中死去。流行后期，有时可见病程缓慢的病例，病羊拉稀混有黏液和血液，委顿和昏迷，病程可延至12小时或2～3天死亡。病羊体温一般不高，血、尿常规检查有血糖、尿糖升高现象。

（2）病理变化　胸、腹腔和心包积液。心脏扩张，心肌松软，心内外膜有出血点。肺呈紫红色，切面有血液流出。肝脏肿大，呈灰褐色半熟状，质地脆弱，被膜下有点状或带状溢血。胆囊肿大。特征变化是肠道，尤其是小肠和十二指肠黏膜充血、出血，重病者整个肠段壁呈血红色，或有溃疡，故对此有"血肠子病"一说。幼龄羊一侧或两侧肾脏软化，肾脏软化如稀泥样。皮下组织血管舒张充血，血液凝固不良并含有气泡。全身淋巴结肿大，呈急性淋巴结炎，切面湿润，髓质部分黑褐色。

3. 诊断

（1）现场诊断　根据流行特点（散发、突发、死亡快、多发生于雨季和青草生长旺季），结合剖检主要发生于消化系统、呼吸系统、心血管系统的病变及急性病例尿中含糖量明显增加，可做出现场诊断。

（2）实验室诊断　取小肠粪便，用2倍生理盐水稀释后，以4 000转/分的速率离心30分钟，取上清液给4只小鼠尾静脉注射，剂量分别为0.05毫升（2只）和0.1毫升（2只），结果小鼠在4分钟内全部死亡。病羊的肝脏、脾脏、肾脏、心脏和肠淋巴进行组织触片，用革兰氏及瑞氏染色，镜检，可见一致的革兰氏阳性，具有荚膜的粗大杆菌，呈单个或两两相连排列，菌体与常见产气荚膜杆菌一致。

（3）类症鉴别　诊断时注意与以下几种羊病的鉴别。炭疽可致各种年龄羊发病，临床诊断有明显的体温反应，黏膜呈蓝紫色，死后尸僵不全，天然孔流血，脾脏高度肿大，细菌学检查，可发现具有荚膜的炭疽杆菌；巴氏杆菌病病程多在一天以上，临床表现有体温升高、皮下组织出血性胶样浸润，后期呈现肺炎症状，病料涂片可见革兰氏阴性、两极浓染的巴氏杆菌；大肠杆菌病多发于 6 周龄以下的小羊，肾脏表面多呈青紫色，但不软化；各脏器内可培养出大肠杆菌。

4. 防治

（1）预防 农、牧区春夏之际，应尽量减少抢青，抢茬，秋季避免过食结籽饲草和蔬菜等多汁饲料。当羊群出现本病时要立即搬圈，转移到高燥的地区放牧。舍饲绵羊，要加强运动，要避免饲料的突然改变，尤其是突然吃过多嫩草或精料；变换精料种类时，应逐步进行。在常发地区应定期注射羊厌气菌病三联、四联或五联菌苗。

（2）治疗 对病程较缓慢的病羊，可使用青霉素肌内注射，每只羊 80 万～160 万单位，每天 2 次；内服磺胺脒 8～12 克，第一天一次灌服，第二天分 2 次灌服；也可灌服 10% 石灰水，大羊 200 毫升，小羊 50～80 毫升，连服 1～2 次。此外，应结合强心、补液、镇静等对症治疗，有时尚能治愈少数病羊。

（二）绵羊布鲁氏菌病

布鲁氏菌病是由布鲁氏菌引起的人、畜共患的慢性传染病。主要侵害生殖系统。绵羊感染后，以母羊发生流产和公羊发生睾丸炎为特征。本病分布很广，不仅感染各种家畜，而且易传染给人。

1. 病原 布鲁氏菌是革兰氏阴性需氧杆菌，为非抗酸性、无芽孢、无荚膜、无鞭毛，呈球杆状。组织涂片或渗出液中常集结成团，且可见于细胞内，培养物中多单个排列。布鲁氏菌在土壤、水中和皮毛上能存活几个月，一般消毒药能很快将其杀死。

2. 流行特点 母羊较公羊易感性高，性成熟后对本病极为易感，幼畜对本病具有抵抗力，随年龄的增长，这种抵抗力逐渐下降，性成熟后对本病最为敏感，病畜和带菌者为本病的主要传染源。消化道是主要感染途径，其次是生殖道和皮肤、黏膜，也可经配种感染。羊群一旦感染此病，主要表现孕羊流产，开始仅为少数，以后逐渐增多，严重时可达半数以上，多数病羊流产一次。

3. 临床症状　多数病例为隐性感染。怀孕羊发生流产是本病的主要症状，但不是必有的症状。流产多发生在怀孕后的3～4个月。有时患病羊发生关节炎和滑囊炎而致跛行，公羊发生睾丸炎，少部分病羊发生角膜炎和支气管炎。

4. 病理变化　剖检常见的病变是胎衣部分或全部呈黄色胶样浸润，其中有部分覆有纤维蛋白和脓液，胎衣增厚并有出血点。流产胎儿主要为败血症病变，浆膜和黏膜有出血点、出血斑，皮下和肌肉间发生浆液性浸润，脾脏和淋巴结肿大，肝脏中出现坏死灶。公羊可发生化脓性坏死性睾丸炎和附睾炎，睾丸肿大，后期睾丸萎缩。

5. 诊断

（1）**现场诊断**　流行病学资料，流产胎儿、胎衣的病理损害，胎衣滞留以及不育等都有助于布鲁氏菌病的诊断，但确诊只有通过实验室诊断才能得出结果。

（2）**实验室诊断**　布鲁氏菌的实验室检查方法很多，除流产材料的细菌学检查外，以平板凝集反应简便易行。大群检疫也可用血清平板凝集试验和变态反应检查。近年来，血凝抑制试验、酶联免疫吸附试验、荧光抗体法等也在布鲁氏菌病的诊断中得到广泛的应用。

6. 防治

（1）**预防**　应当着重体现"预防为主"的原则，在未感染羊群中，控制本病传入的最好办法是自繁自养，必须引进种羊或补充羊群时，要严格执行检疫。即将羊隔离饲养2个月，同时进行布鲁氏菌病的检疫，全群两次免疫学检查阴性者，才可以与原有羊群接触。清洁的羊群，还应定期检疫（至少一年一次），一经发现，即应淘汰。

（2）**控制措施**　本病无治疗价值，一般不予治疗，发病后用试管凝集或平板凝集反应进行羊群检疫，发现呈阳性和可疑反应的羊均应及时隔离，以淘汰屠宰为宜。严禁与假定健康羊接触。必须对污染的用具和场所进行彻底消毒，流产胎儿、胎衣、羊水和产道分泌物应深埋。凝集反应阴性羊用布鲁氏菌猪型 2 号弱毒苗或羊型 5 号弱毒苗进行免疫接种。

（三）绵羊李氏杆菌病

李氏杆菌病又称转圈病，是由存在于青贮、微贮、黄贮等饲料中的单核细胞增多症李氏杆菌引起的，是畜禽、啮齿动物和人共患的传染病，临床特征是病羊神经系统紊乱，表现转圈运动，面部麻痹，孕羊可发生流产。

1. 病原和流行特点

（1）病原　病原为单核细胞增多症李氏杆菌，是一种规整革兰氏阳性小杆菌。在抹片中或单个存在，或 2 个排成 V 形，或互相并行，无荚膜，无芽孢，周身有鞭毛，能运动。对热的耐受性比大多数无芽孢杆菌强，65℃经 30～40 分钟才能被杀死，一般消毒剂均可灭活。本菌对青霉素有抵抗力，对链霉素和磺胺类药物敏感。

（2）流行特点　易感动物范围很广，几乎各种家畜、家禽均可通过消化道、呼吸道及损伤的皮肤而感染。通常呈散发性，发病率低、病死率很高。

2. 临床症状和病理变化　病羊短期发热，精神抑郁，食欲减退、多数病例表现脑炎症状，如转圈、倒地、四肢作游泳姿势，颈项强直，角弓反张，颜面神经麻痹，嚼肌麻痹，咽麻痹，昏迷等。孕羊可出现流产。羔羊多以急性败血症而迅速死亡，病死率甚高。病羊剖检一般没有特殊的肉眼可见病变。有神经症状的病羊，脑及脑膜充血、水肿，脑脊液增多，稍浑浊，脑部有化脓坏死灶。流产母羊都有胎盘炎，表现子叶水肿坏死，血液和组织中单核细胞增多。

3. 诊断　在以青贮、微贮、黄贮为主要饲料的舍饲绵羊中，陆续出现以脑炎及神经症状为主的病例时，应考虑该病。进一步诊断，可以通过实验室检查，采集肝脏、脾脏、脊髓液等病料涂片，经革兰氏染色后，置于显微镜下检查，如见有散在的或栅状排列的革兰氏阳性小杆菌，结合神经症状或流产可以做出诊断。有条件时应进一步分离培养细菌。该病应与具有神经症状的疾病相区别，如羊的脑包虫病，病羊仅有转圈或斜着走等症状，病的发展缓慢，不传染给其他羊只。

4. 防治

(1) 预防　制备优质青贮饲料，避免饲喂变质饲料是控制该病的有效方法。对发病羊群，应立即检疫，病羊隔离治疗，其他羊使用药物预防；病羊尸体要深埋处理，对污染的环境和用具等使用 5‰来苏儿进行消毒。

(2) 治疗　早期大剂量应用磺胺类药物或与抗生素并用疗效较好，如磺胺嘧啶钠、氨苄青霉素、链霉素、庆大霉素等。病羊出现神经症状时，可使用镇静药物盐酸氯丙嗪治疗，以每千克体重 1～3 毫克剂量，肌内注射。

(四) 绵羊巴氏杆菌病

巴氏杆菌病主要是由多杀性巴氏杆菌所引起的各种家畜的一种传染病，在绵羊主要表现为败血症和肺炎。本病分布广泛。

1. 病原和流行特点　多杀性巴氏杆菌属巴氏杆菌科，巴氏杆菌属。病菌一般存在于病羊的血液、内脏器官、淋巴结及病变局部组织和一些外表健康动物的上呼吸道黏膜及扁桃体内。多杀性巴氏杆菌抵抗力不强，对干燥、热和阳光敏感，一般消毒剂在数分钟内可将其杀死。本菌对链霉素、青霉素、四环素以及磺胺类药物敏感。除多杀性巴氏杆菌外，溶血性巴氏杆菌有时也可成为本病的病原。绵羊多发于幼龄羊和羔羊，病羊和健康带菌羊是传染源。病原随分泌物和排泄物排出体外，经呼吸道、消化道及损伤的皮肤而感染。带菌羊在受寒、长途运输、饲养管理不当，抵抗力下降时，可发生自体内源性感染。

2. 临床症状和病理变化

（1）临床症状 按病程长短，分为最急性、急性和慢性三种。

最急性：多见于哺乳羔羊，突然发病，出现寒战，虚弱，呼吸困难等症状，于数分钟至数小时内死亡。

急性：精神沉郁，体温升高到 41～42℃，咳嗽，鼻孔常有出血，有时混于黏性分泌物中。眼结膜潮红，有黏性分泌物。初期便秘，后期腹泻，有时粪便全部变为血水。颈部、胸下部发生水肿。病羊常在严重腹泻后虚脱而死亡，病期 2～5 天。

慢性：病程可达 3 周。病羊消瘦，不思饮食，流黏脓性鼻液，咳嗽，呼吸困难。有时颈部和胸下部发生水肿。有角膜炎，腹泻，粪便恶臭，临死前极度衰弱，体温下降等症状。

（2）病理变化 一般在皮下有液体浸润和小出血点。心包和胸腔内有渗出液及纤维素凝块。肺脏膨大、水肿，呈现紫红色，一般在前腹侧区有显著实变。病程长的绵羊，病理变化界线更为明显，呈暗红色，胸膜粘连。有的肺部还见有黄豆至胡桃大的化脓灶。其他脏器呈水肿和淤血。脾脏不肿大，肝脏有坏死灶。

3. 诊断

（1）现场诊断 根据发病特点、症状表现和病理变化，可以做出初步诊断。进一步确诊，应做实验室检查。

（2）实验室诊断 采取病死羊的肺脏、肝脏、脾脏及胸腔液，制成涂片，用碱性美蓝染液或瑞特氏染液染色后镜检，从病料中看到两端明显着色的椭圆形小杆菌，结合临床症状和病理变化即可做出诊断。

（3）类症鉴别 羔羊患巴氏杆菌病时，应注意与肺炎链球菌（旧名肺炎双球菌）所引起的败血症相区别。后者剖检时可见脾脏肿大，而且在病料中镜检很易查到以成双排列为特征的肺炎链球菌。

4. 防治

（1）预防 羊群应避免拥挤、受寒，长途运输时，防止过度劳累。发病后，羊舍可用5％漂白粉或10％石灰乳等彻底消毒。必要时羊群可用高免血清或菌苗作紧急免疫接种。

（2）治疗　对病羊和可疑病羊立即隔离治疗。每千克体重可分别选用氟苯尼考20～30毫克、土霉素20毫克、庆大霉素1 000～1 500单位、20％磺胺嘧啶钠5～10毫升，进行肌内注射，每天2次或每千克体重用复方新诺明片10毫克，内服，每天2次，直到体温下降、食欲恢复为止。也可每只羊注射青霉素320万单位、链霉素200万单位，地塞米松磷酸钠15毫克，对体温高者加30％的安乃近10毫升，效果良好。对有神经症状的病羊同时应用维生素 B_1 注射液进行注射，每天1次，连用3天。

（五）绵羊沙门氏菌病

绵羊沙门氏菌病主要是由鼠伤寒沙门氏菌、都柏林沙门氏菌和羊流产沙门氏菌引起，以羔羊急性败血症和下痢、母羊怀孕后期流产为主要特征的急性传染病。

1. 病原和流行特点

（1）病原　绵羊流产的病原主要是羊流产沙门氏菌；羔羊副伤寒的病原以都柏林沙门氏菌和鼠伤寒沙门氏菌为主。沙门氏菌对外界的抵抗力较强，在水、土壤和粪便中均能存活几个月，但不耐热。一般消毒药均能迅速将其杀死。

（2）流行特点　各种年龄的羊均可发生，其中以断奶或断奶不久的绵羊最易感。病原菌可通过羊的粪、尿、乳汁及流产胎儿、胎衣和羊水污染的饲料和饮水等，经消化道感染健康羊，通过交配或其他途径也可感染。育成期羔羊常于夏季和早秋发病，孕羊则主要在晚冬、早春季节发病。

2. 临床症状和病理变化

（1）临床症状　本病据临床表现，分为两型。

下痢型：多见于羔羊，体温升高达40～41℃。食欲减少，腹泻，排黏性带血稀粪，有恶臭。精神沉郁，虚弱，低头弓背，继而卧地。病程1～5天死亡，有的经2周后可恢复。发病率一般为 30％，病死率 25％左右。

流产型：绵羊多在怀孕的最后 2 个月发生流产或死产。病羊体温升高，不食，精神沉郁，部分羊有腹泻症状。病羊产出的活羔多极度衰弱，并常有腹泻，一般 1～7 天死亡。发病母羊也可在流产后或无流产的情况下死亡。羊群暴发一次，一般可持续 10～15 天，流产率和病死率均很高。

（2）病理变化　下痢型羊尸体后躯常被稀粪污染，组织脱水。真胃和小肠空虚，内容物稀薄，常含有血块。肠黏膜充血，肠系膜淋巴结肿大，心内外膜有小出血点。流产、死产的胎儿或生后 1 周内死亡的羔羊，呈败血症病变。表现组织水肿、充血、肝脏、脾脏肿大，有灰色病灶、胎盘水肿、出血。死亡的母羊呈急性子宫炎症状，其子宫肿胀，内含有坏死组织、浆液性渗出物和滞留的胎盘。

3. 诊断

（1）现场诊断　根据流行特点、临床症状和病理变化，可做出初步诊断。

（2）实验室检查　对疑似为本病的羊，再进行细菌分离鉴定加以确诊。可采取下痢死亡羊的肠系膜淋巴结、胆囊、脾脏、心血、粪便或发病母羊的粪便、阴道分泌物、血液以及胎盘和胎儿的组织进行病原——沙门氏菌的分离培养。

4. 防治

（1）预防　主要措施是加强饲养管理。羔羊在出生后应及早吃上初乳，并注意保暖；发现病羊应及时隔离、治疗；被污染的圈栏要彻底消毒，发病羊群进行药物预防。对流产母羊及时隔离治疗，流产的胎儿、胎衣及污染物进行销毁，流产场地全面彻底进行消毒处理。对可能受传染威胁的羊群，注射相应菌苗预防。

（2）治疗　对患病羊应隔离治疗，病的初期应用抗血清有效，也可选用抗生素治疗。首选药物为氟苯尼考，其次是新霉素和土霉素等。也可口服或注射恩诺沙星或环丙沙星。连续用药不得超过 2 周，并配合护理及时对症治疗。

（六）绵羊链球菌病

绵羊链球菌病是由溶血性链球菌引起的一种急性、热性传染病，多发于冬春寒冷季节（每年 11 月至次年 4 月）。本病主要通过消化道和呼吸道传染，以下颌淋巴结与咽喉肿胀为特征。

1. 病原和流行特点 羊链球菌病是由 C 型败血性链球菌引起的一种急性、败血性传染病。其病菌多呈双球形，呈链状或单个存在，周围有荚膜，革兰氏染色阳性，不形成芽孢，属于无运动需氧或兼性厌氧菌，该菌对外界环境抵抗力较强，死羊胸水中的细菌可在室温下存活 100 天以上。绵羊对该病易感性高，病的潜伏期为 2～5 天。病羊和带菌羊为传染源。以呼吸道为主要传播途径；病死羊的肉、骨、皮、毛等也可散播病原。新发区常多为流行性，在常发地区则呈地方性流行或散发。冬春季节气候寒冷，饲草料品质不好时易发病。

2. 临床症状和病理变化

（1）临床症状 病羊主要表现为精神不振，体温升高到 41℃以上，食欲低下，反刍停止，呼吸困难；有的流涎，鼻孔流浆性、脓性分泌物；有的结膜充血，常见流出脓性分泌物；粪便松软，带有黏液或血液；有时可见眼睑、嘴唇、面颊及乳房部位肿胀；咽喉部及下颌淋巴结肿大。临死前常有磨牙、呻吟、抽搐。急性病例呼吸困难，24 小时内死亡，一般情况下 2～3 天死亡。

（2）病理变化 主要以败血性变化为主。各脏器广泛出血，尤以膜性组织（大网膜、肠系膜等）最为明显。肺脏水肿、气肿，肺实质出血、肝（实）变，呈大叶性肺炎，有时肺脏尖叶有坏死灶。肺脏常与胸壁粘连；胆囊肿大；肾脏质地变脆、变软、肿胀、梗死，被膜不易剥离。

3. 诊断 根据临床症状和剖检变化，结合流行病学可初步诊断。确诊需进行实验室检查。组织涂片检查：采集心血、脏器组织涂片镜检。

羊链球菌病与羊巴氏杆菌病在临床症状和病理变化上很相似，常通过细菌学检查做出鉴别诊断，巴氏杆菌为革兰氏阴性、两极浓染的细小杆菌。

4. 治疗

（1）预防 对未病羊只注射抗羊链球菌血清 40 毫升，具有良好的预防效果。发病季节到来之前，用羊链球菌氢氧化铝甲醛疫苗进行预防接种。

（2）治疗 早期病羊可用青霉素按每次 80 万～160 万单位，每日肌内注射 2 次，连用 2～3 天。对食欲废绝的重病羊，首次静注 10% 葡萄糖 200 毫升、维生素 C 10 毫升、青霉素钠盐 400万单位，口服健胃散 100 克（灌服）。或用磺胺嘧啶按每次 5～6克（小羊减半），口服 1～3 次；每千克体重 0.1 克磺胺嘧啶钠注射液，肌内注射，每日 2 次。

（七）羔羊大肠杆菌病

羔羊大肠杆菌病是由致病性大肠杆菌引起的羔羊急性传染病，其特征是呈现剧烈的下痢和败血症。病羊常排出白色稀粪，所以又称"羔羊白痢"。

1. 病原和流行特点 大肠杆菌是革兰氏阴性、中等大小的杆菌，对外界不利因素的抵抗力不强，将其加热至 50℃，持续30 分钟后即死亡，一般常用消毒药均易将其杀死。该病多发生于数日龄至 6 周龄的羔羊，有些地方 6～8 月龄的羔羊也可发生，呈地方性流行或散发。病羊和带菌羊是本病的主要传染源，通过粪便排出细菌污染环境和饲料、饮水等，本病主要通过消化道感染，而且与气候不良、营养不足、场圈潮湿、污秽密切有关。冬春舍饲期间多发，而放牧季节则很少发病。

2. 临床症状和病理变化

（1）临床症状 分为败血型和下痢型两型。

败血型：多发生于 2～6 周龄羔羊。病羊体温 41～42℃，精神沉郁，迅速虚脱，有轻微的腹泻或不腹泻，有的带有神经症状，运动失调、磨牙、视力障碍，也有的病例出现关节炎，多于病后4~12小时死亡。

下痢型：多发生于2~8日龄新生羔。病初体温略高，出现腹泻后体温下降，粪便呈半液状，带有气泡，具有恶臭，起初呈淡黄色，继之变为淡灰白色，含有乳凝块，严重时混有血液。羔羊表现腹痛，虚弱，严重脱水，不能起立。如不及时治疗，可于24~36小时死亡，病死率达15%~17%。

（2）病理变化　败血型羔羊，剖检胸、腹腔和心包，见大量积液，内有纤维素样物；关节肿大，内含混浊液体或脓性絮片；脑膜充血，有许多小出血点。下痢型羔羊，主要为急性胃肠炎变化、胃内乳凝块发酵，肠黏膜充血、水肿和出血，肠内混有血液和气泡，肠系膜淋巴结肿胀，切面多汁或充血。

3. 诊断

（1）现场诊断　主要根据流行病学、临床症状和剖检变化进行诊断。在分析这些资料时，必须注意发病季节、年龄及严重的死亡率。

（2）实验室诊断　采取内脏组织、血液或肠内容物，用麦康凯或其他鉴别培养基画线分离，挑取可疑菌落转种三糖铁培养基培养后，反应符合大肠杆菌者，纯培养后进行生化鉴定和血清学鉴定，以确定血清型。有条件时可进行黏附素抗原检查和肠毒素检查。

（3）类症鉴别　本病应与B型魏氏梭菌引起的初生羔羊下痢（羔羊痢疾）相区别。本病如能分离出纯致病性大肠杆菌，具有鉴别诊断意义。

4. 防治

（1）预防　加强孕羊的饲养管理，确保新产羔健壮，抗病力强。改善羊舍的环境卫生，做到定期消毒，尤其是分娩前后对羊舍应彻底消毒1~2次。注意幼羊的保暖，尽早让羔羊吃到足够的初乳。对污染的环境、用具，可用3‰～5‰来苏儿液消毒。

（2）治疗　大肠杆菌对土霉素、新霉素、庆大霉素、卡那霉素、丁氨卡那霉素、磺胺类和呋喃类药物均具敏感性，但实际中应根据药敏试验选取敏感抗生素，同时配合护理和对症治疗。氟苯尼考每千克体重10～20毫克肌内注射，每天2次，连用3～5天；土霉素粉，以每天每千克体重30～50毫克剂量，分2～3次口服；磺胺脒，第一次1克，以后每隔6小时内服0.5克；对新生羔羊可同时加胃蛋白酶0.2～0.3克内服；心脏衰弱者可注射强心剂，脱水严重者可适当补充生理盐水或葡萄糖盐水，必要时还可加入碳酸氢钠或乳酸钠，以防止全身酸中毒；对于有兴奋症状的病羊，可内服水合氯醛0.1～0.2克（加水内服）。中药治疗用大蒜酊（大蒜100克，95‰酒精100毫升，浸泡15天，过滤即成）2～3毫升，加水一次灌服，每天2次，连用数天。白头翁、秦皮、黄连、炒神曲、炒山楂各15克，当归、木香、杭芍各20克，车前子、黄柏各30克，加水500毫升，煎至100毫升。每次3～5毫升，灌服，每天2次，连用数天。如病情好转时，可用微生态制剂，如促菌生、调痢生、乳康生等，加速胃肠功能的恢复，但不能与抗生素同用。

（八）羔羊痢疾

羔羊痢疾是由B型魏氏梭菌引起的一种急性毒血症，主要发生于初生羔羊，以剧烈腹泻和小肠黏膜出现溃疡为特征。

1. 病原和流行特点　B型魏氏梭菌广泛存在于外界环境中，羔羊在出生后数日内，病原通过羔羊吮乳、饲养员的手和羊粪而进入羊消化道。可在患病羊的肠内容物和受侵害的肠黏膜上，尤其是溃疡组织中能分离出本菌，其能在小肠（特别是回肠）内迅速大量繁殖并产生毒素，而呈现致病作用。

羔羊痢疾主要发生于7日龄以下的羔羊，尤其是2～3日龄的初生羔羊，7日龄以上的较大羔羊很少患本病。每年立春前后发病率较高，气候变化剧烈、产房不洁或过冷以及母羊怀孕期营养不良、羔羊体质瘦弱等，都容易促使该病的发生。特别是气温的急剧变化和环境潮湿与发病关系很大。品种与发病也有密切关系，如土种羊比改良羊和纯种羊发病率高得多。

2. 临床症状和病理变化 发病1～2天发生腹泻，粪便为糊状或液状，呈褐绿、橙黄、黄绿、黄白或灰白色不等，后期可混有血液，甚至成为血便。病羔很快虚弱或卧地不起，病程1～2天，多数转归死亡。少数病羔不出现明显腹泻，只表现腹胀，其主要症状是：四肢无力，卧地不起，体温低，呼吸急促，昏迷。病程一般只有数小时之久，多数死亡。

最显著的病理变化是消化道炎症。真胃内常有未消化的乳凝块，回肠和其他小肠段黏膜充血，常有多数小溃疡，其周围有血色带环绕。若病期稍长，溃烂更为明显。肠系膜淋巴结肿胀，充血或出血。尸体有明显脱水，后躯因下痢而污秽不洁。

3. 诊断 根据疾病流行情况、临床症状和病理学变化，不难诊断。但确诊应以细菌学检查结果为准，应作病原分离和毒素鉴定，并注意与羔羊沙门氏菌病区别。

4. 治疗

（1）抗菌药物 磺胺脒1克，鞣酸蛋白0.2克，碳酸氢钠0.2克，每天2～3次。同时肌注青霉素80万单位，每天2次，至痊愈。发现急性流涎而伴有神经症状时，皮下注射0.05%硫酸阿托品0.5～1.0毫升，颈静脉注射25%～50%葡萄糖溶液15～20毫升。对四肢瘫软、口鼻俱凉、呼吸微弱的低血糖症濒死羔羊，可采用25%葡萄糖、维生素C等药物进行静脉注射。对四肢抽搐、拳泳、头背后仰、眼睑尚存反射的濒死羔羊，可加氢化可的松10～20毫克，安钠咖1毫升。

（2）硫酸镁和高锰酸钾 发病之后即用胃管一次灌服6%硫酸镁20～30毫升（内含0.5%福尔马林），经4～6小时后，再用胃管一次灌服1%高锰酸钾20毫升，未痊愈的羊只可再灌高锰酸钾溶液1～2次。

（3）**中药**　去核乌梅 6 克，诃子肉 9 克，炒黄连 6 克，黄芩 3 克，郁金 6 克，神曲 12 克，猪苓 6 克、泽泻 5 克，将上述药捣碎后加水 400 毫升，煎汤至 150 毫升，红糖 30 克为引，1 次灌服 30 毫升，如还拉稀可再灌 1～2 次。对急性昏迷的羔羊，可用朱砂 0.3 克，冰片 0.1 克，全蝎 0.25 克，温水灌服，可起急救的作用。

5. 预防　羔羊出生后，应保证羔羊及时吃上足量、优质的初乳或在出生后 12 小时内用药物预防。保持羔圈温暖、干燥、清洁卫生、光照充足、通风良好，有利于防止本病的发生。疫区每年给怀孕母羊注射羔羊痢疾菌苗，第 1 次选在分娩前 20～30 天于后腿内侧皮下注射菌苗 2 毫升，第 2 次在分娩前 10～20 天于另一侧后腿内侧皮下注射菌苗 3 毫升；还可注射两次厌气四联氢氧化铝疫苗，中间间隔 1 个月，最后一次应在产前 2 周进行。

第三节　现代集约化羊场绵羊
普通病的防控技术

一、普通病防治技术

（一）灌服投药法

灌服投药法是一种强迫经口投药法，适用于因病不能吃食和饮水的羊投药。

1. 经口灌药　经口灌药主要用于少量的无强刺激性或特殊异味的水剂药物或将粉剂、研碎的片剂加适量的水而制成的溶液、混悬液、糊剂、中药及其煎剂、片剂、丸剂、舔剂等剂型药物的投服。绵羊经口灌药通常用药匙（汤匙）、竹筒、橡皮瓶或长颈玻璃瓶、盛药盆等。灌药前应注意将其保定确实，操作须谨慎细心，每次灌入的药量不应太多，不宜过急，不能连续灌服，以防药物误入羊气管和肺中。灌药时，将药液装入长颈的橡皮瓶、塑料瓶或酒瓶内，抬高羊的头部，使口角与眼呈水平状态；操作者右手持药瓶，左手用食、中二指自羊右口角伸入口中，轻轻按压舌面，羊口即张开；然后右手将药瓶口从右口角插入羊口中，并将左手抽出，待瓶口伸到舌面中部，即可抬高瓶底将药物灌入，如橡皮瓶则可轻压使药液流出，吞咽后继续灌服直至灌完。

2. 胃管投药 有两种方法，一是经鼻腔插入；二是经口腔插入。适用于灌服大量水剂或可溶于水的流质药液。绵羊常采用经口插入胃管的方法投药。用具为软硬适宜的橡皮管或塑料管，依羊的种类和个体大小不同，选用相应的口径及长度。胃管在用前应先清洁干净，将其前端涂以滑润油类或以水润湿。

具体操作：一人抓住羊的两耳（角），将前躯夹于两腿之间即固定头部并稍抬高，然后装上横木开口器，系在两角根后部；胃管从开口器中间孔插入，沿上颚直插入咽部，前端抵达咽部时，轻轻抽动，刺激引起吞咽，随咽下动作将胃管插入食道；准确判定胃管确实在食道后，再将胃管前端推送至颈部下 1/3 处。连接漏斗，先投入少量清水，证明无误后，即可投药；药液灌完后，再灌少量清水，然后取掉漏斗，用嘴吹气或用橡皮球打气，使胃管内残留的液体完全入胃，用拇指堵住胃管管口，或折叠胃管，慢慢抽出。用完的胃管及其他器具应洗净，放在 2% 煤酚皂溶液中浸泡消毒，再以清水冲净后备用。该法适用于灌服大量水剂及有刺激性的药液。患咽炎、咽喉炎或咳嗽严重的病羊，不可用胃管灌药。

（二）穿刺法

1. 瘤胃穿刺法 是指用于瘤胃急性臌气时急救排气和向瘤胃内注入药液的一种治疗技术。

（1）穿刺部位 一般选在左侧肷窝部，由髋骨外角向最后肋骨所引水平线的中点，距腰椎横突 10～12 厘米处；也可选在瘤胃隆起最高点穿刺。

（2）穿刺操作　术者以左手将皮肤切口移向穿刺点，右手持套管将针尖置于皮肤切口内，向对侧肘头方向迅速刺入10～12厘米。然后左手固定套管，拔出内针，用手指堵住管口，间断放出瘤胃内的气体。如果套管堵塞，可插入内针疏通。气体排出后，可经套管向瘤胃内注入止酵药（5％克辽林溶液10～20毫升，或0.5％～1％福尔马林溶液30毫升左右），防止复发。注完药液，插入内针，同时用力压住皮肤切口，拔出管针，消毒创口行一针结节缝合。

在紧急情况下，无套管针时，可就地取材，如竹管、鹅羽或静脉注射针头等，进行穿刺，挽救生命，然后再采取抗感染措施。

（3）穿刺注意事项　放气速度不宜过快，以防止发生急性脑贫血，造成休克，同时注意观察病畜的表现。根据病情，为了防止臌气继续发展，需重复穿刺，可将套管针固定，留置一定时间后再拔出。穿刺和放气时，应注意防止针孔局部感染。放气后期，往往伴有泡沫样内容物流出，污染套管口周围，甚至会流进腹腔继发腹膜炎，应予以高度重视。经套管注入药液时，注药前一定要确切判定套管仍在瘤胃内后，方可注入。

2. 胸腔穿刺法　是指用于排出胸腔内的积液、血液，或洗涤胸腔，或向胸腔内注入药液，或用于检查胸腔有无积液并采集胸腔积液，鉴别其性质，有助于诊断的一种诊疗技术。

（1）穿刺部位　一般选在右侧第六肋间（左侧第七肋间），胸外静脉上方约2厘米处刺针。

（2）穿刺操作　术者左手将术部皮肤稍向前方移动，右手持套管针（或针头），靠肋骨前缘垂直刺入3～5厘米。当套管针刺入胸腔后，左手把持套管，右手拔出内针，即可流出积液或血液。放液时用拇指堵住套管口，间断地放出积液，防止胸腔减压过急而影响心肺功能。如果针孔堵塞不流时，可用内针疏通，直至放完为止。有时放完积液之后，需要洗涤胸腔时，可将装有消毒药的输液瓶的乳胶管或注射器连接在套针管口上（或注射针），高举输液瓶药液即可流入胸腔。反复冲洗 2～3 次，最后注入治疗性药物。操作完毕，插入内针，拔出套管针（或针头），使局部皮肤复位，术部涂碘酒。

（3）操作注意事项　穿刺或排液过程中，要注意防止空气进入腹腔内。排出积液和注入洗涤液时应缓慢进行，并注意观察病畜有无异常表现。穿刺时要以手指控制套管针的刺入深度，以防止刺入过深。穿刺过程中，如遇有出血时，应充分地止血，并改变位置再进行穿刺。

3. 腹腔穿刺法　是指用于排出腹腔积液、洗涤腹腔以及向胸腔内注入药液的一种治疗技术，也可用于采集腹腔液体，鉴别其性质，有助于胃肠破裂、肠变位、内脏出血及腹膜炎等疾病的诊断。

（1）穿刺部位　一般在绵羊脐与膝关节连线的中点。

（2）穿刺操作　术者蹲下，左手稍移动皮肤，右手控制套管针（或针头）的深度。由下向上垂直刺入 3～4 厘米。当套管针刺入腹腔后，左手把持套管，右手拔出内针，即可流出积液或血液。放液时用拇指堵住套管口，间断地放出积液，防止腹腔减压过急而影响心肺功能。如果针孔堵塞不流时，可用内针疏通，直至放完为止。有时放完积液之后，需要洗涤腹腔时，可将装有消毒药的输液瓶的乳胶管或注射器连接在套针管口上（或注射针），高举输液瓶药液即可流入腹腔。反复冲洗 2～3 次，最后注入治疗性药物。操作完毕，插入内针，拔出套管针（或针头），使局部皮肤复位，术部涂碘酊。

（3）操作注意事项　穿刺或排液过程中，要注意防止空气进入腹腔内。排出积液和注入洗涤液时应缓慢进行，并注意观察病畜有无异常表现。穿刺时，要以手指控制套管针刺入的深度，以防止刺入过深刺伤腹腔内脏器官。穿刺过程中，如遇有出血时，应充分地止血，并改变位置再进行穿刺。

(三) 阴道与子宫清洗方法

阴道与子宫冲洗法是指用于母羊阴道炎和子宫内膜炎治疗的一种治疗技术，主要为了排出阴道或子宫内的炎性分泌物，注入治疗药液，促进黏膜修复，尽快恢复生殖机能。根据绵羊种类、病情，选择不同类型的冲洗器具，用前洗净严格消毒处理。

1. 操作方法 绵羊站立保定，充分洗净外阴部，术者手臂常规消毒，手握输液瓶或漏斗所连接的长胶管，徐徐插入子宫颈口，再缓慢导入子宫内，提高冲洗器或输液瓶或漏斗，冲洗液即可流入子宫内，待输液瓶或漏斗中的冲洗液快流完时，迅速把输液瓶或漏斗放低，借虹吸作用使子宫内液体自行排出。如此反复冲洗 2~3 次，直至流出的液体与注入的液体颜色基本一致时为止，必要时可用开腔器开张阴道，用颈管钳和颈管扩张棒固定宫颈外口，扩张颈管后进行子宫冲洗。

阴道冲洗时，可将导管的一端插入阴道内，提高漏斗，冲洗液即可流入。借病畜努责冲洗液可自行排出。如此反复至冲洗液透明为止。阴道或子宫冲洗后，可放入抗生素或其他抗菌消炎药物。

2. 操作注意事项 操作时严格遵守消毒规则。认真操作，避免粗暴，特别是插入导管时更须谨慎，以防子宫壁穿孔。在子宫积脓或子宫积水时，应先将子宫内积液排出之后，再进行冲洗。不得使用强刺激性或腐蚀性的药液冲洗。注入子宫内的冲洗药液，应尽量充分排出，必要时，可通过直肠按摩子宫促使其排出。

(四) 导尿方法

是指用于尿道炎及膀胱炎治疗和采集尿液供化验诊断的一种治疗技术。

1. 操作方法 绵羊保定后，助手将尾巴拉向一侧或吊起。术者将导尿管握于掌心，前端与食指同长，呈圆锥形伸入阴道 10~15 厘米。先用手指触摸尿道口，轻轻刺激或扩张道口，视机插入导尿管，徐徐推进。当进入膀胱后，则无阻力尿液自然流出。排完尿后，导尿管另一端连接洗涤器或注射器，注入冲洗药液，反复冲洗，直至排出药液透明为止。导尿或冲洗完之后，还可注入治疗药液。注入完毕，慢慢抽去导尿管。

2. 操作注意事项　注意正确识别母畜尿道口。可用开腔器开张阴道，即可看到尿道口。插入导尿管时，避免粗暴操作，以免损伤尿道黏膜或引起膀胱壁穿孔。

(五) 洗胃方法

是指用于绵羊胃扩张、瘤胃积食或瘤胃酸中毒时排除胃内容物，以及胃内毒物，或用于胃炎的治疗和吸取胃液供实验室检查等的一种治疗技术。

1. 操作方法　先用胃管测量到胃内的长度，并做好标记。羊是从唇至倒数第二肋骨。装上横木开口器，固定好头部。从口腔徐徐插入胃管，到胸腔入口及贲门处时阻力较大，应缓慢小心插入，以免损伤食管黏膜。必要时，可灌入少量温水，待贲门弛缓后，阻力突然消失。此时可有酸臭味气体或食糜排出。如果不能顺利排出胃内容物时，可装上漏斗灌入温水，将头低下，采用虹吸原理或用吸引器抽出胃内容物。如此反复操作，逐渐排出胃内大部分内容物，直至病情好转为止。治疗胃炎时，导出胃内容物后，还要灌入防腐消毒药。冲洗完之后，缓慢抽出胃管，解除保定。

2. 操作注意事项　操作过程中要注意安全。根据病羊大小，选择不同的胃管，胃管长度和粗细要适宜。瘤胃积食时宜反复灌入大量温水，方能洗出胃内容物。

二、绵羊消化及呼吸系统疾病

(一) 瘤胃臌气

瘤胃臌气是羊采食了大量易发酵的饲料，迅速产生大量气体，致使瘤胃体积迅速增大，过度膨胀并出现以嗳气障碍为特征的一种疾病。常发生于春、夏两季。

1. 病因　主要是由于羊只采食大量易发酵的饲料所致。例如，秋季放牧羊群在草场采食了大量的苜蓿及其他豆科植物，尤其是在开花以前；或食雨后的青草，霜、冷及带露水的牧草；舍饲的羊群因喂霜冻、霉败变质的饲料，或喂给大量的酒糟，均可成为本病的发生因素。或多食萎干青草、粉碎过细的精料、发霉腐败的马铃薯、红萝卜及山芋类均容易发病。继发性瘤胃臌气则多见于前胃疾病和食道阻塞等疾病。

2. 临床症状　该病一般是急性发作，病羊表现不安，不断回顾腹部，拱背伸腰；食欲消失，反刍和瘤胃蠕动停止；发病后腹围很快增大，左肷部显著隆起，叩诊左腹部会出现鼓音，按压时会感到腹壁紧张。病羊黏膜发绀，心律加快，呼吸困难，站立不稳。

3. 预防措施　由舍饲转为放牧时，最初几天在出牧前先喂一些干草后再出牧，并且还应限制放牧时间及采食量；在饲喂易发酵的青绿饲料时，应先饲喂干草，然后再饲喂青绿饲料；尽量少喂堆积发酵或被雨露浸湿的青草；不让羊进入到苕子地、苜蓿地暴食幼嫩多汁豆科植物；不到雨后或有露水、下霜的草地上放牧。舍饲育肥羊，在全价日粮中至少应含有 10%～15%铡短的粗料，粗料最好是禾谷类稿秆或青干草；应避免饲喂用磨细的谷物制作的饲料。

4. 治疗方法　应以胃管放气、止酵防腐、清理胃肠为治疗原则。根据胀气的程度可采用不同的疗法。

（1）**轻度胀气**　可强迫喂给食盐颗粒 25 克左右，或者灌给植物油 100 毫升左右。也可以用酒、醋各 50 毫升，加温水适量灌服。

（2）**剧烈胀气**　将羊的前腿提起，放在高处，给口内放以树枝或木棒，使口张开，同时有规律地按压左胁腹部，以排除胃内气体。然后一次灌服甲醛溶液或来苏水 2～5 毫升，加水 200～

300 毫升稀释；或者松节油或鱼石脂 5 毫升或 5 克，薄荷油 3 毫升，石蜡油 80～100 毫升，加水适量灌服，若 30 分钟以后效果不显著，可再灌服 1 次；从口中插入橡皮管，放出气体，同时由此管灌入油类 60～90 毫升；灌服氧化镁，剂量根据羊的大小而定，一般小羊为 4～6 克，大羊为 8～12 克，对治疗臌气的效果很好；植物油（或石蜡油）100 毫升，芳香亚醌 10 毫升，松节油（或鱼石脂）5 毫升，酒精 30 毫升，一次灌服；或者二甲基硅油 0.5～1 毫升，或 2% 聚合甲基硅香油 25 毫升，加水稀释，一次灌服。还可采用中药治疗，枳实 30 克、香附 30 克、木香 10 克、陈皮 10 克粉碎后，加植物油 300 毫升，一次灌服；莱菔子 20 克、滑石 20 克均研末，加芒硝 20 克、醋 50 毫升、植物油 150 毫升，一次灌服。

（3）若病势非常严重，应迅速施行瘤胃穿刺术。在气体消除以后，应减少饲料喂量，只给少量清洁的干草，3 天之内不要给青饲。必要时用健胃剂及瘤胃兴奋药。

（二）瘤胃积食

为舍饲绵羊最易发生的疾病，年老母羊较易发病。该病的主要特征是反刍、暖气停止，瘤胃坚实，疝痛，瘤胃蠕动极弱或消失。

1. 病因　主要是由于贪食大量容易膨胀的饲料，如豆秸、山芋藤、老苜蓿、花生蔓、紫云英、谷草、稻草、麦秸、甘薯蔓等，缺乏饮水，难于消化所致。过食麸皮、棉子饼、酒糟、豆渣等，也能引起瘤胃积食。长期舍饲羊，由于运动不足，当突然变换可口的精料，羊便无限制采食，或者由放牧转舍饲，采食难于消化的干枯饲料而发病。或长途运输的羊只，消化活动受到干扰。饲养管理和环境卫生条件不良时，如过度紧张、运动不足、过于肥胖或因中毒与感染等，产生应激反应，也能引起瘤胃积食。此外，在前胃弛缓、创伤性网胃腹膜炎、瓣胃秘结以及皱胃阻塞等病程中，也常常继发瘤胃积食。

2. 临床症状　瘤胃积食的特征是瘤胃充满而坚实，但症状表现的程度，根据病因与胃内容物分解毒物被吸收的程度而有不同。病羊精神委顿，食欲不振，严重时食欲废绝，四肢紧靠腹部、背拱起、眼无神。病羊大多卧于右边，运动时发出呻吟声。也有腹痛症状，如用后蹄踢腹部，头向左后弯，卧下又起立等。左腹膨胀，瘤胃的收缩力降低，频率减少，触诊时或软或硬，有时如面团，用指一压，即呈一凹陷，固有痛感，故常躲闪。常有便秘，排泄物稍干而硬。也可能发生轻度下痢或顽固性便秘。瘤胃吸收氨过多，使血氨浓度升高，往往出现视力障碍，盲目直行或转圈。有的烦躁不安、头抵墙、撞人或嗜眠、卧地不起。有的因乳酸蓄积，使瘤胃渗透压升高，导致体液由血液转向瘤胃，出现严重脱水和酸中毒、眼球下陷、血液浓缩。

3. 诊断　根据过食后发病，瘤胃内容物充满而坚硬，食欲、反刍停止等特征可以确诊。但是容易和下列疾病混淆，需进行鉴别诊断。

（1）前胃弛缓　食欲、反刍减退，瘤胃内容物呈粥状，不断嗳气，并呈现瘤胃间歇性臌胀。

（2）急性瘤胃臌胀　病程发展急剧，腹部急剧膨胀，瘤胃壁紧张而有弹性，叩诊呈鼓音，血液循环障碍，呼吸困难。

（3）创伤性网胃炎　网胃区疼痛，姿势异常，精神忧郁，头颈伸张，嫌忌运动，周期性瘤胃膨胀，应用副交感神经兴奋药物，病情显著恶化。

（4）皱胃阻塞　瘤胃积液，左下腹部显著膨胀，皱胃冲击性触诊，腰旁窝听诊结合叩诊，呈现叩击钢管的铿锵音。

此外，还应与皱胃变位、肠套叠、肠毒血症、生产瘫痪、子宫扭转等疾病相区别，以免发生误诊。

4. 防治

（1）预防　从饲养管理上着手。避免大量给予干硬而不易消化的纤维饲料，给予的精料量要限制，按日粮标准饲喂；冬季由放牧转入舍饲时，应给予充足的饮水，并创造条件供给温水，尤其是饱食后不要给大量饮水。

（2）治疗　原则：排除内容物，恢复胃功能，调整与改善瘤胃内生物学环境，防止脱水与机体中毒。

按摩瘤胃：停止饲喂1天左右，保证充足饮水，并进行瘤胃按摩。用手或鞋底按摩左肩部，刺激瘤胃蠕动，促进反刍，然后用臭椿树根（去皮）或木棍穿咸菜疙瘩"横衔在嘴里"，两头栓于耳上，并适当牵遛，能促进瘤胃反刍。

盐类泻剂：硫酸钠（或硫酸镁）60克调水配成10％溶液灌服；或用石蜡油150毫升，一次内服；用中成药牛黄解毒丸5～8粒，一天两次内服，有轻泻作用。应用泻剂后，可皮下注射毛果芸香碱或新斯的明，以兴奋前胃神经，促进瘤胃内容物运转与排除。

静脉注射：5％碳酸氢钠100毫升，5％葡萄糖200毫升，静脉一次滴注。对于心脏衰竭者，可用0.5％樟脑水4～6毫升，一次皮下注射或肌内注射，也可用20％安钠咖注射液2毫升，5％维生素C注射液8毫升，静脉注射，每天2次，呼吸衰竭时，可肌内注射尼可刹米2毫升。

中药治疗：如有轻度胀气：鱼石脂4克、酒精20毫升、茴香醋10毫升、橙皮酊10毫升，加水至200毫升，一次灌服。健胃散：陈皮9克、枳实9克、枳壳6克、神曲9克、厚朴6克、山楂9克、萝卜子9克水煎，去渣灌服。加味大承气汤：大黄9克、枳实6克、厚朴6克、芒硝12克、神曲9克、山楂9克、麦芽6克、陈皮9克、草果6克、槟榔6克水煎，去渣灌服。

洗胃疗法：将胃导管插入羊瘤胃中，外部导管位置放低让胃内容物外流。而后再灌入碳酸氢钠片0.3克×50片、人工盐50克、酵母片0.5克×50片，健康羊胃液适量，一般一次即愈。

严重的瘤胃积食，经药物或洗胃治疗效果不好时，应早期作瘤胃切开术，并用1％温食盐水冲洗。必要时，接种健畜瘤胃液。

（三）羔羊肺炎

羔羊肺炎是一种卡他性肺炎，在羔羊中，特别是纯种的羊群中发病较多，甚至以流行方式发生，主要在早春、晚秋气候多变的季节，引起羔羊大量发病，恢复后的羔羊生长发育受阻。

1. 病因　因感冒而引起，如圈舍湿潮，空气污浊，而兼有贼风，即容易引起鼻卡他及支气管卡他，如果护理不周，即可发展成为肺炎；气候剧烈变化，如放牧时忽遇风雨，或剪毛后遇到冷湿天气，羊抵抗力下降，在绵羊并未见到病原菌存在，但当抵抗力减弱时，许多细菌即可乘机而起，发生致病作用；严寒季节和多雨天气更易发生；异物入肺，吸入异物或灌药入肺，都可引起异物性肺炎（机械性肺炎）。灌药入肺的现象多由于灌药过快，或者由于羊头抬得过高，同时羊只挣扎反抗。例如，对臌胀病灌服药物时。

2. 临床症状　表现精神沉郁，食欲减退。体温升高可达40～41℃左右。开始咳嗽，初期为干咳，以后为湿性咳嗽，每次咳嗽后，多出现干咽动作。常发生喷鼻。鼻液初期为浆液性，以后变为黏脓性。随病情发展，出现呼吸困难，呈腹式呼吸。严重者头颈垂低，甚至张口呼吸，结膜充血，随呼吸困难的加重而发绀。胸部叩诊时呈现灶状浊音。听诊时，病初呼吸音增强，并出现干性或湿性啰音。以后发展成肺炎时病灶呼吸音减弱，可能出现捻发音。

慢性型肺炎多发于3～6月龄的羔羊。患羊只有轻度发热，而且全身症状不明显，食欲无明显变化，而最显著的症状为间断性咳嗽，起初较稀疏，只见于起立，卧下或运动时，之后日益频繁。随病程发展，出现呼吸加快，进而呼吸困难，听诊肺部出现啰音，间或有支气管呼吸音。叩诊胸壁能诱发咳嗽。

3. 预防措施　天气晴朗时，让羔羊在棚外活动，接受阳光照射，加强运动，增强对外界环境的适应能力，勤清除棚圈内的污物，更换垫草，使棚舍适当通风，空气新鲜，干燥。注意保温，喂给易于消化而营养丰富的饲料，给予充足的清洁饮水。

4. 治疗方法

（1）预防　加强饲养管理，应供给富含蛋白质、矿物质、维生素的饲料；注意圈舍卫生，不要过热、过冷、过于潮湿，通气要好。在下午较晚时不要洗浴，因没有晒干机会。剪毛后若遇天气变冷，应迅速把羊赶到室内，必要时还应在室内生火。远道运回的羊只，不要急于喂给精料，应多喂青饲料或青贮料。对呼吸系统的其他疾病要及时发现，抓紧治疗。为了预防异物性肺炎，灌药时务必小心，不可使羊嘴的高度超过额部，同时灌入要缓慢。一遇到咳嗽，应立刻停止。最好是使用胃管灌药，但要注意不可将胃管插入气管内。

（2）治疗　采用抗生素或磺胺类药物治疗：病情严重时可以两种同时应用。即在肌内注射青霉素或链霉素的同时，内服或静脉注射磺胺类药物。采用四环素或卡那霉素，则疗效更好。四环素50万单位、糖盐水100毫升溶解均匀，一次静脉注射，每天2次，连用3～4天；卡那霉素100万单位一次肌内注射，每天2次，连用3～4天。

对症治疗：根据羊只的不同表现，采用相应的对症疗法。例如，当体温升高时，可内服阿司匹林1克，每天2～3次。当发现干咳、有稠鼻时，可给予氯化铵2克，分2～3次，1天服完。还可用磺胺嘧啶6克、小苏打6克、氯化铵3克、远志末6克、甘草末6克，混合均匀，分为3次灌服，1天用完。当呼吸十分困难时，可用氧气腹腔注射。此法简便而安全，能够提高治愈率。剂量按每千克体重100毫升计算。注射以后，可使病羊体温下降，食欲及一般情况有所改善。虽然在注射后第一昼夜呼吸频率加快（41～47次），呼吸深度有所增加，但经过2～3天后可以恢复正常。为了强心和增强小循环，可反复注射樟脑油或樟脑水。如有便秘，可灌服油类或盐类泻剂。

中药治疗：对于肺热性肺炎，可用板蓝根 15 克、知母 10 克、黄芪 10 克、黄柏 10 克、桔梗 10 克、贝母 10 克、二花 15 克、甘草 6 克，加适量水煎，候温灌服。

三、绵羊的营养代谢病

近年来，绵羊的养殖正在向舍饲、半舍饲转变，在这个转变过程中，由于绵羊营养调控不当，引发了绵羊较多的营养代谢病。下面介绍几种在生产实践中遇到的代谢病。

（一）羔羊食毛症

羊食毛症主要发生于舍饲的羔羊。舍饲的羔羊食毛量过多，除影响羔羊消化外，严重时可因食入毛球阻塞肠道形成肠梗阻而死亡。

1. 病因　母羊及羔羊日粮中的矿物质和维生素含量不足，特别是钙、磷的缺乏或比例失调，可导致矿物质代谢障碍；哺乳期的羔羊毛生长速度特别快，需要大量生长羊毛所必需的含硫丰富的蛋白质或氨基酸，当饲料中缺乏硫时，引起含硫氨基酸缺乏，羔羊从母羊奶中不能获得足够的含硫氨基酸，而且由于羔羊，瘤胃的发育尚不完善，还没有合成氨基酸的功能，因此含硫氨基酸极度缺乏，以致引起吃羊毛的现象发生。舍饲时羔羊饲养密度过大，羔羊互相啃咬羊毛，进入肠道导致发病。

2. 临床症状　发病初期，羔羊啃咬和食入母羊的毛，有时主要拔吃颈部和肩部的毛，有时却专吃母羊腹部、后肢及尾部的脏毛。羔羊之间也互相啃咬被毛。起初只见少数羔羊吃毛，之后可迅速增多，甚至波及全群。有时在短短几天内，就可见到把上述一些部位的毛被拔净吃光，完全露出皮肤。有的羔羊的毛几乎全被吃光。吃下去的毛常在幽门部和肠道内彼此黏合，形成大小不同的毛球。由于毛球的影响，羔羊发生消化不良或便秘，逐渐消瘦和贫血；毛球造成肠梗阻时，引起食欲丧失、腹痛、胀气、腹膜炎等症状，羔羊表现疼痛不安。病情严重治疗不及时可导致心脏衰竭死亡。剖检时可见胃内和幽门处有许多羊毛球，坚硬如石，形成堵塞。

3. 防治

（1）预防　主要是加强饲养管理，饲喂要做到定时、定量。对羔羊进行补饲，供给富含蛋白质、维生素和矿物质的饲料，特别是补给青绿饲料、胡萝卜和麸皮等，适当补给食盐。近年来，用有机硫，尤其是蛋氨酸等含硫氨基酸防治本病，取得很好效果。

要注意分娩母羊和舍内的清洁卫生，对分娩母羊产出羔羊后，要先将乳房周围、乳头长毛和腿部污毛剪掉，用2%～5%的来苏儿消毒后再让新生羔羊吮乳。

（2）治疗　以灌肠通便为主。灌服植物油、液体石蜡、人工盐、碳酸氢钠。有腹泻症状的进行强心补液。有酸中毒症状时，5%的碳酸氢钠200～300毫升，静脉注射。每5只羔羊每天喂1～2枚鸡蛋，连蛋壳捣碎，拌入饲料内或放入奶中饲喂，喂5天，停5天，再喂5天，可控制食毛的发生。用食盐40%、骨粉25%，碳酸钙35%，进行充分混合，掺在少量麸皮内，置于饲槽中，任羔羊自由舔食。给瘦弱的羔羊补给维生素A、维生素D和微量元素，特别是有舔食被毛的羔羊应重点补喂。

（二）膀胱及尿道结石

在高精料育肥的绵羊中常见。结石发生于膀胱及尿道，称为膀胱结石及尿道结石。公羊及羯羊容易发生。

1. 病因　饲料中钙磷比例不平衡，如高磷、钙磷比例为1:1等是引起尿结石（石淋）的主要原因。其机理是溶解于尿液中的草酸盐、碳酸盐、磷酸盐等，在凝结物周围沉积形成大小不等的结石，结石核心可能是上皮细胞、凝血块、尿圆柱等有机物；由尿路炎症引起的尿潴留或尿闭，可促进结石形成。当喂给大量棉籽粉、亚麻子仁粉、麸皮及其他富磷饲料或缺乏维生素A时容易形成结石；在年轻种公羊配种过度而且吃食盐过多时，容易发病。

2. 临床症状　早期表现为不排尿，腹痛，不安，紧张，踢腹，频有排尿姿势，起卧不已，甩尾，离群，拒食。后期则排尿努责，痛苦咩叫，尿中带血。尿道结石可致膀胱破裂。该病可借助尿液镜检加以确诊，镜检可见有脓细胞、肾盂上皮、砂粒或血液。对尿液减少或尿闭，或有肾炎、膀胱炎、尿道炎病史的羊只，不应忽视可能发生尿结石。病程 5～7 天或更长。

3. 防治

（1）预防　本病多见于育肥公羔。预防措施应注意综合性预防，例如，配合日粮中钙磷比应保持在 2∶1；日粮中加入足量的维生素 A；饮足温水；加大食盐喂量（占日粮的 1％～4％），刺激羔羊多饮水，减少结石生成；还要注意尿道、膀胱、肾脏炎症的治疗。对于舍饲的种公羊，可从饲养管理上进行预防，例如，增强运动，供给足量的清洁饮水。

（2）治疗方法　减少饲料中高蛋白、高热能、高磷的精饲料，如麸皮、高粱等，在饲料中加入黄玉米或苜蓿，或单纯给予青草。早期治疗，先停食 24 小时，口服氯化铵，按每千克体重0.2～0.3 毫克，连服 7 天，必要时适当延长。药物治疗一般无明显效果。

（三）羔羊白肌病

1. 病因　缺乏硒与维生素 E 引起。土壤和饲料中硒的含量与可用性和发病之间有密切关系。硒本身含量少或处于某种化学状态不能为植物所利用，造成牧草和作物含硒量低。妊娠母羊长期采食这类含硒量低的饲草，或羔羊本身吃这类饲草，均可导致羔羊白肌病。维生素 E 存在于植物种子和胚芽中，青饲料也是维生素 E 的主要来源，但经晒干、枯萎、酸化或氧化等过程则能使其被破坏。维生素 E 在某种程度上可缓解缺硒引起的白肌病。

2. 临床症状　根据病程分为急性、慢性两种。

（1）急性型　即心脏型。主要表现为急性心力衰竭而猝死。多见于年龄较大的羔羊。外表看去健康的羔羊突然跳跃而倒地死亡。群众称为"跳跳病"。稍缓和者也常在数小时内死亡。检查心脏可发现心动疾速（每分钟 200 次或以上），心律不齐，出现杂音。

（2）慢性型　即肌肉型。多见于新生羔羊，出生后表现为软弱。轻者走路摇晃，重者起立困难，站不稳，行走常跌倒，严重者卧地不起。称为"软软病"。

3. 防治

（1）预防　对妊娠、哺乳母羊及羔羊加强饲养管理，饲喂富硒的饲料或在日粮中添加亚硒酸钠或蛋氨酸硒。在发病地区或可疑地区，应给妊娠后期母羊每半月到 1 月皮下注射 0.1% 亚硒酸钠 2～3 毫升，共 2～3 次。对生后 2～3 月龄羔羊，可注射 0.1% 亚硒酸钠 1～2 毫升，即可达到预防目的。亚硒酸钠为剧毒剂，给药浓度及剂量务必准确。

（2）治疗　在加强饲养管理的基础上应用硒制剂治疗，效果很好。通常用 0.2% 的亚硒酸钠溶液 1～2 毫升皮下注射，每 1～2 天重复注射 1 次。可口服 2 毫升，2～3 天 1 次，共服 2～4 次。如能配合肌内注射维生素 E 效果更好。剂量为 10～15 毫克，每天 1 次至痊愈为止。

（四）妊娠毒血症

妊娠毒血症是母羊怀孕后期发生的急性代谢紊乱性疾病。主要表现为精神沉郁，食欲减退或废绝，运动失调，最后卧地不起。一般发病后经过 3～7 天死亡，死亡率为 70%～100%。绵羊和山羊均发此病。

1. 病因　本病主要见于怀双胎或胎儿过大的母羊，常发生在分娩前 10～20 天，病因还不完全清楚。怀孕早期营养良好，较肥胖的母羊在怀孕后期时，如放牧在不良草场或舍饲时草料不足，均可使营养水平降低，引起本病的发生。大风雪及寒潮可促进本病的发生。长期舍饲，缺乏运动，使中间代谢产物聚积，也可引发本病的发生。

2. 临床症状　病初精神沉郁，对周围刺激缺乏反应，放牧时常落在羊群后面。食欲减退或废绝，有渴感，瘤胃弛缓，反刍停止，常磨牙；黏膜苍白，瞳孔散大，有微黄色鼻液，有时从阴道内流出黏液；呼吸加快，脉搏快而弱。粪球小而硬，表面常有黏液和血液。随着病情发展，病羊出现兴奋型神经症状及全身阵发性痉挛，之后病渐加重，卧地不起，呈昏迷状态，很快死亡。

病理变化为可视黏膜贫血，黄疸，肝肿大质脆、色嫩黄。肝细胞有明显的脂肪变性，某些部分可发现颗粒变性和坏死；肾脏也有类似病变，两侧肾上腺显著增大。血液总蛋白及血糖浓度降低，淋巴细胞及嗜酸性粒细胞数减少。尿内丙酮呈强阳性反应。

3. 防治

（1）预防　注意改善饲养管理。配种之前对肥羊减肥；怀孕后期，放牧孕羊要补饲优质牧草及其他补料，舍饲孕羊要饲喂富含蛋白质、矿物质及维生素的草料。放牧羊群要有暖棚、暖圈，以防寒流袭击及大风雪天气突然降温，降低机体抵抗力。怀孕后期，要在近处放牧。

（2）治疗方法　为解毒及保护肝脏，可静脉注射葡萄糖150～200毫升，加入维生素C 0.5克，同时肌注维生素 B_1 也可注射葡萄糖酸钙100～200毫升；严重中毒时，可加5%碳酸氢钠30～50毫升，每天注射一次，连用数天。此外，还可试用12.5%肌醇注射液，每天静脉或肌内注射1～2次，每次4～6毫升。如治疗效果不好，可行剖腹产或肌注磷酸钠地塞米松10毫克引产药，给药后72小时可使胎儿产出。

（五）生产瘫痪

生产瘫痪又称乳热病或低钙血症，急性而严重的神经疾病。其特征为咽、舌、肠道和四肢发生瘫痪，失去知觉。此病主要见于成年母羊，发生于产前或产后数日内。

1. 病因　舍饲、产乳量高以及怀孕末期营养良好的羊只，如果饲料营养过于丰富，都可成为发病的诱因。据测定，病羊血液中的糖分及含钙量均降低，可能是因为大量钙质随着初乳排出，或者是因为初乳含钙量太高之故。其原因是降钙素抑制了副甲状腺素的骨溶解作用，以致调节过程不能适应，而变为低钙状态而引起发病。

一般认为生产瘫痪是由于神经系统过度紧张（抑制或衰竭）而发生的一种疾病，尤其是由于大脑皮质接受冲动的分析器过分紧张，造成调节力降低。这里所说的冲动是来自于生殖器官，以及其他直接或间接参与分娩过程的内脏器官的气压感受器及化学感受器。

2. 临床症状　最初症状通常出现于分娩之后，少数的病例见于妊娠末期和分娩过程。由于钙的作用是维持肌肉的紧张性，所以在低钙血情况下病羊总的表现为衰弱无力。病初全身抑郁，食欲减少，反刍停止，后肢软弱，步态不稳，甚至摇摆。有的绵羊弯背低头，蹒跚走动。由于发生战栗和不能安静休息，呼吸常见加快。这些初期症状维持的时间通常很短。此后羊站立不稳，在企图走动时跌倒，有的羊倒后起立很困难，有的不能起立，头向前直伸，不吃，停止排粪和排尿。皮肤对针刺的反应很弱。

少数羊知觉完全丧失，发生极明显的麻痹症状。舌头从半开的口中垂出，咽喉麻痹。针刺皮肤无反应。脉搏先慢而弱，之后变快，勉强可以摸到。呼吸深而慢。病的后期常常用嘴呼吸，唾液随着呼气吹出，或从鼻孔流出食物。病羊常呈侧卧姿势，四肢伸直，头弯于胸部，体温逐渐下降，有时降至 36℃。皮肤、耳朵和角根冰冷，处于将死状态。

有些病羊往往死于没有明显症状的情况下。例如，有的绵羊在晚上完全健康，而次日清晨却见死亡。

3. 诊断　尸体剖检时，看不到任何特殊病变，唯一精确的诊断方法是分析血液样品。但由于病程很短，必须根据临床症状的观察进行诊断。乳房通风及注射钙剂效果显著，也可作为本病的诊断依据。

4. 防治

(1) 预防　根据对于钙在体内的动态生化变化，在实践中应考虑通过饲料成分配合预防本病的发生。在整个怀孕期间都应饲喂富含矿物质的饲料。单纯饲喂富含钙质的混合精料，似乎没有预防效果，假若同时给予维生素 D，则效果较好。产前应保持适当运动。但不可运动过度，因为过度疲劳反而容易引起发病。对于习惯发病的羊，于分娩之后，应及早用 5％氯化钙 40～60 毫升，25％葡萄糖 80～100 毫升，10％安钠咖 5 毫升混合，一次静脉注射。在分娩前和产后 1 周内，每天给予蔗糖 15～20 克。

(2) 治疗

补钙疗法：静脉或肌内注射 10％葡萄糖酸钙 50～100 毫升，或者 5％氯化钙 60～80 毫升，10％葡萄糖 120～140 毫升，10％安钠咖 5 毫升混合，一次静脉注射。

采用乳房送风法：使羊稍呈仰卧姿势，挤出少量乳汁；用酒精棉球擦净乳头，尤其是乳头孔。然后将煮沸消毒过的导管插入乳头中，通过导管打入空气，直到乳房中充满空气为止。用手指叩击乳房皮肤时有鼓响音者，为充满空气的标志。在乳房的两半中都要注入空气；为了避免送入的空气外逸，在取出导管时，应用手指捏紧乳头，并用纱布绷带轻轻的扎住每一个乳头的基部。经过 25～30 分钟将绷带取掉；将空气注入乳房各叶以后，小心按摩乳房数分钟。然后使羊四肢蜷曲伏卧，并用草束摩擦臀部、腰部和胸部，最后盖上麻袋或布块保温；注入空气以后，可根据情况考虑注射 50％葡萄糖溶液 100 毫升；如果注入空气后 6 小时情况并不改善，应再重复进行乳房送风。

其他疗法：当补钙后，病羊机敏活泼，欲起不能时，多伴有严重的低磷血症。此时可应用 20％的磷酸二氢钠溶液 100 毫升，一次静脉注射。随着钙的供给，血液中胰岛素的含量很快提高而使血糖降低，有时可引起低血糖症，故补钙的同时应当补糖。

四、绵羊的外科疾病

（一）乳房炎

乳房炎是指乳腺、乳池及乳头局部发炎，多见于泌乳期的绵羊和山羊，尤其是舍饲的羊，如产后日粮配制不合理，供给较多的精料或青绿多汁饲料，均可以引发该病的发生，给养羊业带来了较大的损失。

1. 病因　金黄色葡萄球菌是引起乳房炎的主要细菌。母羊自身患结核病、口蹄疫、子宫炎或脓毒败血症等也可并发乳房炎。

2. 临床症状　乳房肿大，皮肤潮红，热痛，体温升高，精神沉郁，食欲减少或废绝，泌乳量急剧下降，乳汁变质，黄白色、黄褐色或红色，有大小不等的黏稠性凝块，病程可持续数天，如治疗不及时，便可转为慢性乳房炎，这是常见并不易治愈的一种乳房炎，发病率较高、病程长。表现出乳汁反常，羊奶放置出现分层。经反复发作后，乳房出现硬块，乳头形成坚硬的索状物。有的患病乳区完全萎缩，有的乳房形成脓肿，导致脓毒血症而发生死亡。

3. 防治

（1）预防　保持羊舍及饲养用具干燥清洁，保持乳房清洁卫生。减少乳房的机械损伤，禁放铁丝、铁锄和尖超的竹木，以免硬器刺伤乳房。加强饲养管理，母羊分娩后不宜吃过多的多汁青绿料和精料以免乳房奶胀，更不能喂给发霉不清洁的食物，否则细菌会侵入乳房。适当挤奶。淘汰慢性乳房炎病羊，以防止感染健康母羊。

（2）治疗方法　首先应减少日粮中的精料和青绿多汁饲料，限制饮水。在炎症初期应用冷敷，在2～3天后采用热敷、按摩，用 45℃ 左右的热毛巾按摩 10～20 分钟，每天 2 次，连续 4 次。对急性乳房炎，可用青霉素 40 万单位、0.5％ 普鲁卡因 5 毫升，溶解后用乳房导管注入乳孔内，然后轻揉乳房。对于脓性乳房炎可用 0.1％ 高锰酸钾溶液冲洗消毒脓腔，引流排脓，另外还可选高效的抗生素或磺胺类药物治疗。还可采用中药疗法，急性期可用当归 15 克、二花 30 克、连翘 10 克、黄芪 10 克、蒲公英 15 克、大黄 15 克、川芎 10 克、泽夕 5 克、甘草 5 克、板蓝根 15 克、神曲 9 克、益母草 15 克、瓜蒌 10 克、桔梗 8 克，加水适量，候温灌服。也可用骨刺酊治疗乳房炎效果也较好。

（二）子宫炎

子宫炎是常见的母羊生殖器官疾病，是导致母羊不孕的主要原因。

1. 病因 由于子宫脱、阴道脱、胎衣不下、胎儿死于腹中导致细菌感染而引起。

2. 临床症状 病羊精神欠佳，体温升高，食欲下降；磨牙、呻吟；拱背、努责、时时做排尿姿势；阴部流出红色内容物，具有臭味，严重时呈现昏迷，甚至死亡。对于一些慢性病例无明显的全身症状，阴门常排出透明、混浊或脓性絮状物，发情不规律或停止，屡配不孕，如不及时治疗，可发展为子宫坏死，全身症状恶化，发生败血症或脓血症。

3. 防治

（1）预防 注意保持圈舍和产房的卫生，临产前后，对阴门及周围消毒，及时正确的治疗流产、难产及胎衣不下等疾病，以防损伤或感染子宫。

（2）治疗 首先用 0.1％ 高锰酸钾溶液或 0.1％ 普鲁卡因溶液 300 毫升灌入子宫腔内，然后用虹吸法排出子宫内的消毒液，每天 1 次，连做 3～4 天；在冲洗后给子宫内注入碘甘油 3 毫升或投放消炎药物；同时肌内注射青霉素 80 万单位、链霉素 50 万单位，每天 2 次。

五、中毒性疾病

（一）青贮酸中毒

青贮饲料是绵羊常年的饲料，如饲喂不当，便可能引发此病的发生。

1. 病因 长期以干草为主的羊，突然一次饲喂大量的青贮饲料，没有一个适应期；或者长期喂给大量的青贮饲料，或喂给绵羊腐败的青贮饲料都可引发青贮酸中毒。

2. 中毒症状 病羊精神沉郁，结膜潮红，目光呆滞，不反刍，瘤胃臌胀，触诊回弹性强，粪便稀软酸臭，眼窝凹陷、尿少色浓或无尿，但体温变化不大，步态蹒跚、卧地不起、头颈侧屈或后仰、昏睡乃至昏迷，若不救治，多在3～5天死亡。

3. 防治

（1）预防 选喂优质的青贮饲料，禁止饲喂变质霉烂的青贮饲料。羊每天的青贮喂量一般以占日粮总量的40%为宜。开始饲喂青贮时，要有1周的适应期。饲喂玉米青贮时应加适量石灰石细粉或2%小苏打。

（2）治疗方法

对于症状较轻的羊：用胃导管经口插入瘤胃，先用37～40℃温热水冲洗，直至瘤胃内容物无酸臭味呈中性或碱性为止，然后取健康羊的瘤胃液200～500毫升注入病羊瘤胃中。

对于症状严重的羊：可用5%碳酸氢钠溶液500毫升，葡萄糖溶液500毫升，维生素C 30毫升，静脉注射。对于有心衰的羊应皮下注射10%安钠咖10毫升，或0.1%肾上腺素3～5毫升。碳酸氢钠10克，温热水1 000～1 500毫升，灌服。取天花粉、葛根、金银花各30克，甘草60克，绿豆500克，共同研为细末，用开水冲调，候温后，灌服。

（二）精料酸中毒

过食精料酸中毒是由于羊采食过量精料而引起机体酸中毒。

日采食量超过 1.5 千克，就有可能引起急性酸中毒，严重者常造成死亡。

1. 病因 羊偷食过量精料；或者突然更换饲料时，没有给羊一个适应期，例如，肥育羊场开始以大量谷物日粮饲喂肥育羊，则常暴发本病；大量喂给羊霉败的玉米、豆类、小麦也易引发此病。

2. 中毒症状 病羊精神沉郁，目光呆滞；结膜发绀，口腔黏膜干燥，舌面有灰白色舌苔；肌肉震颤，四肢发凉，喜卧；心跳加快，呼吸急促；严重的羊反刍停止。食欲废绝，瘤胃膨胀，拱背。粪量少而软或排出黄绿色带黏液的粪便，粪干后如沥青状。急性病例 4～6 小时死亡。

3. 防治

（1）预防 一是严防绵羊过食或偷吃精饲料，特别是产前、产后及体质过瘦的羊更要注意少喂精饲料；二是喂精饲料要少量多次，开始添加精饲料要逐渐增加；三是在饲料中加入适量的食盐和 1% 小苏打粉。

（2）治疗 首先要减食或绝食。对症状较轻的羊可灌服助消化、促进瘤胃蠕动的药物。对病情严重的羊要灌服 5% 的小苏打溶液 200 毫升，待症状稍轻后再灌服 10% 的石灰水 500 毫升，或投服氢氧化镁 100 克。也可用大蒜 1 头、生姜 50 克、鲜韭菜 250 克混合捣烂，取汁再加食盐 10 克、小苏打 30 克，兑水适量一次灌服，日服 1～2 次。5% 碳酸氢钠溶液 200 毫升加入 5% 葡萄糖溶液 300 毫升中，静脉一次注射，同时配合使用青霉素等抗生素。

（三）尿素中毒

绵羊瘤胃内的微生物可将尿素或铵盐中的非蛋白氮转化为蛋白质，为降低饲养成本，养殖户通常用尿素或铵盐代替部分蛋白质饲料，但补饲不当或补饲过量便可引起羊的尿素中毒。

1. 病因 羊采食过多尿素后立即饮水，或者喂尿素的同时，饲喂过多的大豆、豆饼、南瓜等含脲酶的食物，加速尿素分解，在瘤胃内产生大量氨，由于氨很容易通过瘤胃壁吸收进入血液，即出现中毒症状。中毒的严重程度与血液中氨的浓度密切相关。

2. 中毒症状　急性病例在采食后几分钟至 15～45 分钟发病。病羊表现精神不安，不久动作协调紊乱，步态不稳，呼吸促迫，有的突然倒地，常发出痛苦的呻吟。皮肤出汗，心音增强，脉搏快而弱，口、鼻肌肉持续性痉挛，有的口流泡沫状唾液，腹胀，腹痛，反刍及瘤胃蠕动停止，全身震颤，角弓反张，瞳孔散大，窒息而死。

3. 防治

（1）预防　开始饲喂尿素时，应有 2 周以上的适应期，在此期间，应逐渐增加喂量。每天应分多次饲喂，最好与含淀粉多的饲料混合饲喂，避免空腹或饥饿时大量饲喂。禁止将尿素溶于水中饲喂。

（2）治疗　出现轻微中毒症状时，可灌服等量的 20％醋酸溶液（或 20％醋酸钠溶液）和 20％葡萄糖溶液，用量为 0.2～0.4 升。也可用 0.5％食醋 200～300 毫升、白糖 50～100 克混合灌服。内服酸类的同时可静注 10％葡萄糖酸钙 50～100 毫升。

（四）棉籽饼中毒

1. 病因　棉籽饼及棉叶中含有毒的游离棉酚，是一种细胞毒素和神经毒素，对胃肠黏膜有很大的刺激性，大量或长期饲喂棉籽饼可以引起中毒。当棉籽饼发霉、腐烂时，毒性更大。游离棉酚通过加热或发酵，可与棉籽蛋白的氨基结合成为比较稳定的结合棉酚，毒性大大降低；游离棉酚可与硫酸亚铁离子结合，形成不溶性铁盐而失去毒性。有的育肥场，日粮中添加的棉籽饼比例较高，如不适当处理，易引发此病。

2. 中毒症状　中毒轻的羊，表现食欲减少，低头拱腰，粪球黑干，怀孕母羊流产。中毒较重的，呼吸困难，呈腹式呼吸；体温升高，精神沉郁，喜卧于荫凉处。被毛粗乱，后肢软弱，眼怕光流泪，有时还有失明的羊只。中毒严重的，兴奋不安，打颤，呼吸急促。食欲废绝，下痢带血，排尿困难或尿血，2～3天死亡。

3. 防治

（1）预防　用棉籽饼作饲料时，喂量不要超过饲料总量的20％。而且应加水发酵，或用0.1％硫酸亚铁浸泡一昼夜，然后用清水洗后再喂，以减少毒性。喂几周以后，应停喂1周，然后再喂。不要用腐烂发霉的棉籽饼和棉叶作饲料。对于怀孕期和哺乳期的母羊以及种公羊，不要喂棉籽饼和棉叶。

（2）治疗　停喂棉籽饼和棉叶，让羊饥饿1天左右，然后喂给青绿多汁饲料，并充分饮水。用0.05％～0.1％高锰酸钾或3％碳酸氢钠洗胃和灌肠，然后灌服油类泻剂，如硫酸钠或硫酸镁，成年羊80～100克，加大量水灌服。

（3）静脉注射10％～20％葡萄糖溶液300～500毫升，并肌内注射安钠咖3～5毫升。结合应用维生素C、维生素A和维生素D效果更好。

（五）菜籽饼中毒

1. 病因　油菜籽饼中含有的芥子甙即硫葡萄糖甙，本来是一种无毒性作用的物质，但在一种叫芥子酶的催化水解下，能产生几种毒性很强的物质，如恶唑烷硫酮、腈和异硫氰酸丙烯酯。因此，如果给羊饲喂含有这类毒物过量的油菜籽饼，就会发生中毒。

2. 中毒症状　血便、血尿、腹痛、腹胀、呼吸困难，后期体温下降。剖检的主要变化是：全身黏膜充血，腹部膨大，肛门突出，血液凝固不良呈黏稠状。肝脏、心肌和肾脏变性或有坏死。淋巴结充血、出血与水肿。动物尸僵不完全。

3. 防治　饲养上要注意不要一时或长期给动物以大量的油菜籽饼。早期中毒病例可用10％～20％葡萄糖溶液100～150毫升静脉注射。

（六）氢氰酸中毒

1. 病因　由于羊采食高粱、玉米的幼苗以及三叶草、南瓜藤、亚麻叶等，特别是高粱、玉米收割后再生的幼苗或受雨涝、霜冻后的幼苗，引起的中毒。

2. 中毒症状　由于氢氰酸是一种剧毒物，动物中毒非常迅速。最快的可在3～5分钟死亡。由于饲料引起的，潜伏期为30分钟至3～5小时，中毒后精神沉郁、步态不稳、呼吸困难、急喘流涎，瘤胃蠕动减弱，并出现瘤胃臌气，可视黏膜鲜红，肌肉震颤，心跳加快，心脏机能衰竭，知觉丧失，眼球突出、直视，最后呼吸麻痹而死亡。

尸斑及血液呈鲜红色，尸体不易腐败，内脏器官淤血，肺水肿，胃及前肠黏膜有不同程度的充血肿胀，有苦杏仁味。胸、腹腔内常有红色液体。

3. 防治　应防止羊只进入高粱或玉米幼苗地里吃幼苗，更不能用间苗下来的幼苗喂羊。对轻度中毒，及时用亚硝酸钠0.2克，配成5％亚硝酸钠溶液，静脉注射，每分钟注入5～10毫升。注射时，应密切注意血压，血压下降时即肌内注射肾上腺素，或暂停注射亚硝酸钠。紧接着再以10％硫代硫酸钠溶液10～20毫升，以上述同样速度静脉注射。葡萄糖能与氢氰酸结合成无毒的腈类，故可同时使用。经上述紧急处理后，必要时可用5％硫代硫酸钠、0.05％的高锰酸钾溶液或3％双氧水（稀释3～4倍后）洗胃，以促氰毒氧化；或取绿豆250克，铁锈（氧化铁）6克，甘草65克，水煎灌服。

（七）食盐中毒

食盐是羊维持生理活动必不可少的成分之一，每天需0.5～1克，但是，过量喂给食盐或注入浓度特别大的氯化钠溶液均会引起中毒，甚至死亡。

1. 病因　成年绵羊食盐的致死量是125～250克。发生食盐中毒不仅取决于羊进食食盐的量而且还取决于羊的饮水量。羊的食盐中毒主要是钠离子滞留造成的离子平衡失调和组织损坏，高钠血症可造成脑水肿并引起组织缺氧，造成整个机体代谢紊乱。由于高浓度钠离子的作用，还可使中枢神经系统发生兴奋与麻痹。

2. 中毒症状　中毒后表现口渴，食欲或反刍减弱或停止，瘤胃蠕动消失，常伴发嗳气。急性发作的病例，口腔流出大量泡沫，结膜发绀，瞳孔散大或失明，脉细弱，呼吸困难。腹痛，腹泻，有时便血。病初兴奋不安，磨牙，肌肉发生震颤与痉挛，盲目行走和转圈运动，继而行走困难，后肢拖地，倒地痉挛，头向后仰，四肢不断划动，多为阵发性。严重时呈昏迷状态。最后窒息死亡。体温在整个病程中无显著变化。胃肠黏膜充血、出血、脱落。心内外膜及心肌有出血点。肝脏肿大、质脆，胆囊扩大。肺水肿。肾紫红色肿大，包膜不易剥离，皮质和髓质界限模糊。全身淋巴结有不同程度的疸血、肿胀。

3. 防治

（1）预防　日粮中补加食盐时要充分混匀，量要适当。在某些小型的养殖场，使用同一台粉碎机粉碎粗盐和精料，粉碎完粗盐后，一定要清扫干净粉碎机，再粉精料，以免发生食盐中毒。

（2）治疗　病初内服油类泻剂（蓖麻油）150～200毫升，并少量多次地给予饮水，切忌任其暴饮，使病情恶化。胃肠炎时内服胃肠黏膜保护剂，如鞣酸、鞣酸蛋白或次硝酸铋2～5克。静脉注射10％氯化钙或10％葡萄糖酸钙，皮下或肌内注射维生素 B_1。对症治疗，可用镇静剂，每千克体重肌内注射盐酸氯丙嗪1～3毫克，静脉注射25％硫酸镁溶液10～20毫升或5％溴化钙溶液10～20毫升；心脏衰竭时，可用强心剂；严重脱水时应立即进行补液。

第四节　羊场绵羊寄生虫病防控技术

一、体内寄生虫病

（一）脑包虫病

脑包虫病是由于多头绦虫的幼虫——多头蚴寄生在绵羊的

脑、脊髓内，引起脑炎、脑膜炎及一系列神经症状（周期性转圈运动），甚至死亡的严重寄生虫病。该病散布于全国各地，并多见于狗活动频繁的地方。

1. 病原及生活史

（1）病原　为多头蚴，呈囊泡状，囊状可由豌豆大至鸡蛋大，囊内充满透明液体，在囊的内壁上有 100～250 个原头蚴，原头蚴直径 2～3 毫米。

（2）生活史　成虫多头绦虫寄生于狗的小肠内，发育成熟后，其孕节片脱落，随粪便排出体外，释放大量虫卵，污染草场、饲料或饮水，当这些虫卵被中间宿主绵羊吞食后，误食的虫卵在其消化道中孵出六钩蚴，六钩蚴钻入肠黏膜血管内随血流到达脑和脊髓，经 2～3 个月发育为脑多头蚴。多头蚴在羔羊脑内发育较快，一般在感染 2 周时能发育至粟粒大，6 周后囊体直径可达 2～3 厘米，经 8～13 周发育到 3.5 厘米，并具有发育成熟的原头蚴。囊体经 7～8 个月后停止发育，其直径可达 5 厘米左右。

2. 临床症状　该病呈急性型或慢性型，症状表现取决于寄生部位和病原体的大小。

（1）急性型　以羔羊表现最为明显。感染之初，由于六钩蚴进入脑组织，虫体在脑膜和脑组织中移行，刺激和损伤造成脑部炎症，使体温升高，脉搏、呼吸加快，甚至有强烈的兴奋，患畜作回旋运动，前冲或后退，有痉挛性抽搐等。有时沉郁，长时间躺卧，脱离畜群。部分病羊在 5～7 天因急性脑膜炎死亡，不死者则转为慢性型。

（2）慢性型　患羊耐过急性期后，症状表现逐渐消失，经 2～6 个月的缓和期，由于多头蚴不断发育长大，再次出现明显症状。当多头蚴寄生在绵羊大脑某半球时，除向被虫体压迫的同侧作转圈运动外，还常造成对侧的视力障碍，甚至失明。虫体寄生在大脑正前部时，常见绵羊头下垂向前作直线运动，碰到障碍物时则头抵物体呆立不动。多头蚴在大脑后部寄生时，主要表现为头高举或作后退运动，甚至倒地不起，并常有强直性痉挛出现。虫体寄生在小脑时，病羊站立或运动常失去平衡，身体共济失调，易跌倒，对外界干扰和音响易惊恐。多头蚴寄生在脊髓时，表现步伐不稳，进而引起后肢麻痹；当膀胱括约肌发生麻痹时，则出现小便失禁。此外，患羊还表现食欲减退，甚至消失；由于不能正常采食和休息，体重逐渐减轻，显著消瘦、衰弱，常在数次发作后或陷于恶病质时死亡。

3. 病理变化 急性死亡的羊见有脑膜炎和脑炎病变，还可见到六钩蚴在脑膜中移行时留下的弯曲伤痕。慢性期的病例则可在脑或脊髓的不同部位发现 1 个或数个大小不等的囊状多头蚴；在病变或虫体相接的颅骨处，骨质松软、变薄，甚至穿孔，致使皮肤向表面隆起；病灶周围脑组织或较远部位发炎，有时可见萎缩变性或钙化的多头蚴。

4. 诊断 主要根据病羊异常运动、视力障碍和局部变化进行诊断。患畜因表现出一系列特异神经症状，故容易确诊。但应注意与莫尼茨绦虫、羊鼻蝇蛆病以及其他脑部疾患所表现的神经症状相区别，即这些病一般不会有头骨变薄、变软和皮肤隆起的现象。有些病例需剖检才能确诊。应用变态反应进行诊断也较好，用多头蚴的囊壁及原头蚴制成乳剂变应原，注入羊的上眼睑内。患畜注射 1 小时后出现直径 1.75～4.2 厘米的皮肤肥厚肿大；并保持 6 小时。斑点免疫吸附试验是目前诊断羊脑包虫病有效的免疫学诊断方法。

5. 防治

（1）预防 防止犬等肉食兽食入带多头蚴的脑、脊髓，对患畜的脑和脊髓应烧毁或作深埋处理。对牧羊犬和家犬应用吡喹酮（每千克体重 5～10 毫克，一次内服）或氢溴酸槟榔碱（每千克体重 1.5～2 毫克，一次内服）定期驱虫，严防家犬吃到含脑包虫的羊、牛等动物的脑和脊髓。

（2）治疗 对早期病例可试用吡喹酮治疗，剂量为每天每千克体重 50 毫克，内服，连用 5 天为一个疗程。丙硫苯咪唑剂量为每天每千克体重 30 毫克，每天一次灌服，3 天为一个疗程。对晚期病例，可采取手术摘除。方法是：定位后，局部剃毛、消毒，将皮肤作 U 字形切口，打开术部颅骨，先用注射器吸出囊液，再摘除囊体，然后对伤口作一般外科处理。为防止细菌感染，可于手术后 3 天内连续注射青霉素。也可不作切口，直接用注射针头从外面刺入囊内抽出囊液，再注入 75% 酒精 1 毫升。

（二）绦虫病

绦虫病是由莫尼茨绦虫、曲子宫绦虫及无卵黄腺绦虫寄生于绵羊体所引起。其中莫尼茨绦虫危害最为严重，特别是羔羊感染时，不仅影响生长发育，甚至可引起死亡。多种绦虫既可单独感染，也可混合感染。该病在全国广泛分布。

1. 病原及生活史

（1）病原 常见的有贝氏莫尼绦虫和扩展莫尼茨绦虫，二者外观难以区别。莫尼茨绦虫虫体呈带状。由头节、颈节及链体部组成，全长可达 6 米，最宽处 16～26 毫米，呈乳白色。头节上有 4 个近似于椭圆形的吸盘，无顶突和小钩。节片短而宽，但后部的孕卵节片则长宽几乎相等，呈方形。莫尼茨绦虫卵长 50～60 微米，内含一个被梨形器包围的六钩蚴。另外，还有曲子宫绦虫及无卵黄腺绦虫。

（2）生活史 莫尼茨绦虫、曲子宫绦虫及无卵黄腺绦虫的中间宿主均为地螨。寄生于绵羊小肠的绦虫成虫，其孕卵节片或虫卵随粪便排出后，如被地螨吞食，则虫卵内的六钩蚴在地螨体内发育为似囊尾蚴。当终末宿主绵羊在采食时，连同牧草一起吞食了含有似囊尾蚴的地螨后，似囊尾蚴在绵羊消化道逸出，附着在肠壁上逐渐发育为成虫。

2. 临床症状
患羊症状表现的轻重，通常与感染虫体的强度及患羊体质、年龄等因素密切相关。一般可表现为食欲减退，出现贫血与水肿。被毛粗乱无光，喜躺卧，起立困难，体重迅速减轻。羔羊腹泻时，粪中混有虫体节片（呈大米粒样，新排出时常可见蠕动），有时还可见虫体的一段吊在肛门处。若虫体阻塞肠管时，则出现肠膨胀和腹痛，甚至因肠破裂而死亡。有时病羊也可出现转圈、肌肉痉挛或头向后仰等神经症状。后期，患畜仰头倒地，经常作咀嚼运动，口周围有泡沫，对外界反应几乎丧失，直至全身衰竭而死亡。

3. 病理变化 尸体消瘦、贫血。剖检死羊，可在小肠中发现数量不等的虫体；其寄生处有卡他性炎症，有时可见肠壁扩张、肠套叠乃至肠破裂；肠系膜、肠黏膜、肾脏、脾脏甚至肝脏发生增生性变性过程；肠黏膜、心内膜和心包膜有明显的出血点；脑内可见出血性浸润和出血；腹腔和颅腔贮有渗出液。

4. 诊断 查找可疑羊的粪便中是否排出有虫体的节片，必要时也可用饱和盐水漂浮法进行虫卵检查。其方法是：取可疑粪便5～10克，加入10～20倍饱和盐水混匀，通过0.25毫米孔径筛网过滤，滤过液静置0.5～1小时，则虫卵已充分上浮，用一直径5～10毫米的铁丝圈与液面平行接触，以蘸取表面液膜，将液膜抖落在载玻片上，覆以盖玻片即可镜检。对因绦虫尚未成熟而无节片排出的患羊，可进行诊断性驱虫，如服药后发现排出虫体或症状明显好转，即可作出诊断。

5. 防治

（1）预防 根据本病的季节动态，在流行区应在成虫期前对羊群进行驱虫，经10～15天再行第二次驱虫，可防止牧场被污染。避免在雨后、清晨或傍晚放牧，以减少羊食入地螨的机会。

（2）治疗 可选用如下药物治疗：丙硫苯咪唑（阿苯哒唑）按每千克体重10～16毫克，一次内服；苯硫咪唑（芬苯达唑）按每千克体重5～10毫克，一次内服；吡喹酮按每千克体重5～10毫克，一次内服；灭绦灵（氯硝柳胺）按每千克体重75～100毫克，早晨或空腹时一次灌服；硫双二氯酚（别丁）按每千克体重 50～70 毫克，一次灌服；甲苯咪唑按每千克体重 20 毫克，一次内服。中草药治疗时，用野花椒根 10 克，萹蓄 10 克，薏苡根 10 克，大黄粉 8 克，煎水冲大黄粉候温灌服；也有较好的疗效。

（三）羊消化道线虫病

寄生于羊消化道的线虫种类很多，各种消化道线虫往往混合感染，对羊群造成不同程度的危害，是每年春乏季节造成羊死亡的重要原因之一。以捻转血矛线虫危害最为严重。该病在全国各地均有不同程度的发生和流行，常给养羊业带来严重损失。

1. 病原及生活史

（1）病原　有寄生于真胃的捻转血矛线虫、奥斯特线虫和马歇尔线虫；有寄生于小肠或真胃毛圆线虫、细颈线虫、仰口线虫；寄生于小肠、胰脏的古柏线虫；寄生于大肠的食道口线虫、夏伯特线虫；寄生于盲肠的毛首线虫。

（2）生活史　羊的各种消化道线虫均系土源性发育，即在它们的发育过程中不需要中间宿主的参加，绵羊感染是由于吞食了被虫卵所污染的饲草、饲料及饮水所致，幼虫在外界的发育难以制约，从而造成了几乎所有的绵羊不同程度感染发病的状况。

2. 临床症状　病羊感染各种消化道线虫的主要症状表现为消化紊乱，胃肠道发炎，腹泻，消瘦，眼结膜苍白，贫血。严重病例下颌间隙水肿，羊体发育受阻。少数病例体温升高，呼吸、脉搏频数、心音减弱，最终病羊可因身体极度衰竭而死亡。

3. 病理变化　剖检可见消化道各部有数量不等的相应线虫寄生。尸体消瘦，贫血，内脏苍白，胸、腹腔内有淡黄色渗出液，大网膜、肠系膜胶样浸润，肝脏、脾脏出现不同程度的萎缩、变性，真胃黏膜水肿，有时可见虫咬的痕迹和针尖大到粟粒大小结节，小肠和盲肠黏膜有卡他性炎症，大肠可见到黄色小点状的结节或化脓性结节，以及肠壁上遗留下的一些瘢痕性斑点。当大肠上的虫卵结节向腹膜面破溃时，可引发腹膜炎和多发性粘连；向肠腔内破溃时，则可引起溃疡性和化脓性肠炎。

4. 诊断 通常对症状可疑的羊应进行粪便虫卵检查。常用的方法为饱和盐水漂浮法（见绦虫病），也可用直接涂片法镜检虫卵。粪检时，羊每克粪便中含 1 000 个虫卵时即应驱虫，羔羊每克粪便中含 2 000～6 000 个虫卵则被认为是重感染。死后剖检诊断，可通过对虫体的鉴别，进一步确定病原种类。

5. 防治

（1）预防 定期驱虫，一般可安排在每年秋末进入舍饲后（12 月份至次年 1 月份）和春季放牧前（3～4 月份）各一次。但因地区不同，选择驱虫时间和次数可依具体情况而定；粪便要经过堆积发酵处理；羊群应饮用自来水、井水或干净的流水；尽量避免在潮湿低洼地带和早、晚及雨后时放牧（即禁放露水草），有条件的地方可以实施轮牧。

（2）治疗 可选择下列药物治疗：丙硫苯咪唑以每千克体重5～20 毫克，一次内服。芬苯达唑以每千克体重 5～10 毫克，一次内服。甲苯咪唑以每千克体重 10～15 毫克，一次内服。左旋咪唑以每千克体重 10～15 毫克，一次内服，也可皮下或肌内注射。阿维菌素按每千克体重 0.2 毫克，一次皮下注射或内服。对体内的各种线虫和体表寄生虫均有杀灭作用。精制敌百虫按每千克体重 80～100 毫克加水，一次内服。硫化二苯胺按每千克体重600 毫克，用面汤做成悬浮液，一次内服。羊服药后 24 小时内，应避免日光照射，防止对日光的过敏现象。

（四）羊肺线虫病

羊肺线虫病是由网尾科和原圆科的线虫寄生在气管、支气管、细支气管乃至肺实质，引起的以支气管炎和肺炎为主要症状的疾病。其中网尾科线虫较大，为大型肺线虫，致病力强，在春乏季节常呈地方性流行，可造成羊群尤其是羔羊大批死亡。肺线虫病在我国分布广泛，是羊常见的线虫病之一。

1. 病原和生活史

（1）病原 丝状网尾线虫是危害绵羊的主要寄生虫。该虫系大型白色虫体，肠管呈黑色，穿行于体内，口囊小而浅。雄虫长 30～80 毫米；雌虫长 50～112 毫米。还有种类繁多的小型肺线虫，其中缪勒属和原圆属线虫分布最广，危害也较大。该类线虫虫体纤细，长 12～28 毫米，多见于细支气管和肺泡内。

（2）生活史　大型肺线虫与小型肺线虫的发育有所不同。网尾科线虫发育过程无中间宿主参加，属土源性发育；小型肺线虫在发育时需要中间宿主参加，属生物源性发育。存在于外界草场、饲料或饮水中和中间宿主体内的大、小型肺线虫的感染性幼虫被终末宿主绵羊吞食后，幼虫进入肠系膜淋巴结，经淋巴液循环到达右心室，又随血流到达肺脏，虫体在此过程中经第四、第五两期幼虫的发育，最终在肺部各自的寄生部位发育为成虫。

2. 临床症状　羊群遭受感染时，首先个别羊干咳，继而成群咳嗽，运动时和夜间咳嗽更为显著，此时呼吸声明显粗重，如拉风箱。在频繁而痛苦的咳嗽时，常咳出含有成虫、幼虫及虫卵的黏液团块。咳嗽时伴发啰音和呼吸促迫，鼻孔中排出黏稠分泌物，干涸后形成鼻痂，从而使呼吸更加困难。病羊常打喷嚏，逐渐消瘦、贫血，头、胸及四肢水肿，被毛粗乱。通常羔羊发病症状严重，死亡率也高；成年羊感染或羔羊轻度感染时，症状表现较轻。单独感染小型肺线虫时，病情也比较轻缓，只是在病情加剧或接近死亡时，才明显表现为呼吸困难，出现干咳或暴发性咳嗽。

3. 病理变化　剖检病变主要表现在肺部，可见有不同程度的肺膨胀不全和肺气肿，肺脏表面隆起，呈灰白色，触摸时有坚硬感；支气管中有黏性或脓性混有血丝的分泌团块；气管、支气管及细支气管内可发现数量不等的大、小肺线虫。尸体消瘦、贫血。

4. 诊断　可依据其症状表现及流行病学资料，通过粪便检查出第一期幼虫而确诊。分离幼虫的方法很多，常用漏斗幼虫分离法（贝尔曼法），取羊粪 15～20 克，放入带筛（40～60 目）

或垫有数层纱布的漏斗内，漏斗下接一短橡皮管，末端以水止夹夹紧；漏斗内加入40℃温水至淹没粪球为止，静置1～3小时，此时幼虫游走于水中，并穿过筛孔或纱布网眼沉于橡皮管底部；接取橡皮管底部粪液，经沉淀后弃去上层液，取其沉渣制片镜检即可。镜下幼虫的形态特征为：丝状网尾线虫的第一期幼虫虫体粗大，体长0.50～0.54毫米，头端有一扣状突起，尾端钝圆，肠内有明显颗粒，色较深。各种小型肺线虫的第一期幼虫较小，长0.3～0.4毫米，其头端无纽扣状突起，尾端或呈波浪状，或有一角质小刺，或有分节。

5. 防治

（1）预防　在本病流行区，每年春秋两季（春季在2月份，秋季在11月份为宜）进行两次以上计划性驱虫。对粪便进行堆积发酵。羔羊与成羊分群放牧，有条件的地区，可实行轮牧。避免在低湿沼泽地区放牧。冬季适当补饲，补饲期间每隔一天加喂硫化二苯胺（羔羊0.5克，成羊1克）对预防网尾线虫有效。

（2）治疗　左旋咪唑以每千克体重10毫克，一次内服。丙硫苯咪唑以每千克体重5～15毫克，一次内服。氰乙酰肼（网尾素）按每千克体重17毫克，一次内服，连用3天，肌内或皮下注射，剂量为每千克体重15毫克乙胺嗪（海群生）按每千克体重200毫克，一次内服。该药适用于对早期幼虫的治疗。阿苯唑按每千克体重10毫克，一次内服，对大型肺线虫有效。硝氯酚按每千克体重3～4毫克，一次内服；或每千克体重2毫克，皮下注射。阿维菌素以每千克体重0.2毫克皮下注射。

（五）羊梨形虫病

羊梨形虫病是由泰勒科和巴贝斯科的各种梨形虫引起的血液原虫病。其中绵羊泰勒虫和绵羊巴贝斯虫是使绵羊致病的主要病原体；疾病由硬蜱吸血时传播。该病在我国甘肃、青海和四川等地均有发生，常造成羊大批死亡，危害严重。

1. 病原生活史

（1）病原

绵羊泰勒虫：寄生在红细胞内的虫体大多数呈圆形和卵圆形，约占80%，其次为杆状，边虫形很少。绵羊泰勒虫红细胞染虫率低，一般都低于2%。绵羊泰勒虫在淋巴结涂片的淋巴细胞内常可见到石榴体，其直径为8～20微米，内含1～80个直径为1～2微米的紫红色染色质颗粒。本病发生于4～6月份，5月份为高峰。1～6月龄羔羊发病率高，病死率也高，1～2岁羊次之，3～4岁羊很少发病。

绵羊巴贝斯虫：病原寄生于红细胞内，虫体有双梨籽形、单梨籽形、椭圆形或变形虫等各种形状，其中双梨籽形占60%以上。梨籽形虫体为（2.5～3.5）微米×1.5微米，大于红细胞半径；虫体有两个染色质团块。双梨籽虫体尖端以锐角相连，位于红细胞中央。

（2）生活史　我国绵羊巴贝斯虫病的主要传播者为扇头蜱属的蜱，羊泰勒虫病的主要传播者为血蜱属的青海血蜱，病原在蜱体内要经过有性的配子生殖，产生孢子，当蜱吸血时即将病原注入羊体内。绵羊巴贝斯虫寄生于羊的红细胞内，不断进行无性繁殖。

2. 临床症状
感染巴贝斯虫的病羊，体温升高至41～42℃，呈稽留热型，病初呼吸、脉搏加快，食欲废绝，可视黏膜充血，黄疸，血流稀薄，红细胞每立方毫米减少到300万～400万以下，而且大小不均，出现血红蛋白尿。有的病例出现兴奋，无目的地狂跑，突然倒地死亡。

感染泰勒虫的病羊，体温升高到40～42℃，呈稽留热型，脉搏加快，呼吸急促，肺泡音粗粝，精神沉郁，喜卧，食欲减退，反刍及胃肠蠕动减弱或停止，便秘或下痢，有的病羊排恶臭稀粥样粪，有黏液或血液。可视黏膜初期充血，继而苍白，轻度黄染，有小出血点。病羊消瘦，体表淋巴结肿大，有痛感，特别是肩前淋巴结肿大尤为明显。肢体僵硬，以羔羊最明显，有的羊行走时一前肢提举困难或后肢僵硬，举步十分艰难；有的羔羊四肢发软，卧地不起。病程 6～12 天，急性病例常于 1～2 天死亡。

3. 病理变化　死于巴贝斯虫病的羊尸，可视黏膜及皮下组织充血，黄染。心内外膜有出血点，肝脏、脾脏肿大，表面也有出血点。胆囊肿大 2～3 倍，充满胆汁，第二胃常塞满干硬的物质，尿液呈红色。

死于泰勒虫病的羊尸，外观消瘦，贫血。剖检变化主要以全身性出血，第四胃黏膜有溃疡斑，以肝脏、脾脏、淋巴结高度肿胀为特征，肾呈黄褐色，表面有结节和小点出血。皱胃黏膜上有溃疡斑，肠黏膜上有少量出血点。只是各尸体的表现程度有所不同而已。

4. 诊断　发病季节为蜱猖狂活动的季节；病羊临床表现贫血、消瘦、高热稽留、结膜黄染；病理剖检胆囊肿大，胆汁浸润，淋巴结肿大，切面有黑灰色液体；镜检血液涂片见有病原体；临床上用贝尼尔治疗有特效，即可诊断为本病。

血检可采取羊静脉血液制成血片，固定后经姬姆萨或瑞氏染色后镜检。也可在体表淋巴结肿至极限，触摸稍稍开始变软时进行淋巴结穿刺，以穿刺液涂片染色镜检裂殖体（石榴体）。死后也可取淋巴结直接涂片染色镜检。

5. 防治

（1）预防　在本病流行区，于每年发病季节到来之前，对羊群用咪唑苯脲或贝尼尔（血虫净）进行预防注射，后者以每千克体重 3 毫克剂量配成 7％的溶液，深部肌内注射，每 20 天一次，对预防泰勒虫病有效；也可选用多种杀虫剂或人工进行灭蜱；并注意做好购入、调出羊的检疫工作。

（2）治疗　贝尼尔按每千克体重 7 毫克剂量配成 7％水溶液，分点深部肌内注射。每天一次，连用 3 天为一疗程。咪唑苯脲按每千克体重 1.5～2 毫克，配成 5％～10％水溶液，皮下或肌内注射。磷酸伯氨喹啉按每千克体重 0.75 毫克，每天灌服

1 剂,连服 3 剂,对泰勒虫病有特效。黄色素按每千克体重 3～4 毫克,配成 0.5%～1% 水溶液,静脉注射,必要时 24 小时后重复注射一次。阿卡普林按每千克体重 0.6～1 毫克,配成 5% 水溶液,皮下或肌内注射。48 小时后再注射一次。台盼蓝(锥蓝素)按每千克体重 2～4 毫克,配成 1% 水溶液静脉注射,必要时第二天可重复用药一次,对大型羊巴贝斯病有效。

(六)羊肝片吸虫病

该病是由肝片吸虫寄生在羊的肝脏胆管内所引起的一种病。临床上主要表现为慢性或急性肝炎和胆囊炎。该病常发于多雨温暖的季节里,严重感染主要发生于秋季,在潮湿的年份则发生于夏秋两季。长期在潮湿牧地和沼泽地带放牧的羊只,往往感染严重。

1. 临床症状 该病临床症状的表现程度,主要取决于感染强度、动物健康状况、年龄及感染后的饲养管理条件等,一般有约 50 条虫就会出现明显症状。成年羊若寄生少数虫体往往不表现病状,但对于羔羊,即使寄生少数的虫体,也可能呈现极其有害的作用。

(1)急性型病状 羊只受到严重感染时,可发生急性型病状。病羊表现为轻度发热、食欲减退、虚弱和容易疲倦,放牧时离群落后。有的出现腹泻、黄疸、腹膜炎等症状。有的可摸到增厚的肝脏边缘,肝区有压痛表现,叩诊可发现肝脏浊音区扩大。发病后迅速贫血,黏膜苍白,有的病例在几天后发生死亡。

(2)慢性型病状 表现为贫血逐渐加重,黏膜苍白,眼睑、颌下、胸下及腹下发生水肿,并逐渐严重,出现胸水和腹水现象。病羊消瘦,毛干易断,食欲消失。患病的母羊乳汁稀薄,怀孕母羊流产,临死前出现下痢。

2. 防治

(1)预防 驱虫是预防和治疗的重要方法之一。驱虫时间根据该病在各地流行的特点而定,在我国北部地区,每年应驱虫两次,一次在秋末冬初,主要是预防动物冬季发病;另一次在冬末春初，可以减少动物在放牧时散播病原。对于放牧育肥的羊只，要经常更换放牧地。注意饮水和饲料的清洁卫生。家畜粪便应经发酵处理，以杀死虫卵。

（2）治疗 硝氯酚按每千克体重4～6毫克，对60天以上的大片吸虫有100%的驱虫效果。硫溴酚按每千克体重50～60毫克，1次内服。抗蠕敏每千克体重18毫克，1次口服，效果良好，对怀孕母羊无不良影响。

二、体外寄生虫病

（一）羊螨病

羊螨病是由疥螨和痒螨寄生在体表而引起的慢性寄生性皮肤病。螨病又叫疥癣、疥虫病、疥疮等，具有高度传染性，往往在短期内可引起羊群严重感染，危害十分严重。

1. 病原及生活史

（1）病原

疥螨：疥螨寄生于皮肤角化层以下，并不断在皮内挖凿隧道，虫体即在隧道内不断发育和繁殖。疥螨成虫虫体小，长0.2～0.5毫米，肉眼不易看见；体呈圆形，浅黄色，体表生有大量小刺；前端口器呈蹄铁形；虫体腹面前部和后部各有两对粗短的足，后两对足不突出于体后缘之外。每对足上均有色质化的支条，第一对足的后支条在虫体中央并成一条长杆，第三、四对足上的后支条，在雄虫是互相连接的。雌虫第一、二对足及雄虫第一、二、四对足的末端具有不分节柄连接的钟形吸盘，无吸盘足的末端则生有长刚毛。

痒螨：寄生在皮肤表面。虫体呈长圆形、较大，长0.5～0.9毫米，肉眼可见。口器长，呈圆锥形。四对足细长，尤其前两对更为发达。雌虫第一、二、四对足和雄虫前足有细长的柄和吸盘，柄分三节。雌虫第三对足上有两根长刚毛；雄虫第四对足短且无吸盘和刚毛，尾端有两个尾突，在尾突前方腹面上有两个性吸盘。

(2) **生活史** 疥螨与痒螨的全部发育过程都在宿主体上渡过，包括虫卵、幼虫、若虫和成虫4阶段。疥螨在羊的表皮内不断挖凿隧道，并在隧道中不断繁殖和发育，完成一个发育周期约需8～22天。痒螨在皮肤表面进行繁殖和发育，完成一个发育周期约10～12天。本病的传播是由于健畜与患畜直接接触，或通过被螨及其卵所污染的厩舍、用具间接引起感染。

该病主要发生于冬季和秋末、春初。发病时，疥螨病一般始发于皮肤柔软且毛短的部位，如嘴唇、口角、鼻面、眼圈及耳根部，以后皮肤炎症逐渐向周围蔓延；痒螨病则起始于被毛稠密和温度、湿度比较恒定的皮肤部位，如绵羊多发生于背部、臀部及尾根部，以后才向体侧蔓延。

2. 临床症状 绵羊痒螨多发生于密毛的部位如背部、臀部然后波及全身。初发时，因虫体小刺、刚毛和分泌的毒素刺激神经末梢，引起剧痒，可见病羊不断在围墙、栏柱等处摩擦；在阴雨天气、夜间、通风不好的圈舍以及随着病情的加重，痒觉表现更为剧烈；由于患羊的摩擦和啃咬，患部皮肤出现丘疹、结节、水疱，甚至脓疱，以后形成痂皮和龟裂。绵羊患疥螨病时，因病变主要局限于头部，病变皮肤有如干涸的石灰，故有"石灰头"之称。绵羊感染痒螨后，可见患部有大片被毛脱落。发病后，患羊因终日啃咬和摩擦患部，烦躁不安，影响正常的采食和休息，日渐消瘦，最终不免因极度衰竭而死亡。

3. 诊断 根据羊的症状表现及疾病流行情况，对疑似病羊刮取皮肤组织查找病原，以便确诊。其方法是：用经过火焰消毒的凸刃小刀，涂上50％甘油水溶液或煤油，在皮肤的患部与健康部的交界处刮取皮屑，要求一直刮到皮肤轻微出血为止；刮取的皮屑放入10％氢氧化钾或氢氧化钠溶液中煮沸，待大部皮屑溶解后，经沉淀，取其沉渣镜检虫体。无此条件时，也可将刮取物置于平皿内，把平皿在热水上稍微加温或在日光下照晒后，将平皿放在白色背景上，用放大镜仔细观察，有无螨虫在皮屑间爬动。

4. 类症鉴别

（1）与湿疹的鉴别　湿疹痒觉不剧烈，且不受环境、温度影响，无传染性，皮屑内无虫体。

（2）与秃毛癣的鉴别　秃毛癣患部呈圆形或椭圆形，边界明显，其上覆盖的浅黄色干痂易剥落，痒觉不明显。镜检经10%氢氧化钾处理的毛根或皮屑，可发现癣菌的孢子或菌丝。

（3）与虱和毛虱的鉴别　虱和毛虱所致的症状有时与螨病相似，但皮肤炎症、落屑及形成痂皮程度较轻，容易发现虱及虱卵，病料中找不到螨虫。

5. 防治

（1）预防　每年定期对羊群进行药浴。对新引进的羊应隔离检查，确定无螨寄生后再混群饲养；圈舍应经常保持干燥、通风，定期清扫和消毒；对患病羊要及时隔离治疗。治疗期间可应用0.1%的蝇毒磷乳剂对环境消毒，以防散布病原。

（2）治疗

涂药疗法：适宜病羊少、患部面积小，特别适合在寒冷季节使用。涂药应分几次进行（每次涂药面积不得超过体表的1/3）。涂擦药物之前，应先剪毛去痂，可用温肥皂水或2%来苏儿彻底洗刷患部，以除去痂皮，然后擦干患部后用药；还可用复方中药方剂，蛇床子、地肤子、苦参各200克，加水煎煮二次、浓缩煎汁至5 000毫升，过滤后加硫黄100克，搅拌均匀即成治疗液，涂药治疗；蛇床子、地肤子、苦参各200克，硫黄100克，混合粉碎后过40目筛，用温开水调湿后加凡士林2 260克，调匀。每100克膏剂中含中药合剂30克，涂药治疗。或采挖鲜狼毒洗净，切成片，取1 000克加水3 000毫升，文火煎2～3小时，水煎至1 000～1 500毫升左右，降温到20～30℃时用纱布过滤，加4%来苏儿水溶液50毫升，擦洗牛羊患处，一般每隔5天用一次，连用两次。采挖鲜狼毒洗净，阴干或晒干后粉碎呈细末状，用狼毒2 000克加煤油250毫升调匀，根据患处大小用量不同，每隔3天涂擦一次，连用3次。

药浴疗法：适用于病羊数量多及气候温暖的季节，用于对螨病的预防和治疗。按每吨水加入12.5%双甲脒乳油4 000毫升，配成乳油水溶液，对羊药浴或涂擦体表。用于药浴的有机磷制剂有0.05%辛硫磷乳液、0.015%～0.02%巴胺磷水乳液、0.025%螨净水乳液、0.5%～1%敌百虫水溶液（应慎用）等。用于药浴的拟除虫菊酯类杀虫剂有0.005%溴氰菊酯水乳剂、0.008%～0.02%杀灭菊酯水乳剂等。橘皮素乙酰酯乳剂，加水稀释至0.05%～0.025%的浓度，药浴治疗，间隔1周药浴2次。

注射疗法：适用于各种情况的螨病治疗，省时、省力，优于以上各种疗法。阿维菌素按羊每千克体重0.2毫克，一次皮下注射。市售商品为含1%阿维菌素的注射液，则每50千克体重，只需注射1毫升即可。此外，本品也有粉剂，可供内服和渗透剂供外用（浇注），其效果与其他剂型完全一样。

因大部分药物对螨卵无杀灭作用，无论治疗和药浴时必须重复用药2～3次，每次间隔7～8天为宜。

（二）硬蜱

硬蜱，俗称狗豆子和草爬子，是寄生于绵羊体表的一种外寄生虫。它属于节肢动物门的硬蜱科。绝大多数硬蜱生活在野外，尤其是未经开垦的山林和草地，但也有少数寄居在畜舍或畜圈周围。硬蜱一般多在宿主皮薄毛少和而且不易受骚动的部位寄生。山区放牧的羊只在冬春季节常感染此病。

1. 病原和生活史 雌虫吸饱血后形如蓖麻子，呈暗红色或红褐色。雄蜱吸饱血后，大小变化不大。硬蜱的发育要经过卵、幼虫、稚虫和成虫4个阶段。雌蜱把卵产生在地面或乱石块中，卵很小，淡褐色，圆形，通常经过2～3周或1个月以上孵化为幼虫。幼虫爬到草尖上，当宿主经过时，即爬到宿主体。幼虫经过2～7天吸饱血后，落到地上或仍在原宿主蜕变成稚虫。稚虫再爬到另外宿主或仍留在原宿主体上吸血，吸饱血后，再落到地上或在原宿主体上蜕皮变为成虫，成虫再爬到另一宿主体上或在原宿主体上吸血。雌雄交配后，雄蜱很快就死亡，雌蜱吸饱血后，从宿主体上落到地上，爬到阴暗潮湿处或墙缝内或石块底下产卵，产卵期为 20~30 天，1 个雌蜱可产 1.0 万~1.5 万个以上虫卵。雌蜱产完卵后，萎缩死亡。从卵发育到成蜱的时间依种类和获得宿主的情况而异，可由 3 个月至 1 年，甚至 1 年以上。

硬蜱的各个发育阶段有长期耐饥饿的习性。幼虫可耐饥饿 1 个月以上。稚虫和成虫能耐半年或 1 年以上。

2. 临床症状 硬蜱寄生在羊体表，主要寄生在皮薄毛较少的地方，尤其以耳部较多。硬蜱吸血时能机械地损伤皮肤，造成寄生部位的痛痒，使家畜骚扰不安、摩擦或啃咬。硬蜱固着处造成伤口，继而引起皮肤发炎、毛囊炎、皮脂腺炎等。当大量寄生时，可引起家畜贫血，消瘦，发育不良，皮毛的质量降低，产乳量下降。

3. 防治

（1）预防 硬蜱是羊焦虫病的传播者，此外，还能传播病毒性疾病和细菌性疾病（如炭疽、布鲁氏菌病、野兔热等）以及立克次氏体病。因此，对硬蜱的防治在预防羊和人类的某些疾病上具有重要的意义。

消灭畜体的硬蜱，可用敌敌畏或敌百虫水溶液喷洒柱栏和木桩等。也可用溴氢菊酯喷洒羊体和羊舍。对引进的或输出的羊均要检查和进行灭蜱处理，防止外来羊带入或有蜱寄生的羊带出硬蜱。消灭外界环境硬蜱的办法是改变自然环境条件，因大多数硬蜱生活在荒野中，如能创造不利于生活的环境，如劈山造林，消除杂草，砍掉经济价值不大的灌木丛，改良土壤，栽培牧草和作物等，这样既有利于消灭硬蜱又可增加经济收入。

（2）治疗

机械法灭蜱：用手捉去羊体上的硬蜱。这种方法只能用于少量硬蜱寄生时或作为辅助方法。捉蜱时手应与动物的皮肤成垂直的方向，将硬蜱往上拔出，这样才能使虫体完整地脱离畜体，不然硬蜱的口器很容易拔断而留在畜体皮下，引起局部炎症。

药物灭蜱：可采用有机磷类药物 0.2%～0.5%敌百虫水溶液或0.33%敌敌畏水溶液喷洒或洗刷羊体，每半个月用药 1 次，此法适用于温暖季节。菊酯类药物和伊维菌素对蜱均有一定杀灭效果。

绵羊生产的疫病防治体系是一项系统工程，其目标为培育健康羊群、生产绿色羊肉产品；羊场要采取净化养殖环境、免疫接种、定期驱虫、自繁自养、强化免疫、疫病控制等综合措施，以此保障绵羊养殖业的良性低碳发展。

参考文献

丁玉林，王瑞，王仲兵，等.2010.山西黄土高原地区羊寄生虫感染情况调查（二）[J].黑龙江畜牧兽医，358（6）：115-116.

李宝钧，刘文俊，于红，等.2010.山西雁北地区绵羊肺炎霉形体的血清学调查[C].第二届中国兽医临床大会学术年会论文集，8；489-492.

苗志强，郑明学，古少鹏，等.2010.蓝舌病的流行状况及防控措施[J].黑龙江畜牧兽医，356：28-30.

石慧，王仲兵，郑明学，等.2009.国内外口蹄疫的流行情况及防制[J].畜禽业，242：48-51.

王瑞，丁玉林，王仲兵，等.2010.山西黄土高原地区羊消化道寄生虫感染现状与防治对策[J].畜牧兽医，42（5）：83-85.

于红，焦光月，李鹏，等.2009.小反刍兽疫流行情况及防控措施[J].畜禽业，242：52-54.

岳文斌，孙效彪.2001.羊场疾病控制与净化[M].北京：中国农业出版社.

岳文斌，郑明学，古少鹏.2008.羊场兽医手册[M].北京：金盾才出版社.

岳文斌.2000.现代养羊[M].北京：中国农业出版社.

中国兽药典委员会.2011.中华人民共和国兽药典兽药使用指南（化学药品卷.2010年版）[M].北京：中国农业出版社.

朱美乐，王仲兵，王凤龙，等.2010.山西黄土高原地区羊寄生虫感染情况调查（一）[J].内蒙古农业大学学报，31（2）：16-21.

附录1 舍饲绵羊常用饲草料营养成分（%）

饲料名称	产地	DM	CP	NDF	ADF	EE	Ca	P
玉　米	山西晋中	90.0	8.9	3.2	8.5	3.5	0.06	0.25
玉　米	辽宁朝阳	89.9	7.3	3.6	9.4	2.9	0.02	0.29
玉　米	山西怀仁	90.5	9.8	3.1	4.7	5.5	0.08	0.53
麸　皮	山西太谷	89.6	14.3	47.9	19.7	3.4	0.15	0.79
米　糠	山西怀仁	89.8	13.8	19.1	37.6	14.5	0.21	0.94
碎小米	辽宁朝阳	86.9	8.5	3.9	15.3	2.6	0.06	0.34
枣　粉	河北沧州	86.5	7.5	—	—	1.5	1.07	0.46
豆　粕	—	89.9	43.1	13.4	9.6	1.9	0.43	0.58
DDGS	山西汾阳	89.5	21.0	16.5	32.9	10.1	0.33	0.28
棕榈粕	—	88.6	12.45	45.2	23.9	10.2	0.77	0.53
葵花籽饼	山西祁县	88.9	29.8	43.8	29.6	5.2	0.53	0.78
菜籽粕	山西晋中	90.6	43.8	32.1	25.9	2.4	0.65	0.96
胡麻饼	山西怀仁	89.5	33.5	28.9	31.4	5.2	0.45	0.98
棉籽粕	—	88.5	26.5	18.6	30.2	5.8	0.27	1.10
苹果渣	山西祁县	20.3	1.2	41.3	34.5	1.2	0.04	0.05
豆腐渣	山西晋城	20.4	3.8	8.5	30.2	1.3	0.05	0.03
玉米青贮	山西太谷	22.8	1.5	50.4	33.1	0.8	0.09	0.01
葵花籽壳	辽宁朝阳	92.0	8.4	73.0	63.2	4.1	0.38	0.30
玉米秸秆	山西晋城	89.2	4.0	69.1	43.8	0.6	0.59	0.11
羊　草	山西右玉	91.5	8.3	65.3	37.2	3.1	0.85	0.05
苜　蓿	山西太谷	92.8	13.9	46.8	39.2	1.5	1.43	0.36
苜　蓿	辽宁朝阳	92.9	4.99	49.38	35.58	0.6	1.45	0.079
豆　秸	山西晋中	87.3	6.6	55.4	45.2	2.1	1.28	0.06
胡萝卜秧	辽宁朝阳	89.2	9.84	31.79	29.89	1.36	0.25	0.039

（续）

饲料名称	产地	DM	CP	NDF	ADF	EE	Ca	P
醋　糟	山西清徐	90.7	9.05	42.12	28.03	3.69	0.66	0.15
花生秧	辽宁朝阳	91.2	7.82	51.25	47.42	1.39	1.40	0.11
向日葵盘	山西应县	89.5	11.9	44.79	52.86	3.6	1.77	0.17
谷　草	山西河曲	89.9	4.8	64.1	43.8	1.6	0.38	0.03
葡萄皮	辽宁朝阳	90.1	4.77	53.31	48.65	5.48	1.21	0.18
杨树叶	山西太谷	93.2	9.05	40.5	23.1	6.9	0.44	0.13

　　注：DM 为干物质；CP 为粗蛋白；NDF 为中性洗涤纤维；ADF 为酸性洗涤纤维；EE 为粗脂肪；Ca 为钙；P 为磷。

附录2 绵羊人工授精器械及药品

表1 人工授精所需器械

名　称	规格	单位	数量
普通生物显微镜	300～600倍	台	1～2
蒸馏器	小型	套	1
天平	0.1～100克	台	1
假阴道外壳		个	4～5
假阴道内胎		条	8～12
假阴道塞子（带气嘴）		个	8～10
金属开膣器	大、小	个	各2～3
温度计	0～100℃	支	4～6
器械箱		个	2
耳号钳	带钢字母	把	1
搪瓷盘	40厘米×50厘米	个	2
带盖搪瓷杯	500毫升	个	2
漏斗架		个	2
洗瓶	500毫升	个	2
长柄镊		把	2
剪刀	直头	把	2
广口保温瓶	手提式	个	2
手电筒	带电池	个	3
采精架		个	1
输精架		个	2
药勺	角质	个	5
试管刷	大、中、小	个	各2

（续）

名 称	规格	单位	数量
脸盆		个	4
水桶		个	2
桌、椅		套	2
塑料桌布		米	5
羊耳号	铝制或塑料制	个	根据母羊数定
工作服		套	3
记录本		本	5
毛巾		块	4
滤纸		盒	2
擦镜纸		本	4
纱布		卷	1
药棉		卷	2
试情布	30厘米×40厘米	条	3～5

表2　人工授精所需玻璃器皿和药品

名 称	规格	单位	数量
玻璃输精器	1毫升	支	8～12
输精量调节器		个	4～6
集精杯		个	8～12
载玻片		盒	2
盖玻片		盒	2
酒精灯		个	2
量杯	50毫升、100毫升	个	各2
量筒	1 000毫升	个	2

(续)

名　　称	规格	单位	数量
蒸馏水瓶	5 000 毫升	个	2
玻璃漏斗	8、12 厘米	个	各 2
广口瓶	500 毫升	个	4～6
细口瓶	500 毫升	个	2
玻璃三角烧瓶	500 毫升	个	2
烧杯	500 毫升	个	2
玻璃皿	10～12 厘米	套	2
吸管	1 毫升	支	2
玻璃棒	0.2、0.5 厘米	根	200
酒精	95%，500 毫升	瓶	6
氯化钠	500 克	瓶	2
碳酸氢钠或碳酸钠		千克	2
白凡士林		千克	1
煤酚皂	500 毫升	瓶	3
肥皂		块	4
碘酒		毫升	300
临时标羊用染料			若干

附录3 舍饲羊场免疫程序

接种时间（日龄）	疫苗名称	接种方法	剂量	免疫期	备注
21～28	羊口疮弱毒细胞冻干苗	口腔黏膜内注射	0.2毫升	1年	
28～35	羊痘弱毒疫苗	皮下注射	1头份	1年	
28～35	口蹄疫O型-亚洲I型二价灭活疫苗	皮下肌注	1毫升		
42～49	羊五联苗	肌注	1头份	6个月	
63～70	口蹄疫O型-亚洲I型二价灭活疫苗	皮下肌注	1毫升	6个月	
98～105	传染性胸膜肺炎氢氧化铝菌苗	皮下或肌内注射	3毫升	1年	
2月下旬至3月上旬	羊五联苗	肌注	1头份	6个月	
3月中旬	口蹄疫O型-亚洲I型二价灭活疫苗	皮下肌注	2毫升	6个月	
3月下旬	羊痘弱毒疫苗	皮下注射	1头份	1年	
5月中旬	羊种布鲁氏菌M5弱毒苗	皮下注射	10亿个活菌	3年	疫区免疫
8月下旬至9月上旬	羊五联苗	肌注	1头份	6个月	
9月中旬	口蹄疫O型-亚洲I型二价灭活疫苗	皮下肌注	2毫升	6个月	
9月下旬	羊口疮弱毒细胞冻干苗	口腔黏膜内注射	0.2毫升	1年	
10月上旬	传染性胸膜肺炎氢氧化铝菌苗	皮下或肌内注射	5毫升	1年	

注：第一组（羔羊）为前六行；第二组（成年羊）为后八行。